Die Verbrennungskraftmaschine

Herausgegeben von

Prof. Dr. **Hans List** VDI
Graz

Heft 5

Die Gasmaschine

Springer-Verlag Wien GmbH
1939

Die Gasmaschine

Von

Dr.-Ing. **Adolf Schnürle**
Direktor in der Klöckner-Humboldt-Deutz A. G., Köln-Deutz

Mit 170 Textabbildungen

Springer-Verlag Wien GmbH
1939

ISBN 978-3-7091-9770-7 ISBN 978-3-7091-5031-3 (eBook)
DOI 10.1007/978-3-7091-5031-3

Ursprünglich erschienen bei Julius Springer in Vienna 1939

Vorwort.

Nach dem Weltkriege 1914/18 wurden nur noch wenig Gasmaschinen gebaut. Es war hauptsächlich die heutige Klöckner-Humboldt-Deutz A. G., damals Gasmotorenfabrik AG., Köln-Deutz, die, getreu ihrer alten Tradition als Geburtsstätte des Viertakt-Gasmotors, noch Gasmaschinen mittlerer Größe herstellte. Das Hauptaugenmerk war jedoch auf die Entwicklung des Dieselmotors (als Maschine mit direkter Einspritzung oder Vorkammer) gerichtet.

Nachdem die sprunghafte Entwicklung des Dieselmotors einen gewissen Abschluß erreicht hatte, wurde seit dem Jahre 1926 der Gasmaschine und dem Gasgeneratorenbau wieder mehr Beachtung geschenkt. Es lagen aus früheren Zeiten nur noch wenig oder gar keine Versuchsberichte und Erfahrungen vor, und viele störende Erscheinungen im Gasmaschinenbetrieb konnten nicht geklärt werden. Ich wurde deshalb bei der Klöckner-Humboldt-Deutz A. G. beauftragt, allgemeine Versuche an Gasmaschinen anzustellen, die ich in der Zeit von 1928 bis 1930 durchführte. Über diese Versuche schrieb ich einen längeren Versuchsbericht, der jedoch nur in wenigen Exemplaren geschrieben wurde und deshalb Gefahr lief, sich in dem umfangreichen Fabriksbetrieb zu verlieren. Da die Versuche viel Zeit, Arbeit und erhebliche Kosten verursacht haben, wäre es sehr bedauernswert gewesen, wenn die Ergebnisse in Vergessenheit geraten wären.

Ich kam deshalb gern der Aufforderung des Herrn Professor Dr. LIST nach, im Rahmen seines Werkes ein Buch über Gasmaschinen zu schreiben, denn dadurch wurde mir Gelegenheit gegeben, die Versuchsergebnisse vor Vergessenheit zu bewahren und sie einem größeren Leserkreis zugänglich zu machen. Bei den Versuchen hat mich Herr Dr. FLATZ, mein damaliger Oberingenieur, eingehend beraten und mir weitestgehende Unterstützung bei allen Arbeiten zukommen lassen. Zu besonderem Dank bin ich Herrn Dipl.-Ing. WILLE für seine Mitarbeit verpflishtet.

A. SCHNÜRLE.

Juni 1939.

Inhaltsverzeichnis.

Einleitung.

Es gibt zwei Arten von Wärmekraftmaschinen: 1. Maschinen mit Innenfeuerung, 2. Maschinen mit Außenfeuerung. Bei den Maschinen mit Innenfeuerung entsteht die Wärme durch Verbrennung im arbeitenden Stoff. Bei der Maschine mit Außenfeuerung wird sie durch die Gefäßwandung von außen dem Arbeit leistenden Stoff zugeführt. Die Verbrennungskraftmaschine arbeitet mit Innenfeuerung, die Dampfmaschine mit Außenfeuerung.

Wird in einer Verbrennungskraftmaschine die Umsetzung von Wärme in Nutzarbeit als Kreisprozeß betrachtet, bei dem Wärme zu- und abgeführt wird, so zeigt sich, daß die gewonnene Nutzarbeit im Verhältnis zur zugeführten Wärme um so größer ist, je höher die mittlere Temperatur ist, bei der die Wärme dem Arbeit leistenden Stoff zugeführt wird, und je niedriger die mittlere Temperatur ist, bei der Wärme wieder abgeführt wird.

Bei Maschinen mit Außenfeuerung geht die Wärme durch Wärmeleitung auf die Gefäßwandung und von dieser auf den arbeitenden Stoff über. Daher hat die Gefäßwandung höhere Temperaturen als dieser Stoff. Die Temperatur der Wand ist mit Rücksicht auf die Widerstandsfähigkeit gegen den Innendruck begrenzt, da die Festigkeit des Baustoffes der Gefäßwandung sich bei höherer Temperatur vermindert. Infolge des zum Wärmeübergang notwendigen Temperaturgefälles liegt die Höchsttemperatur des Arbeitsprozesses unter der Temperatur der Gefäßwandungen, daher verhältnismäßig nieder. Der Wirkungsgrad des Arbeitsprozesses wird dadurch klein.

Bei den Maschinen mit Innenfeuerung liegen die Verhältnisse anders. Die Wärme entsteht im Innern des Gefäßes selbst. Die Verbrennungsluft und die Verbrennungsgase stellen selbst den Arbeit leistenden Stoff dar. Unabhängig von der Temperatur der Gefäßwandung kann die Temperatur der Gase sehr hoch werden. Die Wandtemperatur kann durch wärmeisolierende Stoffe oder durch äußere Kühlung mit Luft oder Wasser niedrig gehalten werden. Die Festigkeit der Wand wird durch die hohe Temperatur im Innern nicht beeinträchtigt. Bei Maschinen mit Innenfeuerung ist also ein hoher Wirkungsgrad möglich. Während bei Dampfmaschinen der Wirkungsgrad der Umsetzung von Wärme in Arbeit 5 bis 20% beträgt, werden bei Verbrennungskraftmaschinen Wirkungsgrade von 30 bis 40% erreicht.

Neben den Dampfmaschinen hatten ursprünglich als Maschinen mit Außenfeuerung die Heißluftmaschinen von Stirling, Rider, Lehmann und Ericson eine Zeitlang größere Bedeutung. Die ersten Maschinen mit Innenfeuerung wurden als Feuerluftmaschinen bezeichnet. Zu ihnen gehören die Maschinen von Hock, Brown, Bénier und Brayton. Diese Maschinen bestanden in der Hauptsache aus einem Pumpenzylinder, einem Ofen und einem Arbeitszylinder. Der Pumpenzylinder saugte frische Luft an und drückte sie durch ein Ventil in den Ofen. Dort strömte die Luft durch den Rost zum glühenden festen Brennstoff. Durch ein Ventil erhielt der Arbeitszylinder nach dem Vorbild der Dampfmaschine eine Füllung mit Heißgasen, die sich beim Abwärtsgang des Kolbens ausdehnten. Der Unterschied zwischen der im Arbeitszylinder gewonnenen Arbeit und der im Pumpenzylinder aufgewendeten Arbeit war die Nutzarbeit.

Frühzeitig ist auch eine Gasmaschine ähnlicher Ausführung gebaut worden. Lebon hat schon 1801 eine solche Maschine beschrieben, bei der Luft und Gas durch zwei Pumpen in einen Behälter gedrückt und dort gemischt werden sollten. Von da sollten sie einem Arbeitszylinder zugeführt und entzündet werden.

Ähnliche Gedanken führte im Jahre 1833 WRIGHT und im Jahre 1838 BARNETT aus. In Amerika kam etwa 1870 die Maschine von BRAYTON auf den Markt. In dieser Maschine wurde durch eine Pumpe das Gas und die Luft gemeinsam auf 5 bis 6 at Druck verdichtet. Die Verbrennung erfolgte in einer dauernden Flamme beim Einströmen in den Arbeitszylinder.

Im praktischen Betrieb zeigten diese Gasmaschinen oft schwere Störungen. Gelegentliche Rückschläge der Zündung aus dem Arbeitszylinder in die Gemischpumpe waren nicht zu vermeiden. Wegen der besonderen Pumpen für Gas und Luft waren diese Maschinen im Betrieb zu verwickelt. Die Verdichtung war nur gering. Die Überführung des Gemisches vom Pumpen zylinder in den Arbeitszylinder verursachte große Leistungs- und Kühlungsverluste. Das Gemisch neigte zum Nachbrennen. Der Brennstoffverbrauch dieser Maschinen war hoch.

Ein entscheidender Fortschritt trat ein, als NIKOLAUS AUGUST OTTO, der mit EUGEN LANGEN die Gasmotorenfabrik Deutz gegründet hatte, im Jahre 1876 die Viertaktmaschine erfand. Der Pumpenzylinder ist bei dieser Maschine mit dem Arbeitszylinder vereinigt. Die Maschine wirkt während zweier Umdrehungen der Kurbelwelle abwechselnd als Luftpumpe und als Kraftmaschine. Sie erhielt dadurch die für den Betrieb nötige Einfachheit und Sicherheit.

Es wurde schon betont, daß die Ausnützung der Wärme in einer Wärmekraftmaschine um so besser wird, je höher die mittlere Temperatur ist, bei welcher sie dem arbeitenden Stoff zugeführt wird.

Diese mittlere Temperatur steigt mit der Temperatur, bei welcher die Wärmezufuhr beginnt. Zur Erhöhung dieser Anfangstemperatur und damit zur Steigerung des Wirkungsgrades wurden zuerst bei der Viertaktmaschine von OTTO, wie heute bei allen Verbrennungskraftmaschinen, die Arbeitsgase vor der Verbrennung adiabatisch verdichtet und dadurch die Anfangstemperatur der Verbrennung durch Arbeitszufuhr erhöht. Je höher die Verdichtung und die Verdichtungsendtemperatur sind, desto größer wird der Wirkungsgrad. Bei Gasmaschinen ist das Verdichtungsverhältnis durch die Selbstzündungstemperatur des Brenngas-Luftgemisches begrenzt.

Durch die Einführung der Verdichtung wurde der Wirkungsgrad der Verbrennungskraftmaschine gegenüber dem ersten Gasmotor von LENOIR, der atmosphärischen Maschine von OTTO und auch gegenüber der Dampfmaschine bedeutend erhöht und dadurch in der Verbrennungskraftmaschine die höchste Wärmeausnützung von allen Wärmekraftmaschinen erzielt.

A. Gasmaschinenuntersuchungen.

I. Gasmotorenarten.

Der *Leuchtgasgenerator* hatte für kleingewerbliche Betriebe als erste betriebsfähige Verbrennungskraftmaschine große Bedeutung. Er wurde jedoch später durch die Entwicklung des Diesel-Motors und des Benzinmotors aus seiner Vormachtstellung verdrängt. In neuerer Zeit wird der Leuchtgasmotor wegen der Verbilligung des Ferngases und des Ausbaues der Ferngasleitungen wieder mehr verwendet.

Der *Sauggasmotor* saugt das Treibgas aus Gaserzeugern (Generatoren) an. Der Vorteil einer Sauggasanlage liegt darin, daß die meisten festen Brennstoffe, wie Steinkohle, Braunkohle, Koks und Holz, verwendet werden können. Das aus festen Brennstoffen gewonnene Treibgas ist besonders billig. Bei einem Wirkungsgrad des Gaserzeugers von 80% und einem Nutzwirkungsgrad des Motors von 30% ergibt die Anlage einen Gesamtwirkungsgrad von 24%. Der Brennstoffverbrauch beträgt bei Verwendung von Steinkohle ungefähr 0,38 kg für die Pferdekraftstunde.

Die Wirtschaftlichkeit der Sauggasanlagen kann dadurch erhöht werden, daß das Generatorgas außer zur Krafterzeugung auch zu Heizzwecken verwendet wird. In Porzellan- und Glasfabriken, Ziegeleien, Härtereien, Emaillierwerken und Trocknungsanlagen ist eine große Anzahl solcher Anlagen in Betrieb.

Als schnellaufende Maschine wird der Sauggasmotor in Verbindung mit einem Gaserzeuger in Lastkraftwagen und Lokomotiven eingebaut. Neuerdings werden Sauggasanlagen auch zum Antrieb von Fluß- und Seeschiffen benützt.

Sauggasmotoren werden häufig so ausgeführt, daß sie wahlweise auch mit Leuchtgas betrieben werden können.

In Betrieben, in denen die verfügbare Gasmenge stark veränderlich ist, werden sog. *Wechselmotoren* verwendet. Sie können von Gasbetrieb mit elektrischer Zündung auf Diesel-Betrieb mit Brennstoffeinspritzung und Selbstzündung umgestellt werden.

Speichergasmotoren erhalten ihren Brennstoff aus Stahlflaschen, in denen das Gas unter Druck gespeichert ist. Sie werden in den meisten Fällen zum Antrieb von Straßenfahrzeugen verwendet. Als Speichergase kommen hauptsächlich Leuchtgas, Methan, Propan und Butan in Frage. Leuchtgas und Methan stehen in den Flaschen unter einem Druck von 200 bis 250 atü, Propan und Butan werden unter einem Druck von 8 atü im flüssigen Zustand mitgeführt.

Gasmaschinen mit mehr als 500 PS Zylinderleistung werden als *Großgasmaschinen* bezeichnet. Die Drehzahlen dieser Maschinen liegen zwischen 90 und 250 U/min. Für große Leistungen bis zu 10000 PS werden sie als liegende Tandem-Zwillingsmaschinen ausgeführt. Die Leistung wird durch Verwendung von Gebläsen zum Spülen und Nachladen der Zylinder gesteigert. Großgasmaschinen dienen hauptsächlich zum Antrieb von elektrischen Stromerzeugern oder von Kolbengebläsen für die Winderzeugung für Hochöfen. Mit hohem Wirkungsgrad werden in diesen Maschinen die Gicht- und Koksofengase der Hüttenwerke zur Krafterzeugung ausgenützt.

II. Gasmotorentreibstoffe.

Gasförmige Brennstoffe sind als Treibstoffe deshalb sehr gut geeignet, weil sie sich mit der Verbrennungsluft leicht mischen, ohne Bildung von Rückständen rasch verbrennen und keine Verdünnung des Schmieröles bewirken.

Als gasförmige Treibstoffe für Verbrennungskraftmaschinen werden Leuchtgas, Sauggas (Generatorgas), Koksofengas und Gichtgas, außerdem auch Methan, Propan und Butan verwendet. Die brennbaren Bestandteile in den Gasen sind: Kohlenoxyd, Wasserstoff und Kohlenwasserstoffe. Der Heizwert der Kohlenwasserstoffe ist wesentlich höher als der von Kohlenoxyd und Wasserstoff. Aus den Heizwerten der einzelnen Anteile läßt sich der Heizwert der Gasmischung berechnen. Die nicht brennbaren (inerten) Bestandteile, wie Stickstoff und Kohlensäure, die beim Saug- und Gichtgas einen großen Anteil ausmachen, setzen den Gesamtheizwert herab. Nach dem Heizwert unterscheidet man Stark- und Schwachgase. In Zahlentafel 1 sind Zusammensetzung, Heizwert und die spezifischen Gewichte der wichtigsten Treibgase angegeben. Nachstehend werden diese besprochen.

Zahlentafel 1. Zusammensetzung, Heizwerte und Gemischheizwerte von technischen Gasen.

Stoff	Zusammensetzung in Prozenten							Spez. Gewicht kg/Nm³	H_u kcal/Nm³	Theoret. Luftbedarf m³/m³	Gemischheizwert H_g kcal/Nm³
	CO	H_2	CH_4	C_2H_4	O_2	CO_2	N_2				
Leuchtgas	14,1	50,2	23,0	—	0,4	3,1	9,2	0,57	3700	3,70	790
Koksofengas	7,0	55,0	32,0	1,5	1,8	1,2	1,5	0,46	4600	4,65	815
Sauggas	19,8	18,7	1,3	—	1,2	9,6	49,4	1,11	1200	0,98	600
Gichtgas	24,0	6,3	—	—	—	7,8	61,9	1,25	885	0,72	514
Klärgas	—	3,0	60,0	—	—	32,0	5,0	1,11	5250	5,80	772
Trockenes Erdgas	0,4	1,45	98,15	—	—	—	—	0,71	8500	9,4	818
Methan CH_4	—	—	100,0	—	—	—	—	0,72	8620	9,5	820
Propan C_3H_8	—	—	—	—	—	—	—	2,02	21600	23,8	871
Butan C_4H_{10}	—	—	—	—	—	—	—	2,70	28400	31,0	888

1. Leuchtgas und Koksofengas.

Das Leuchtgas und das Koksofengas haben ähnliche Zusammensetzung. Sie bestehen hauptsächlich aus Wasserstoff, Kohlenoxyd und Methan. Stickstoff und Kohlensäure sind nur in geringen Mengen darin enthalten. Je nach der verwendeten Steinkohle und der Art der Verkokung ist der Heizwert und die Zusammensetzung der Gase verschieden.

Beide Gase werden bei hoher Temperatur und unter Luftabschluß durch Trockendestillation in Gaswerken oder Kokereien gewonnen. Das Leuchtgas steht in den Gasspeichern der städtischen Gaswerke unter einem Druck von 100 bis 200 mm und im Stadtnetz ungefähr unter einem Druck von 20 mm WS. Die bei der Verkokung in das Gas gelangenden Verunreinigungen, wie Staub, Teerdämpfe und Schwefelwasserstoff, werden in Reinigungsanlagen ausgeschieden.

Das Koksofengas erhielt besondere Bedeutung durch den Ausbau der Ferngasleitungen, die auch entfernten Verbrauchern seine Verwendung ermöglichten.

2. Sauggas.

Das Sauggas entsteht in Gaserzeugern beim Hindurchsaugen von Luft und Wasserdampf durch eine glühende Brennstoffschicht. Die in der Brennzone entstehende Kohlensäure wird in der Reduktionsschicht zu Kohlenoxyd reduziert. Die Zusammensetzung des Gases hängt von der Art des Brennstoffes, dem Gaserzeuger, seinem Wärmezustand und der Menge des eingeführten Wasserdampfes ab. Die wichtigsten in Gaserzeugern verwendeten Brennstoffe sind Steinkohle, Braunkohle, Holz, Hochtemperaturkoks und neuerdings auch Braunkohlenschwelkoks. Das in Zeile 3 der Zahlentafel 1 angeführte Sauggas wird aus Steinkohle gewonnen.

Bei Verwendung von Sauggas als Treibstoff für Motoren ist, um einen starken Verschleiß der Zylinderlaufbahn zu verhindern, eine Reinigungsanlage nötig, in der das Gas von Staub, Teer und Schwefel befreit wird. In diesen Reinigern wird das Gas gleichzeitig gekühlt. Näheres über Gaserzeuger und Reiniger enhält Heft 1.

3. Gichtgas.

Das Gichtgas entsteht bei der Roheisenerzeugung in Hochöfen. Sein Heizwert ist sehr niedrig. Auf Grund des geringen Luftbedarfs bei der Verbrennung ist jedoch der Gemischheizwert nicht so sehr von dem der anderen Gase verschieden, so daß sich die Verwendung als Treibstoff im Motor lohnt.

Das Gichtgas führt wie das Generatorgas beim Verlassen des Ofens große Staubmengen mit sich, die ebenfalls durch eine Reinigungsanlage ausgeschieden werden müssen.

4. Erdgas, Klärgas, Methan.

Das Erdgas tritt bei Erdölbohrungen zutage. Es besteht aus Methan und enthält außerdem noch Äthan, Propan und Butan. In Deutschland ist der Anfall an Erdgas gering. Methan entsteht auch bei Verwesungsvorgängen und wird aus den Abwässern der Großstädte als Klärgas und Faulschlammgas gewonnen. In der Natur kommt es als Sumpfgas vor. Methan fällt auch bei der Weiterverarbeitung von Erdöl und Braunkohlenteer an. Schließlich entsteht es bei der Tieftemperaturzerlegung des Koksofengases zur Gewinnung von Wasserstoff und Stickstoff.

5. Propan und Butan.

Propan und Butan werden bei der synthetischen Herstellung von Benzin, bei der Verarbeitung von Rohöl und aus den Gasen der Erdölquellen gewonnen. Beide Stoffe sind bei normaler Temperatur und unter Atmosphärendruck gasförmig, bei einem Druck von 8 at und bei 15° C verflüssigen sie sich.

III. Verbrennung.

1. Allgemeines.

Die Endprodukte der vollkommenen Verbrennung von Kohlenmonoxyd, Wasserstoff und Kohlenwasserstoffen sind Kohlensäure und Wasser. Die wichtigsten Beziehungen zwischen Brenngaszusammensetzung und den Endprodukten der vollkommenen und der unvollkommenen Verbrennung enthält Heft 2.

Bevor die Reaktion eines Gases mit Luft eintreten kann, müssen beide Reaktionsstoffe vermischt werden. Im Motor beginnt im allgemeinen die Verbrennung erst nach vollständiger Mischung von Gas und Luft.

Die Mischung zweier Gase allein durch die Molekülbewegung heißt Diffusion. Sie erfolgt sehr langsam, da die Moleküle trotz ihrer hohen Geschwindigkeit infolge der außerordentlich zahlreichen Zusammenstöße ihre Bewegungsrichtung dauernd ändern und sich daher nur langsam im Gas vorwärtsbewegen. Im Motor würde die Mischung durch Diffusion allein zu lange dauern, sie muß daher durch turbulente Bewegung der Gase unterstützt werden und kann dadurch so beschleunigt werden, daß Schwierigkeiten bei der motorischen Verbrennung infolge zu langsamer Mischung fast nie entstehen. Bei Gasmaschinen werden Gas und Luft vor dem Einlaßventil zusammengeführt und gemischt. Eine weitere Durchmischung findet während des Ansaug- und Verdichtungshubes statt.

Nach der Lehre der Reaktionskinetik gasförmiger Stoffe tritt eine chemische Verbindung dann ein, wenn die im Raum herumfliegenden kleinsten Teile der Reaktionsstoffe zusammenstoßen. Damit es zu einer Verbindung kommt, muß beim Stoß entweder ein angeregtes Molekül oder ein angeregtes Atom oder Radikal mitwirken.

Angeregte Moleküle haben einen Ausnahmezustand erhöhter Energie, der durch Stöße, die zu keiner Reaktion geführt haben, oder durch Strahlung verursacht sein kann. Atome oder Radikale entstehen anfänglich durch Zerspaltung von Molekülen durch elektrische Entladungen oder durch photochemische Wirkungen. Im Verlaufe einer Reaktion können sie dauernd neu gebildet werden. Man spricht dann von Kettenreaktionen. So erfolgt z. B. die Verbindung von Wasserstoff mit Sauerstoff wahrscheinlich nach folgender Reaktion:

$$H + O_2 = OH + O,$$
$$O + H_2 = OH + H,$$
$$OH + H_2 = H_2O + H.$$

Man sieht, daß bei jeder dieser Teilreaktionen immer angeregte Teilchen, Atome H oder O oder das Radikal OH entstehen, durch welche die Reaktion weitergetragen wird.

Kohlenmonoxyd verbrennt völlig trocken, außerordentlich langsam. Erst in Gegenwart von Wasserdampf steigert sich die Reaktionsgeschwindigkeit. Der Verlauf liegt noch weniger fest als bei der Wasserstoffverbrennung. Nicht unwahrscheinlich sind dabei die folgenden Reaktionen:

$$CO + OH = CO_2 + H,$$
$$H + CO + O_2 = CO_2 + OH.$$

Dabei sind wieder aktivierte Teile, Atome und das Radikal OH beteiligt.

Wesentlich verwickelter ist der Verlauf der Verbrennung von Kohlenwasserstoffen.

Die Geschwindigkeit der Moleküle und damit die Zahl der Zusammenstöße wächst mit zunehmender Temperatur. Die Reaktionsgeschwindigkeit nimmt daher mit der Temperatur zu. Bei normaler Temperatur ist sie bei einem Gemisch aus Brenngas und Sauerstoff oder Luft außerordentlich gering.

2. Die Zündung.

Erhitzt man ein brennbares Gemisch, so wird die Umsetzungsgeschwindigkeit mit zunehmender Temperatur immer mehr gesteigert und erreicht schließlich eine Größe, bei welcher die durch die Umsetzung entstehende Wärme, die Wärmeverluste durch Leitung und Strahlung an die Umgebung übersteigt und die Reaktion sich selbst beschleunigend weiterläuft. Man nennt diesen Vorgang der Einleitung der Reaktion, die Zündung, die Temperatur, auf welche das Gemisch gebracht werden muß, um die Reaktion von selbst weiterlaufen zu lassen, die Zündtemperatur.

Die vorstehende Erklärung ist nicht vollständig, da sie nur die thermischen Verhältnisse umfaßt. Sie gibt jedoch ein anschauliches Bild der Verhältnisse und genügt für die nachfolgenden Anwendungen. Es ergibt sich daraus, daß die Zündtemperatur keine Stoffkonstante sein kann, sondern von den besonderen Verhältnissen der Zündung abhängig sein muß. Außer vom Mischungsverhältnis Brenngas—Luft und dem Druck muß sie daher auch von der Wärmeleit- und -speicherfähigkeit des umgebenden Mediums und einer etwaigen Einwirkung von Gefäßwandungen oder im Gemisch enthaltenen weiteren Gasen abhängen.

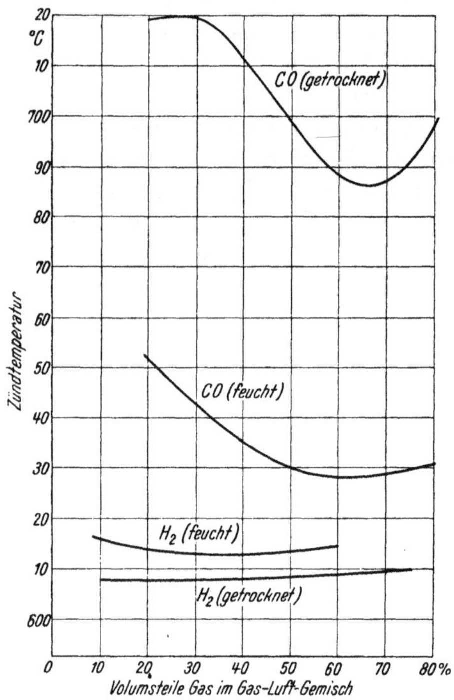

Abb. 1. Zündtemperaturen von Kohlenoxyd und Wasserstoff in Mischung mit Luft.

Zahlentafel 2. Zündtemperaturen verschiedener Gase (nach H. Brückner).

Stoff	Zündtemperatur in Luft °C	Zündtemperatur in Sauerstoff °C
Kohlenoxyd	610	590
Wasserstoff	530	450
Methan	645	645
Propan	510	490
Butan	490	(460)
Leuchtgas	560	(450)

In Zahlentafel 2 sind die Zündtemperaturen der wichtigsten technischen Gase zusammengestellt, die so bestimmt wurden, daß Gas und Sauerstoff oder Luft getrennt bis dicht an die Zündtemperatur erhitzt und dann unter weiterer Erwärmung gemischt wurden. Die Wirkung von Wänden wurde dadurch ausgeschaltet. Der Zündpunkt ist abhängig vom Anteil der brennbaren Gase am Gemisch. Abb. 1 zeigt das für Gemische von Kohlenoxyd und Wasserstoff mit Luft, Abb. 2 für Gemische von Kohlenoxyd und Methan mit Luft. Im letzteren Fall hat den niedersten Zündpunkt ein Kohlenoxyd-Methan-Gemisch mit 95% Kohlenoxyd und 5% Methan im Brenngasanteil von 32%.

Im Gasmotor erfolgt die Zündung im allgemeinen dadurch, daß ein kleiner Teil des Gemisches durch den Durchschlag eines elektrischen Funkens zur Reaktion gebracht wird. Nach Jost [2] kann dabei angenommen werden, daß nur zum Teil Wärmewirkung, zum größten Teil aber Molekülanregung, vielleicht auch Dissoziation, für die Zündung maßgebend ist. Beschränkt man sich wieder auf die anschauliche thermische Erklärung, so kann angenommen werden, daß die durch die Verbrennung der unmittelbar von Funken getroffenen Teile entstehende Wärme auf die benachbarten Schichten übergeht und sie zur Reaktion bringt, sofern im Verhältnis zur Wärmeableitung genügend Wärme durch die erste Reaktion erzeugt wird. Wird zu wenig Wärme erzeugt, so führt die Reaktion zu keiner Zündung der nicht direkt vom Funken durchschlagenen Gemischteile, sondern erlischt. Entfernt man sich von der theoretischen Gemischzusammensetzung mit der

Luftüberschußzahl $\lambda = 1$ nach beiden Seiten, so sinkt die Reaktionswärme, da der im Überschuß vorhandene Reaktionsteil an der Reaktion nicht mehr teilnimmt oder nicht vollkommen reagiert. An den Zündgrenzen erreicht die Reaktionswärme einen Wert, bei dem eine weitere Fortpflanzung der Entzündung im Gemisch nicht mehr stattfindet. Man unterscheidet eine obere Zündgrenze mit Brenngasüberschuß, eine untere Zündgrenze mit Luftüberschuß. Zündgrenzen sind für die wichtigsten technischen Gase in Zahlentafel 3 angegeben. Die Zündgrenzen und der zeitliche Ablauf der Zündung hängen auch von der Intensität der elektrischen Entladung ab, vor allem von dem Gemischvolumen, das zuerst durch den Funken erfaßt wird. Je größer dieses Volumen ist, um so leichter und rascher erfolgt die Zündung.

Zahlentafel 3. Zündgrenzen verschiedener Gase im Gemisch mit Luft.

Volumsteile Gas im Gemisch.

Art des Gases	Untere Zündgrenze	Obere Zündgrenze
Wasserstoff	4,1 %	80 %
Methan	5,3 %	15,4 %
Kohlenoxyd	12,5 %	80 %
Leuchtgas	8 %	19 %
Sauggas	19 %	71 %
Propan	2,1 %	9,5 %
Butan	1,5 %	8,5 %

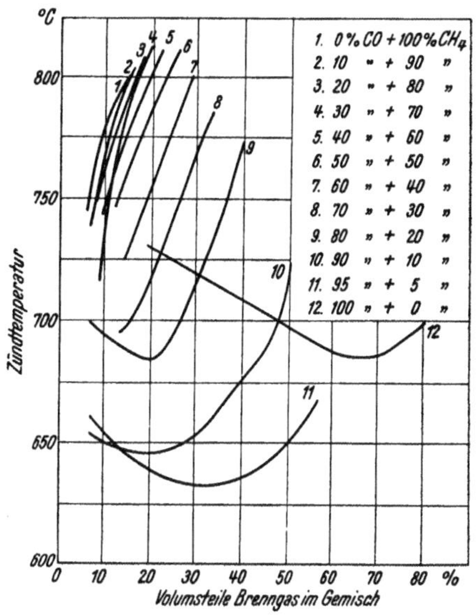

Abb. 2. Zündpunkte von Kohlenoxyd-Methan-Luftgemischen.

Reaktionen, die im Inneren des Gases vor sich gehen, bei denen also nur gasförmige Stoffe beteiligt sind, bezeichnet man als homogene Reaktionen. Im Motor sind das z. B. die bei der Funkenzündung und der Fortpflanzung der Verbrennung im Gemisch und die bei einer Selbstzündung auftretenden Reaktionen. Vielfach entstehen aber auch Wechselwirkungen zwischen den Wänden des Reaktionsgefäßes und dem brennbaren Gasgemisch. Man bezeichnet solche Reaktionen als heterogene Reaktionen und spricht von einer katalytischen Wirkung der Wand. Heterogene Reaktionen im Motor treten z. B. bei der Entzündung des Gemisches an glühenden Wandteilen auf. Nach den neueren Forschungen auf dem Gebiete der Chemie der Oberflächen ist anzunehmen, daß die Gase von der Oberfläche der Wand adsorbiert werden und dabei die Moleküle eine Aktivierung erfahren können. Die Vereinigung mit dem Sauerstoff beginnt dann in der adsorbierten Gasschicht. Bei der Entzündung sind auch Diffusionsvorgänge wesentlich beteiligt. Aus der thermischen Betrachtung der Verhältnisse folgt, daß die Wärmefortleitung aus den zuerst brennenden Teilen als Oberflächenwirkung verhältnismäßig um so größer ist, je kleiner die von der Verbrennung erfaßten Teile sind. Daher wird die Entzündung des Gemisches um so schwerer erfolgen, je kleiner die heiße Oberfläche ist, oder, anders ausgedrückt, es wird eine Oberfläche zur Entzündung eines Gemisches um so heißer sein müssen, je kleiner sie ist. Im allgemeinen ist die für die Zündung erforderliche Temperatur der Oberfläche — abgesehen von katalytischen Einflüssen — wesentlich höher als die Selbstentzündungstemperatur des Gemisches. Daraus erklärt sich die Tatsache, daß z. B. bei Otto-Motoren sich das Gemisch an hellrot glühenden Auslaßventilen nicht entzündet. Eine für den Motorenbau wichtige Untersuchung des katalytischen Einflusses verschiedener Stoffe wurde von Wohlschläger in der Klöckner-Humboldt-Deutz A. G. durchgeführt. Dabei wurden die Stoffe in einem Rohr von außen erhitzt und durch ein Thermoelement die Temperatur gemessen, bei welcher sich ein Gemisch aus Luft und Generatorgas an dem Stoff entzündet. Es wurden die folgenden Temperaturen festgestellt:

Stoff	Temperatur °C
Blankes Rohr	720
Rostiges Rohr	670
Metallspäne	650
Ölkohle	370
Petrolkoks	360
Gereinigtes Eisenhydroxyd	520
Mit Schwefel gesättigtes Eisenhydroxyd	290

Die zur Zündung erforderliche Temperatur der Ölkohle ist auffallend niedrig. Dieser Umstand ist deshalb von besonderer Bedeutung, weil sich im Verbrennungsraum eines Motors am Kolben und den Wandungen des Zylinders aus dem Schmieröl leicht Ölkohle absetzt, die Selbstzündungen verursachen kann.

3. Fortpflanzungsgeschwindigkeit der Verbrennung.

Wird an einer Stelle des Gemisches eine Verbrennung eingeleitet, so schreitet sie im ruhenden Gemisch mit einer von den Eigenschaften des Gemisches abhängigen Geschwindigkeit, der *Zündgeschwindigkeit*, fort. Bei diesem Vorgang wird jedes folgende Gemischteilchen durch den Wärmeübergang von den bereits brennenden Gemischteilen auf Zündtemperatur erwärmt. Dabei wirkt auch die Diffusion, und zwar die von Frischgasmolekülen in die Brennzone und die von aktiven Teilchen aus der Brennzone in das Frischgas mit. Die Zeitdauer der Erwärmung von der Anfangstemperatur bis zum Zündpunkt hängt wesentlich von dem Temperaturunterschied der nebeneinanderliegenden verbrannten und unverbrannten Gemischteilchen ab. Die Zündgeschwindigkeit wird daher mit der Anfangstemperatur des Gemisches anwachsen.

In Abb. 3 sind die Zündgeschwindigkeiten von Kohlenoxyd, Methan und Wasserstoff mit Sauerstoff und in Abb. 4 mit Luft dargestellt. Sie wurden mit Hilfe eines Bunsenbrenners bei feststehendem Flammkegel gemessen. In diesem Falle ist die Zündgeschwindigkeit des Gasgemisches aus der Ausströmgeschwindigkeit, z. B. nach Jost [2], berechenbar. Bei Mischung mit Sauerstoff ist die Zündgeschwindigkeit des Wasserstoffes und des Kohlenoxyds etwa dreimal so hoch, die des Methans sogar etwa neunmal so hoch wie bei Mischung mit Luft. Die höchsten Zündgeschwindigkeiten haben Wasserstoff und Kohlenoxyd bei Gasüberschuß und Methan beim theoretischen Mischungsverhältnis.

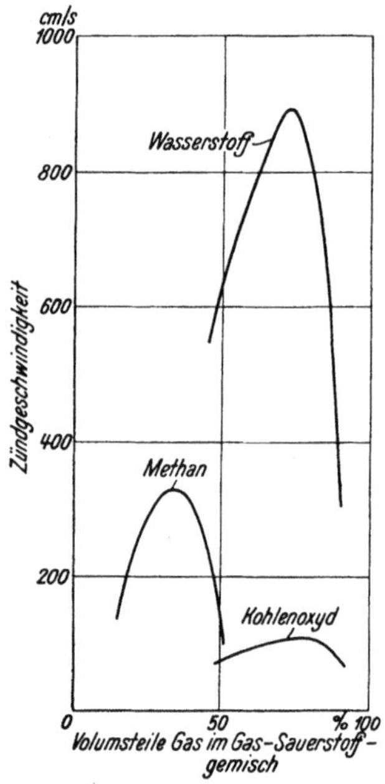

Abb. 3. Zündgeschwindigkeit von Gas-Sauerstoffgemischen.

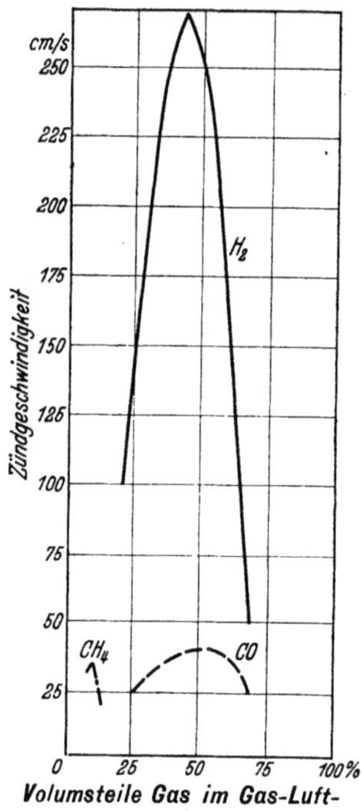

Abb. 4. Zündgeschwindigkeit von Gas-Luftgemischen.

Die Zündgeschwindigkeit eines Brenngasgemisches, das aus verschiedenen Gasen besteht, wie z. B. Generatorgas, läßt sich nicht aus der Zündgeschwindigkeit der Einzelgase bestimmen.

Abb. 5 zeigt die Zündgeschwindigkeit von technischen Brenngasen mit Luft. Die höchste Zündgeschwindigkeit hat Wassergas. Die geringeren Zündgeschwindigkeiten von Steinkohlengas und Leuchtgas erklären sich aus dem hohen Methangehalt und der geringen Verbrennungsgeschwindigkeit von Methan. Sauggas hat auf Grund seines hohen Stickstoff- und seines geringen Wasserstoffgehaltes eine sehr niedere Zündgeschwindigkeit. Der Einfluß des Wasserdampfes auf die Zündgeschwindigkeit von Kohlenoxyd, vermischt mit Luft oder Sauerstoff, ist aus Abb. 6 ersichtlich. Schon ein geringer Zusatz von Wasserdampf zum Brenngas bewirkt eine große Erhöhung der Zündgeschwindigkeit.

Die Zündgeschwindigkeit im ruhenden Gemisch liegt nach den vorstehenden Angaben so nieder, daß sie zur genügend raschen Durchzündung des Zylinderinhaltes im Motor auch bei niederen Drehzahlen nicht ausreichen würde. Im Motor ist das Gemisch bei der Entzündung jedoch nicht in Ruhe, sondern von der vorangegangenen Einströmung her in lebhafter, turbulenter Bewegung. Diese Wirbelung kann durch Überschieben des Gemisches während der Verdichtung in einem abgeschnürten Verbrennungsraum gegebenenfalls noch erhöht werden.

Den Einfluß der Wirbelung auf die Zündgeschwindigkeit eines Äthan-Luft-Gemisches zeigt Abb. 7. HOPKINSON untersuchte den Einfluß der Wirbelung auf die Dauer der Verbrennung eines Leuchtgas-Luft-Gemisches in einem zylindrischen Verbrennungsraum. Das Gemisch wurde durch einen Ventilator in Bewegung versetzt. Bei ruhendem Gemisch betrug die Verbrennungsdauer 0,13 sek, bei einer Drehzahl des Ventilators von 2000 U/min 0,03 sek und bei 4500 U/min 0,02 sek.

Bei der Verbrennung in Verbrennungskraftmaschinen sind weitere Einflüsse auf Zündtemperatur und Zündgeschwindigkeit vorhanden. Zum Vergleich mit den in Bomben oder offenen Röhren gemachten Untersuchungen von Brenngasen wurden von F. MÜLLER die Zündgeschwindigkeiten in einer langsam laufenden Leuchtgasmaschine gemessen. Die Zündgeschwindigkeit wurde bestimmt aus der Zeit,

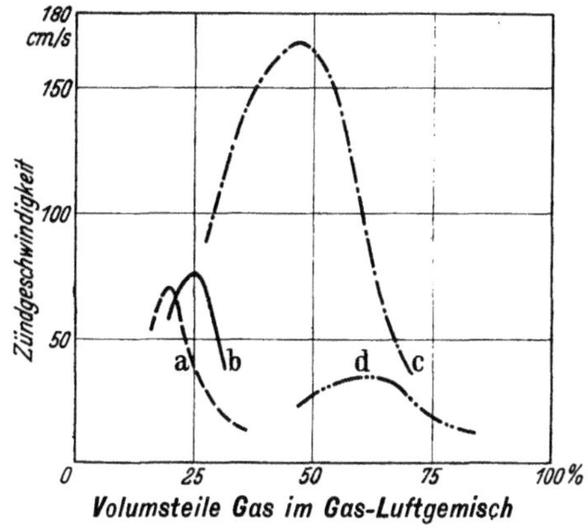

Gasart	Gehalt an CO_2 %	schweren Kohlenwasserstoffen %	O_2 %	CO %	H_2 %	CH_4 %	N_2 %
a Steinkohlengas .	1,6	3,6	1,0	5,5	54,2	27,2	6,9
b Leuchtgas	4,5	2,4	0,2	20,8	51,8	14,9	5,4
c Wassergas	0,2	—	0,4	47,0	50,5	—	1,9
d Sauggas	4,4	—	—	29,1	10,2	—	56,3

Abb. 5. Zündgeschwindigkeit von Gas-Luftgemischen. (Nach BRÜCKNER.)

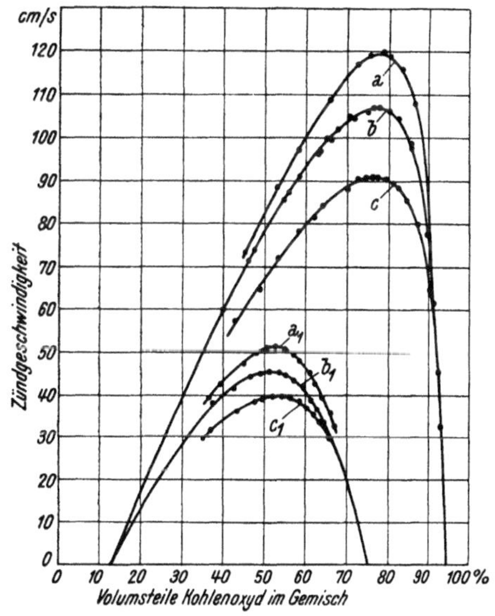

CO im Gemisch mit (1,5% N_2 + 98,5% O_2): Kurve *a*, das CO enthält 1,5% H_2 + 2,3% H_2O.
„ *b*, „ CO „ 1,5% H_2 + 1,35% H_2O.
„ *c*, „ CO „ 1,5% H_2 + Spuren H_2O.

CO im Gemisch mit (79% N_2 + 21% O_2): Kurve a_1, das CO enthält 1,5% H_2 + 2,3% H_2O.
„ b_1, „ CO „ 1,5% H_2 + 1,35% H_2O.
„ c_1, „ CO „ 1,5% H_2 + Spuren H_2O.

N_2 und O_2 wurden getrocknet zugemischt.

Abb. 6. Zündgeschwindigkeit des Kohlenoxydes.

in der die Verbrennung von der Zündkerze des Motors zu den auf dem Kolbenboden angebrachten Elektroden gelangte. Das Auftreffen der Flamme wurde durch die elektrische Stromübertragung zwischen den Elektroden, die durch die ionisierende Wirkung der Flamme eintrat, festgelegt.

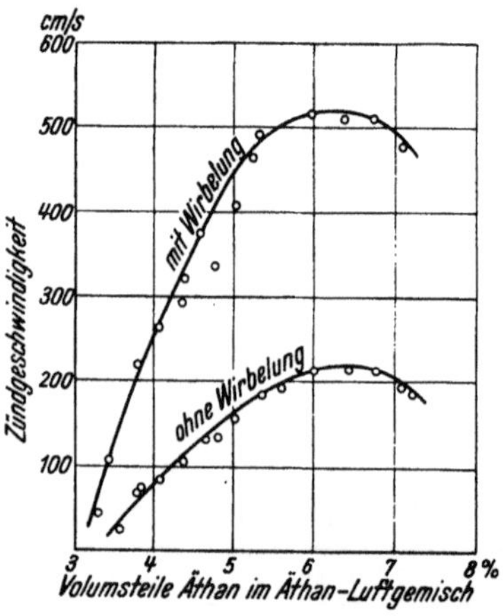

Abb. 7. Zündgeschwindigkeit von Äthan-Luftgemischen.

Abb. 8 zeigt die an einem 12-PS-Motor gemessenen Zündgeschwindigkeiten in Abhängigkeit von der Luftüberschußzahl. Die Kurven für $^1/_3$-, $^1/_2$- und $^2/_3$-Belastung beim Verdichtungsverhältnis $\varepsilon = 6{,}2$ zeigen deutlich, daß die Zündgeschwindigkeit bei der Luftüberschußzahl $\lambda = 1$ am höchsten ist. Mit zunehmendem Luft- oder Gasüberschuß nimmt die Zündgeschwindigkeit ab, da der Anteil der nicht an der Verbrennung beteiligten Luft- oder Gasmenge größer wird. Auffallend ist, daß bei niedrigen Belastungen die Zündgeschwindigkeit größer ist.

Aus den beiden Kurven für Vollast ist ersichtlich, daß die Zündgeschwindigkeit mit dem Verdichtungsverhältnis zunimmt. Das ist aus der höheren Gemischtemperatur am Ende des Verdichtungshubes leicht erklärlich. Der Einfluß der Motordrehzahl auf die Zündgeschwindigkeit bei verschiedenem Luftüberschuß ist aus Abb. 9 ersichtlich. Durch die höhere Ansauggeschwindigkeit bei steigender Drehzahl nimmt die Zündgeschwindigkeit des Gemisches im Zylinder wegen der stärkeren Wirbelung zu.

Außer dieser im Motor erwünschten normalen Fortpflanzung der Verbrennung durch Wärmeleitung und Diffusion gibt es eine wesentlich raschere Fortpflanzung. Treten zu Beginn oder im Laufe der Verbrennung durch hohe Reaktionsgeschwindigkeiten Stoß-

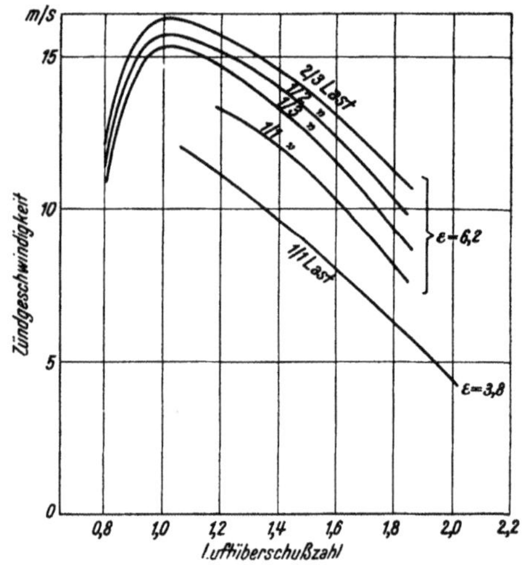

Abb. 8. Zündgeschwindigkeit in einem Leuchtgasmotor (nach F. MÜLLER). $N_e = 12$ PS, $n = 240$ U/min. Zündung 28° v. o. Tp.

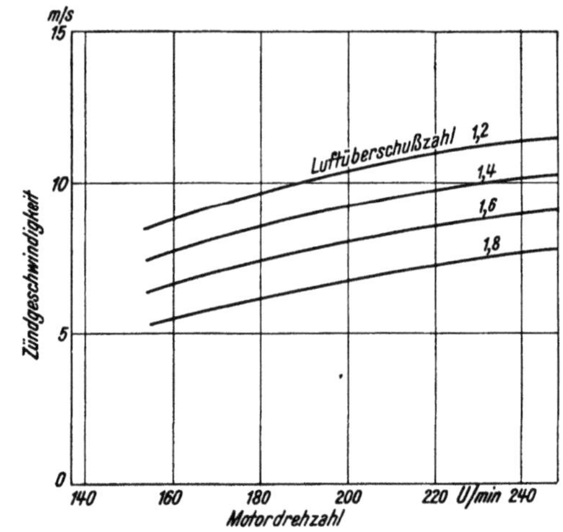

Abb. 9. Zündgeschwindigkeit in einem Leuchtgasmotor bei gleichbleibendem Drehmoment (nach F. MÜLLER). Zündung 28° v. o. Tp.

wellen auf, so kann es vorkommen, daß noch unverbrannte Gemischteile durch die adiabatische Verdichtung der Stoßwelle entzündet werden. In diesem Falle pflanzt sich die Verbrennung mit sehr hoher Geschwindigkeit fort, mit einer Geschwindigkeit, welche der Schallgeschwindigkeit bei dem hohen Druck und der hohen Temperatur des Gases entspricht. Diese Art des Verbrennungsablaufes bezeichnet man als *Detonation*. Dabei können außerordentlich hohe Drücke auftreten, die z. B. zum Zerspringen von Rohrleitungen führen können. Im Motor müssen daher Detonationen unbedingt vermieden werden. Auch wenn es zu keiner eigentlichen Detonation kommt, können infolge zu hoher

Reaktionsgeschwindigkeit stoßartige Verbrennungen auftreten, die das Triebwerk des Motors hoch beanspruchen und infolge der dadurch ausgelösten heftigen Bewegung des Gasinhaltes den Wärmeübergang auf die Wände des Brennraumes erhöhen. Je höher die Vorverdichtung und damit Druck und Temperatur des Gemisches vor der Verbrennung ist, desto rascher geht die Verbrennung vor sich und desto eher können Stoßwellen auftreten. Die mögliche Verdichtung im Motor wird daher durch das Auftreten von Stößen bei der Verbrennung begrenzt. Vielfach ist es aber, wie später ausgeführt wird, aus anderen Gründen nicht zweckmäßig, bis an diese Grenze des Verdichtungsverhältnisses zu gehen.

4. Heizwert des Gases und Leistung.

Für die mit einem Brenngas erzielbare höchste Leistung ist der Gemischheizwert des theoretischen Gas-Luft-Gemisches, bezogen auf den Normalzustand (760 mm Hg, 273° K)

$$\frac{H_u}{1 + L_0}$$

maßgebend. L_0 ist die zur Verbrennung von 1 Nm³ Gas theoretisch erforderliche Luftmenge. Die Nutzarbeit des Motors bei einem Arbeitshub ist

$$L_e = 427 \cdot \lambda_l \cdot V_h \cdot \frac{H_u}{1 + L_0} \cdot \eta_e \cdot \frac{b_a}{760} \cdot \frac{273}{T_a} \text{ mkg.}$$

Darin ist V_h das Hubvolumen in m³, η_e der Nutzwirkungsgrad (siehe Heft 2). Der Liefergrad λ_l ist das Verhältnis des tatsächlich angesaugten Gemischvolumens vom Außenzustand (b_a mm Hg, T_a ° K) zum Hubvolumen.

Mit p_e als mittleren effektiven Druck in kg/cm² ist die je Arbeitshub von der Maschine abgegebene Nutzarbeit

$$L_e = p_e \cdot V_h \cdot 10000 \text{ mkg.}$$

Aus beiden Gleichungen wird

$$p_e = 0{,}0427 \cdot \eta_e \cdot \frac{H_u}{1 + L_0} \cdot \lambda_l \cdot \frac{b_a}{760} \cdot \frac{273}{T_a} \text{ kg/cm}^2.$$

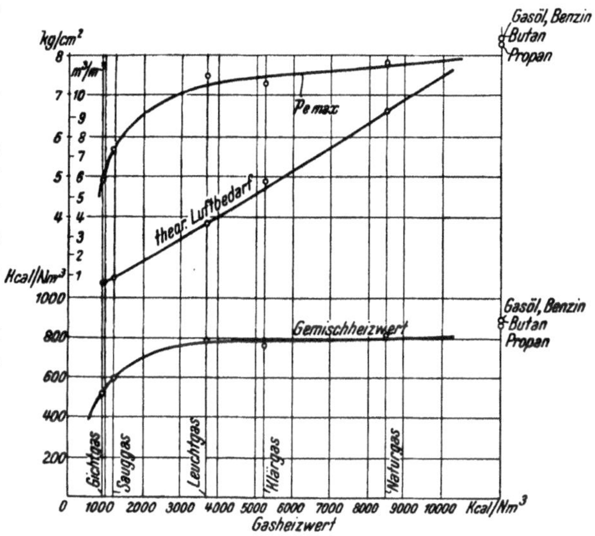

Abb. 10. Gemischheizwert, Luftbedarf und mittlerer effektiver Arbeitsdruck in Abhängigkeit vom Heizwert des Gases.

Legt man die Mittelwerte von Gasmotoren $\eta_e = 0{,}29$, $\lambda_l = 0{,}8$ der Berechnung von p_e für Gase verschiedenen Heizwertes zugrunde, so erhält man für $b_a = 760$ mm Hg, $T_a = 288°$ K, die in Abb. 10 dargestellten Werte von p_e.

Der theoretische Luftbedarf nimmt annähernd im gleichen Verhältnis zu wie der Heizwert des Gases. Der Gemischheizwert und der mittlere effektive Druck steigen bei niedrigen Heizwerten stark an. Bei höheren Heizwerten ist die Zunahme nur noch gering. Ganz rechts auf der Abbildung sind die entsprechenden Werte für Butan, Propan, Gasöl und Benzin angegeben.

IV. Ergebnisse von Versuchen an einer Gasmaschine.

1. Leistung und Gasverbrauch.

Leistung, Wirtschaftlichkeit und Sicherheit des Betriebes einer Gasmaschine sind abhängig vom Mischungsverhältnis Luft zu Gas.

Es gibt zwei Arten der Regelung von Verbrennungskraftmaschinen: die Füllungs- und die Gemischregelung.

Bei der Gemischregelung bleibt die Menge des arbeitenden Gemisches gleich, verändert wird der Luftüberschuß.

Bei der Füllungsregelung wird die Menge des arbeitenden Gemisches bei gleichbleibendem Luftüberschuß verändert. Die Diesel-Maschine arbeitet mit Gemischregelung,

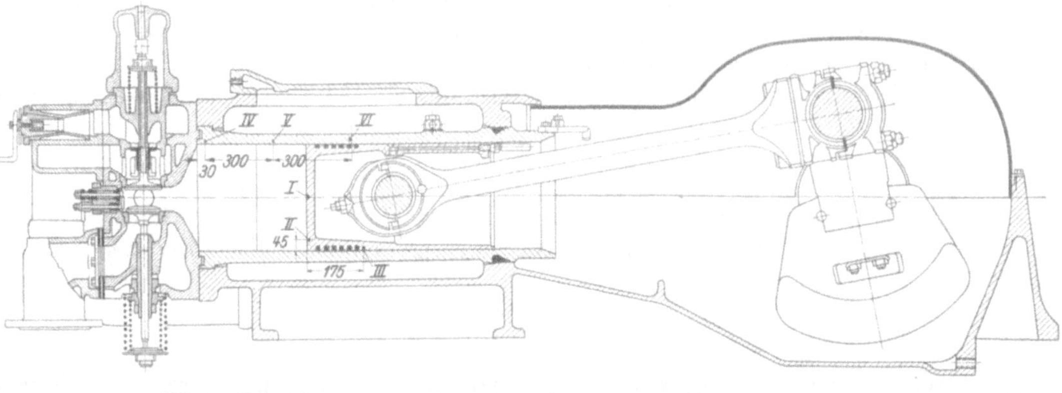

Abb. 11. Längsschnitt durch die Versuchsmaschine. *I* bis *VI* Temperaturmeßstellen.

die Regelung erfolgt bei gleichbleibender Füllung mit Luft durch Änderung der in den Arbeitszylinder eingespritzten Brennstoffmengen. Die Gasmotoren arbeiten mit Füllungs- und Gemischregelung.

Der Verfasser hat bei der Klöckner-Humboldt-Deutz A. G. an einer Gasmaschine Versuche durchgeführt. Dabei wurde der Einfluß des Gemischverhältnisses auf Leistung, Gasverbrauch und Wärmebeanspruchung der Maschine festgestellt. Um einen möglichst umfassenden Überblick über den Einfluß der Gemischzusammensetzung auf den Betriebszustand der Maschine zu gewinnen, wurden Gemisch und Füllung nicht nur im üblichen Betriebsbereich untersucht, sondern darüber hinaus bis an die Grenzen, an denen die Maschine überhaupt noch in Betrieb zu halten war. Die Versuchsmaschine wurde nicht nur im Gebiet des Luftüberschusses, sondern auch im Gebiet des Gasüberschusses gefahren. Als Brenngase wurden Leucht- und Sauggas verwendet. Die Versuchsmaschine war eine liegende Gasmaschine mit einer Zylinderbohrung von 410 mm und 600 mm Hub und einer gleichbleibenden Drehzahl von 215 U/min. Das Verdichtungsverhältnis war $\varepsilon = 7$. Die Maschine wurde durch einen elektrischen Generator abgebremst. Als Zündung wurde eine Abreißzündung verwendet.

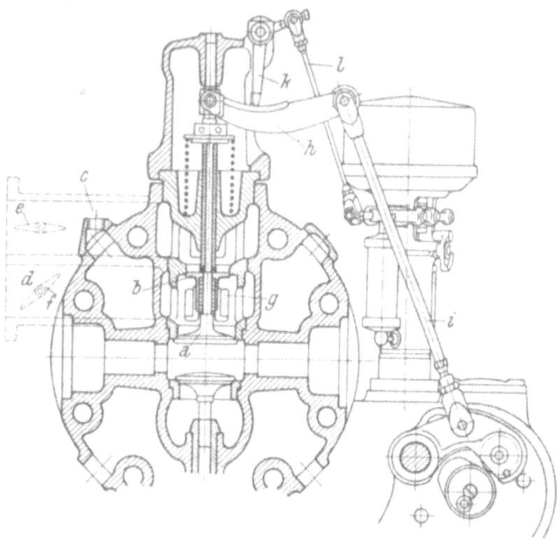

Abb. 12. Schnitt durch den Zylinderkopf der Versuchsmaschine.
a Einlaßventil, *b* Gasventil, *c* und *d* Gas- und Luftleitung, *e* und *f* Gas- und Luftdrossel, *g* Mischraum von Gas und Luft, *h* Ventilhebel, *i* Stoßstange, *k* Regelstütze, *l* Reglergestänge.

Abb. 11 zeigt einen Längsschnitt durch die Maschine und Abb. 12 einen Querschnitt durch den Zylinderkopf. Die Regelung erfolgt durch Veränderung des Einlaßventilhubes. Dabei wird der Drehpunkt des Ventilhebels *h* durch die schwenkbare Regelstütze *k* verlegt. Der Hebel *k* wird durch das Reglergestänge *l* vom Drehzahlregler verstellt. Auf der Ventilspindel sitzt das Gasventil *b*, das sich mit dem Haupteinlaßventil auf- und abbewegt. Bei geschlossenem Einlaßventil ist es ebenfalls geschlossen und schließt die Gasleitung gegen die Luftleitung ab. Mit dem Hub des Einlaßventils ändert sich auch der Hub des Gasventils. Die Gas- und Luftansaugeleitungen *c* und *d*, in denen sich die

Gas- und Luftdrosselklappen *e* und *f* befinden, sind durch Strichelung schematisch dargestellt. Gas und Luft strömen vor dem Einlaßventil *a* im Mischraum *g* zusammen. Die Drosselklappen sind mit der Hand verstellbar und dienen zur Veränderung des Mischungsverhältnisses.

Das bei den Versuchen verwendete Sauggas ist in Zahlentafel 1, Zeile 3 angegebenen. Es hat einen unteren Heizwert von 1200 kcal/Nm³ und einen theoretischen Luftbedarf L_0 von 0,98 m³/m³.

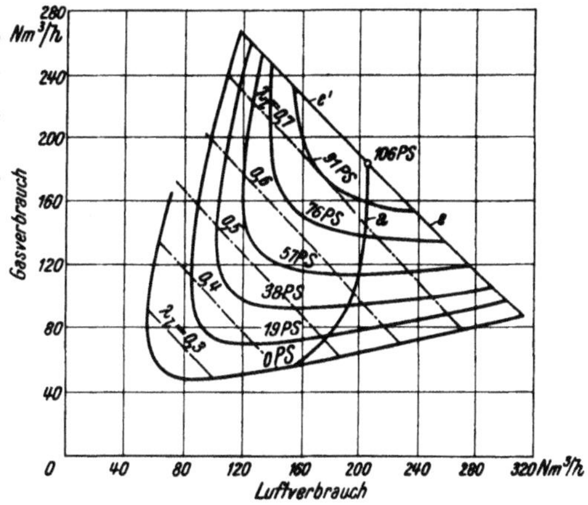

Abb. 13. Luft- und Gasverbrauch bei verschiedenen Belastungen. Betrieb mit Sauggas. 215 U/min.

Abb. 13 zeigt den Luft- und Gasverbrauch der Versuchsmaschine bei verschiedenen Belastungen, Abb. 14 die Abhängigkeit des Gasverbrauches vom Verhältnis Luftvolumen zu Gasvolumen und von der Luftüberschußzahl. Die Luftüberschußzahl λ ist das Verhältnis der tatsächlichen Luftmenge zur theoretisch nötigen Luftmenge. Die stark ausgezogenen Linien stellen den Gasverbrauch bei gleichbleibender Leistung dar.

Die größte Leistung von 106 PS wird nur erreicht, wenn das Mischungsverhältnis Luft zu Gas = 1,09 ist. Dabei ist die Regelung auf volle Füllung eingestellt. Der erreichte Liefergrad beträgt $\lambda_l = 0{,}8$. Diese Leistung entspricht einem effektiven Arbeitsdruck von $p_e = 5{,}6$ kg/cm². Unterhalb der höchsten Leistung kann das Mischungsverhältnis in um so weiteren Grenzen geändert werden, je niedriger die Leistung ist.

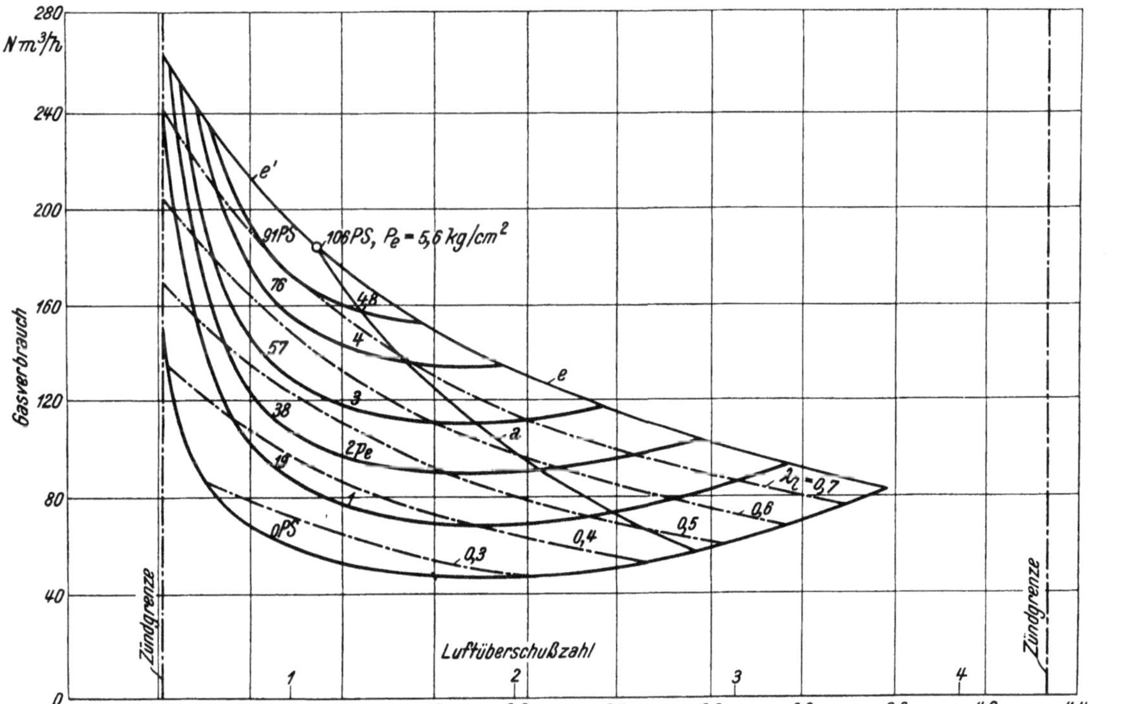

Abb. 14. Mischungsverhältnis und Gasverbrauch bei verschiedenen Belastungen. Betrieb mit Sauggas. 215 U/min.

Bei 57 PS, einem mittleren effektiven Arbeitsdruck von $p_e = 3{,}0$ kg/cm², liegen die Grenzen des Mischungsverhältnisses Luft zu Gas bei 0,5 und 2,3 im Leerlauf bei 0,42 und 3,6. An der äußersten Grenze des Mischungsverhältnisses hat der Regler volle Füllung eingestellt. Links von der Luftüberschußzahl $\lambda = 1$ herrscht Gasüberschuß, rechts davon

Luftüberschuß. Auf der Linie e im Gebiet des Luftüberschusses und e' im Gebiet des Gasüberschusses hat der Zylinder die größte Füllung. Dabei beträgt der Liefergrad λ_l angenähert 0,8.

Die Linien gleichbleibender Füllung des Zylinders also gleichbleibenden Liefergrades sind strichpunktiert eingezeichnet. Die Werte für den Liefergrad sind neben diesen Linien eingetragen.

Bei den Versuchen wurde festgestellt, wie weit bei Leerlauf die Maschine im Gebiet des Luftüberschusses von der Zündgrenze des Gemisches entfernt ist. Zu diesem Zweck wurde der elektrische Generator umgepolt und die Gasmaschine durch den als Elektromotor wirkenden Generator mit Hilfe von Netzstrom angetrieben. Bei geschlossener Gasklappe wurde der Zylinder voll mit Luft gefüllt und dann durch Öffnen der Gasklappe langsam Gas zugeleitet, bis Zündungen in der Maschine einsetzten. Das Eintreten der Zündungen konnte an der Erhöhung der Auspufftemperatur, die dann über 60° C stieg, festgestellt werden. Bei Gasüberschuß wurde die Zündgrenze des Gemisches ebenso bestimmt.

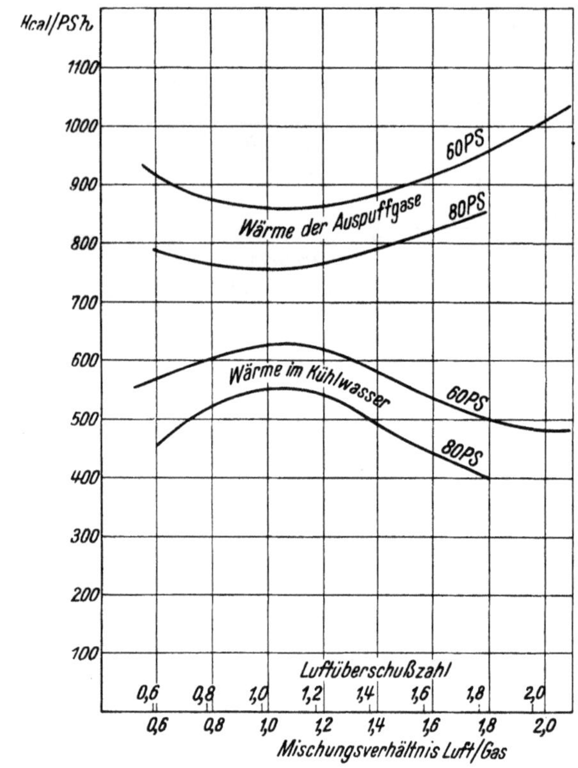

Abb. 15. Abgeführte Wärmemengen im Kühlwasser und in den Auspuffgasen.

Im Leerlauf kann bei voller Füllung und einem Mischungsverhältnis von Luft zu Gas von 3,6 der Betrieb ohne Zündungsaussetzer aufrechterhalten werden. Bei Gasüberschuß wird im Leerlauf beim Mischungsverhältnis 0,42 gerade die Zündgrenze erreicht. Darüber hinaus sind Aussetzer festzustellen. Die Zündgrenze liegt bei Luftüberschuß beim Mischungsverhältnis 4,3. In Abb. 14 sind die Zündgrenzen durch die senkrechten strichpunktierten Linien dargestellt. Innerhalb dieser Linien treten mit Sicherheit Zündungen auf.

Eigenartige Unterschiede ergaben sich an den Zündgrenzen bei Gas- und Luftüberschuß. Im Gebiet des Luftüberschusses nimmt bei gleichmäßigen Zündungen die Temperatur im Auspuff von 60° C an stetig zu. Aussetzer kommen dabei nicht vor. Bei Gasüberschuß wechseln Zündungen mit Aussetzern ab. Die Auspufftemperatur steigt dabei plötzlich von 60° auf 400° C, um dann wieder abzufallen. Der Verdichtungsenddruck bei verändertem Verdichtungsverhältnis hat auf die Zündgrenze keinen nennenswerten Einfluß. Es konnten folgende Werte festgestellt werden:

Verdichtungsenddruck kg/cm²	Zündgrenzen: Luftvol./Gasvol.
8	0,44 bis 4,05
12	0,42 „ 4,25
16	0,401 „ 4,14
18	0,413 „ 4,07

Wie die Abb. 13 und 14 zeigen, hängt der Gasverbrauch von der Zusammensetzung des Gemisches ab. Bei hohen Belastungen nimmt der Gasverbrauch mit Zunahme des Luftüberschusses ab, bei geringeren Belastungen erreicht er beim Mischungsverhältnis 1,8 einen Kleinstwert und steigt bei zunehmendem Luftüberschuß wieder an. Bei Gasüberschuß ist der Gasverbrauch bei voller Füllung am höchsten. Je niedriger die Belastung ist, desto höher kann der Gasverbrauch werden, weil bei niedriger Belastung weniger Luft zur Verbrennung nötig ist und mehr Gas angesaugt werden kann. Bei falscher Einstellung der Luft- und Gasdrossel kann es deshalb vorkommen, daß der Gasverbrauch bei sinkender Leistung stark ansteigt. Im üblichen Betrieb soll nicht mit Gasüberschuß gefahren werden. Es kann jedoch der Fall eintreten, daß mit Absicht ein Gemisch mit Gasüberschuß eingestellt wird, nämlich dann, wenn durch glühenden Ölkoks verursachte Selbstzündungen auftreten. Die Selbstzündungen können durch ein Gemisch mit größerem Luftüberschuß meistens nicht behoben werden, sie hören jedoch bei Gasüberschuß auf.

Je mehr man vom theoretischen Mischungsverhältnis abweicht, desto geringer ist die bei der Verbrennung entstehende Wärme und daher die Temperaturzunahme des Gemisches. In Abb. 15 sind die Wärmeverluste an das Kühlwasser und die Wärmemenge in den Abgasen bei einer Leistung

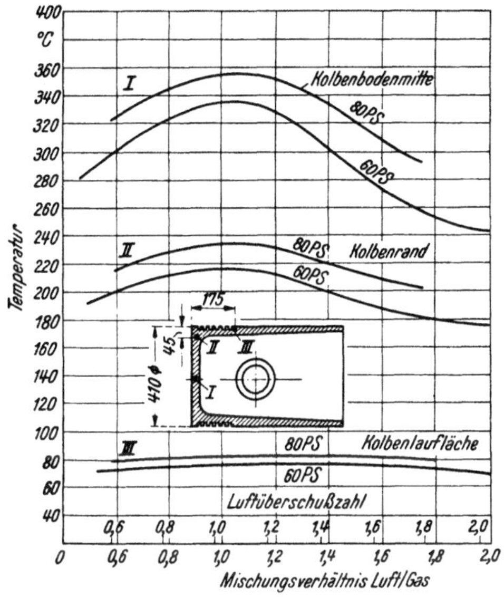

Abb. 16. Kolbentemperaturen in Abhängigkeit vom Mischungsverhältnis. Betrieb mit Sauggas. 215 U/min.

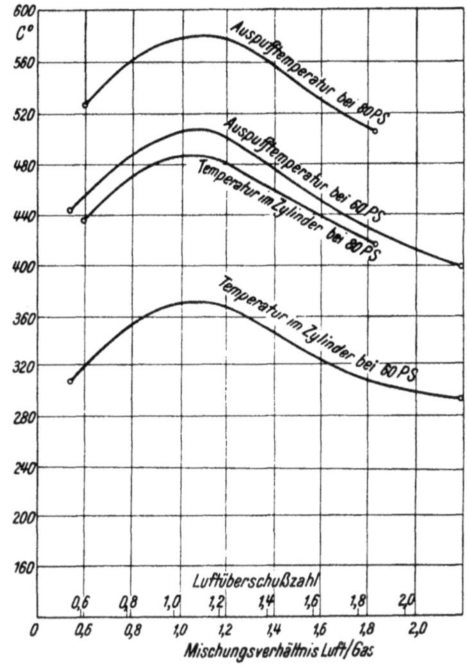

Abb. 17. Temperatur der Auspuffgase und im Zylinder. Betrieb mit Sauggas. 215 U/min.

der Maschine von 60 und 80 PS dargestellt. Die unteren Linien zeigen die durch den Zylinderkopf und den Zylindermantel an das Kühlwasser abgeführte Wärmemenge. Beim Mischungsverhältnis von 1,09 ist der Wärmeverlust an das Kühlwasser annähernd am größten, die durch die Abgase abgeführte Wärme annähernd am kleinsten.

Die Abhängigkeit der Temperatur des Kolbens vom Mischungsverhältnis zeigt Abb. 16. Die Lage der Meßpunkte *I*, *II* und *III* ist aus dem Schnitt des Kolbens auf dieser Abbildung ersichtlich. Sie liegen 3 mm von der Kolbenoberfläche entfernt. Die Temperatur des Kolbens ist beim Mischungsverhältnis 1,09 am höchsten. Mit Zunahme des Luft- und Gasüberschusses nimmt sie ab. Bei 80 PS_e ist z. B. bei hohem Luftüberschuß die Temperatur der Kolbenbodenmitte höher als bei 60 PS_e bei geringem Luftüberschuß. Die Temperaturen wurden an der laufenden Maschine durch Thermoelemente gemessen.

Zur Untersuchung der Temperaturverhältnisse des Verbrennungsraumes wurde mit Hilfe eines Thermoelements die mittlere Temperatur an einer Stelle desselben festgestellt. Zur Vermeidung einer hohen Temperatur der Lötstelle, die leicht zu Selbstzündungen führen könnte, wurde das Thermoelement in eine 20 mm tiefe Bohrung des Zylinderkopfes eingebracht.

Aus Abb. 17 ist zu ersehen, daß diese Temperatur im Zylinder und die Temperatur der Auspuffgase beim Mischungsverhältnis 1,09 am höchsten sind. Beide Temperaturen nehmen bei Luft- und Gasüberschuß ab.

Auf Abb. 18 sind Indikatordiagramme bei verschiedenen Mischungsverhältnissen für eine Leistung von 80 PS_e dargestellt. Bei hohem Luftüberschuß sind die Diagramme ziemlich abgerundet. Je mehr sich das Mischungsverhältnis dem Wert 1,09 nähert, desto spitzer wird das Diagramm und desto höher der Verbrennungsdruck. Steigender Luft- und Gasüberschuß vermindern die Verbrennungsgeschwindigkeit und haben ein Nachbrennen zur Folge. Das äußert sich jedoch, wie Abb. 17 zeigt, bei der untersuchten Maschine nicht in einem Ansteigen der Auspufftemperatur. Die Tatsache, daß die Wärmemenge im Auspuff nach Abb. 15 trotz fallender Auspufftemperatur bei konstanter Leistung mit zunehmendem Gas- oder Luftüberschuß ansteigt, ist aus der Zunahme der Abgasmenge infolge des in beiden Richtungen steigenden Liefergrades zu erklären.

Nach Heft 2, Abb. 36, steigt der Wirkungsgrad der Gasmaschine mit zunehmendem Luftüberschuß. Daher wird trotz der theoretisch ungünstigen abgerundeten Diagramme, die sich bei großem Luftüberschuß ergeben, der Gasverbrauch bei 80 PS_e Leistung bei dem großen Luftüberschuß $\lambda = 1{,}84$, entsprechend einem Mischungsverhältnis von 1,8 am günstigsten. Die Ursache liegt in der Herabsetzung der Verbrennungstemperatur, wodurch der Prozeß in das Gebiet kleinerer spez. Wärmen rückt und auch in der Verkleinerung der Wärmeverluste infolge des mit den Verbrennungstemperaturen abnehmenden Wärmeüberganges.

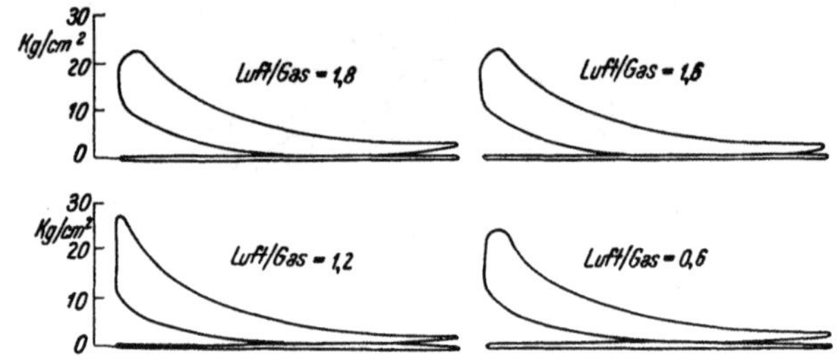

Abb. 18. Indikatordiagramme. Betrieb mit Sauggas. Leistung 80 PS. 215 U/min.

Steigt der Luftüberschuß über 1,84, so überwiegt der ungünstige Einfluß des Nachbrennens, das sich in einer starken Ausrundung des Diagramms äußert, und der Gasverbrauch nimmt wieder zu.

Die Ansaugarbeit steigt mit abnehmendem Liefergrad, ist also bei größerem Luftüberschuß im Vergleich zu einer gedrosselten Maschine mit kleinem Luftüberschuß geringer.

Diese verschiedenartigen Einflüsse wirken sich auf den Gasverbrauch der Maschine aus. Nach Abb. 14 wird bei hohen Belastungen mit Erhöhung des Luftüberschusses der Gasverbrauch geringer. Der Einfluß der verringerten Verbrennungsgeschwindigkeit tritt dabei zurück.

Wird bei niedriger Belastung das Mischungsverhältnis 1,09 als Ausgangspunkt genommen, so nimmt mit zunehmendem Luftüberschuß wegen der Verringerung des Kühlwasserverlustes und der Ansaugarbeit der Gasverbrauch zunächst ab. Erst bei starkem Luftüberschuß steigt infolge der geringeren Verbrennungsgeschwindigkeit der Gasverbrauch an.

Im Gebiet des Gasüberschusses setzt sich der Gasverbrauch aus der an der Verbrennung beteiligten Gasmenge und der überschüssigen Gasmenge zusammen. Der Verbrauch an tatsächlich verbranntem Gas ist ähnlichen Einflüssen wie bei Luftüberschuß unterworfen.

2. Regelung und Gasverbrauch.

Die in Abb. 13 und 14 eingezeichneten Linien des Gasverbrauches sind Kennlinien der Sauggasmaschine und geben einen Maßstab für die Güte einer Regelung, unabhängig von der Art der Steuerung oder Regelung. Abweichungen können bei Änderung der Form des Verbrennungsraumes und der Zusammensetzung des Gases auftreten. Da das aus den verschiedenen Steinkohlenarten in Generatoren gewonnene Sauggas eine ähnliche Zusammensetzung hat, dürfen diese Linien eine gewisse Allgemeingültigkeit beanspruchen.

Um eine gute Regelung für verschiedene Belastungen zu erreichen, sind Gemisch und Füllung so einzustellen, daß der Gasverbrauch in der Nähe des Kleinstwertes liegt. Aus Abb. 14 können für jede Belastung bei günstigstem Gasverbrauch die Gasmenge und die Luftmenge aus den Kurven des Gasverbrauches bestimmt werden. Die Ansaugquerschnitte der Luft- und Gasdrosseln müssen so bemessen sein, daß diese Luft- und Gasmengen vom Zylinder angesaugt werden.

Die Regelung der Ansaugquerschnitte der Gasmaschine bei Belastungsänderungen erfolgt zwangsläufig. Zur Einstellung der größtmöglichen Leistung mußte bei der Versuchsmaschine die Gasdrosselklappe ganz geöffnet und bei größtem Hub des Einlaßventils das Mischungsverhältnis durch die Luftdrosselklappe eingestellt werden. Bei der höchsten erreichbaren Last von 106 PS_e ergab sich für das verwendete Sauggas ein Mischungsverhältnis Luft zu Gas von 1,09. Die Regelung der Maschine geschah durch einen Drehzahlregler mit Fliehkraftgewichten. Die Stellung der Luft- und der Gasdrosselklappe bei Verringerung der Belastung wurde in der Ausgangsstellung der höchsten Leistung belassen. Dabei wurden die angesaugten Luft- und Gasmengen gemessen und die Werte in die Abb. 13 und 14 eingetragen. Dadurch ergab sich für die Regelung der Maschine die Linie *a*. Aus der Linie *a* ist zu erkennen, daß sich Füllung und Mischungsverhältnis gleichzeitig ändern und dabei der Anteil der Luft am Gemisch mit fallender Belastung größer wird. Die reine Füllungsregelung würde in Abb. 14 als eine senkrechte Gerade unterhalb der Höchstlast von 106 PS_e verlaufen, während bei einer Gemischregelung mit gleichbleibender Füllung die Regelung nach der Linie *e* und im Gebiet des Gasüberschusses nach der Linie *e'* erfolgen müßte.

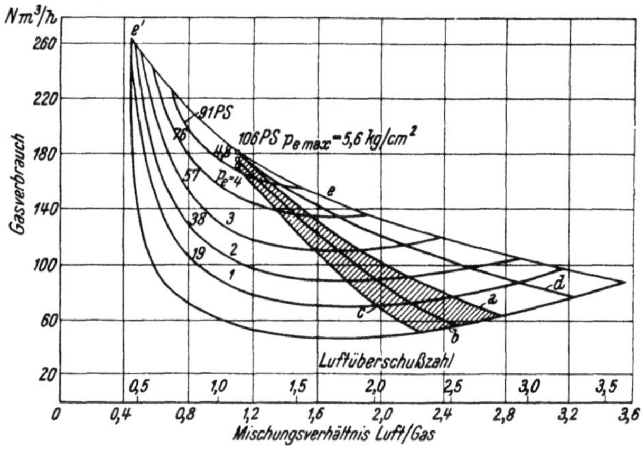

Abb. 19. Regelkurven der Sauggasmaschine bei verschiedenem Druck in der Ansaugleitung. 215 U/min.

Der Verlauf der Regellinie *a* in den Abb. 13 und 14 ist durch die Art der Steuerung der Versuchsmaschine bedingt. Da die Stellung der Luftdrosselklappe während der Regelung nicht geändert wird, bleibt der Querschnitt zum Einströmen der Luft in den Mischraum vor dem Einlaßventil, in dem Gas und Luft zusammentreffen, unverändert. Das Gasventil wird, wie aus Abb. 12 ersichtlich, mit der Spindel des Einlaßventils zwangsläufig bewegt und verkleinert bei niedrigen Belastungsstufen mit der Hubverringerung des Einlaßventils den Gasquerschnitt. Da also bei gleichbleibendem Luftquerschnitt der Gasquerschnitt kleiner wird, nimmt der Luftanteil am Gemisch zu. Durch Änderung des Einlaßventilhubes tritt Füllungsregelung und durch die damit verbundene Änderung des Gasventilhubes Gemischregelung ein.

In Abb. 19 sind die Linien des Gasverbrauches über dem Mischungsverhältnis von Luft zu Gas wie in Abb. 14 aufgetragen. Bei einer Regelung nach der Linie *a* der Abb. 19 herrscht in der Gasleitung infolge Verwendung eines Gebläses Atmosphärendruck. Bei einem Unterdruck in der Gasleitung von 220 mm WS gegenüber der Außenluft regelt der Drehzahlregler die Maschine nach der Linie *b*. Die höchste Leistung beträgt wegen des Unterdruckes nur 102 PS_e, das Mischungsverhältnis ist wieder 1,09.

Bei einem Unterdruck von 450 mm WS ist die höchste Leistung 96 PS_e, die Regelung erfolgt nach der Linie *c*. Damit bei zunehmendem Unterdruck in der Gasleitung das Mischungsverhältnis 1,09 für Höchstlast erreicht wird, mußte der Querschnitt der Luftdrosselklappe verkleinert werden. Bei niedrigen Belastungen rücken die Regelkurven infolgedessen gegenüber der Regellinie *a* mehr nach links in das Gebiet des kleineren Luftüberschusses.

Bei Betrieb mit Sauggas schwankt der Unterdruck in der Gasleitung zwischen 0 und 450 mm WS. Die Regelung findet also stets in dem schraffierten Feld zwischen den Kurven *a* und *c* statt. Der Gasverbrauch liegt in der Nähe des Kleinstwertes. Nur bei

Leerlauf rücken die Linien etwas davon ab. Die Veränderung des Einlaßventilhubes und die damit verbundene Hubänderung des Gasventils ergeben also eine günstige Regelung.

Werden die Regelung und die Steuerung so eingestellt, daß das Einlaßventil stets seinen vollen Hub ausführt und sich durch Verstellung der Gasdrosselklappe die Belastung ändert, während die Stellung der Luftdrosselklappe die gleiche bleibt, so ergibt sich eine Regelung nach der Linie *d*. Sie verläuft nahe der Linie *e* der größten Füllung. Bei niedrigen Belastungen nimmt der Luftüberschuß stark zu. Bei hoher Belastung ist der Gasverbrauch gegenüber den Linien *a*, *b* und *c* günstiger, bei niedriger Belastung steigt er erheblich an.

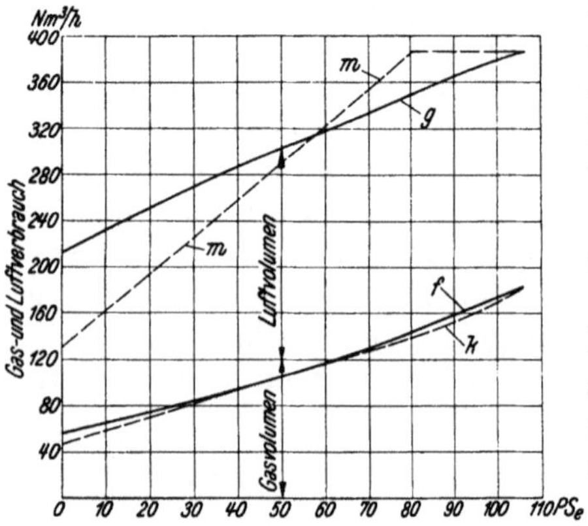

Abb. 20. Gas- und Luftverbrauch bei ausgeführter und bestmöglicher Regelung. Betrieb mit Sauggas. 215. U/min.

f Gasvolumen bei ausgeführter Regelung,
g Gemischvolumen bei ausgeführter Regelung,
k Gasvolumen bei bestmöglicher Regelung,
m Gemischvolumen bei bestmöglicher Regelung.

Wird bei abnehmender Belastung der Hub des Einlaßventils nicht geändert, während der Querschnitt der Gasdrossel verkleinert und der Querschnitt der Luftdrossel vergrößert wird, so ergibt sich bei größter Füllung des Zylinders eine reine Gemischregelung nach der Linie *e*. Bei hoher Belastung ist der Gasverbrauch niedrig, bei geringer Belastung jedoch wesentlich höher als der Kleinstwert. Bei niedriger Belastung ist dann bei hohem Luftüberschuß die Zündgrenze des Gemisches noch nicht erreicht, jedoch liegt die Gemischzusammensetzung in der Nähe der Zündgrenze. Bei einer Mehrzylindermaschine besteht die Gefahr, daß infolge ungleicher Mischung das Mischungsverhältnis bei einzelnen Zylindern die Zündgrenze überschreitet, so daß bei diesen Aussetzer eintreten.

In Abb. 20 sind in Abhängigkeit von der Leistung der Gasverbrauch durch die Linie *f* und die angesaugte Gemischmenge und der Liefergrad durch die Linie *g* dargestellt. Der Unterschied der Ordinaten der Linien *g* und *f* ist der Luftverbrauch. Diese Gas- und Luftmengen entsprechen einer Regelung nach der Linie *a* der Abb. 19. Entsprechend der Füllungsregelung nimmt die Gemischmenge bei sinkender Leistung ab, zugleich wird der Gasanteil am Gemisch kleiner. Die gestrichelten Linien *k* und *m* bedeuten den aus Abb. 13 und 14 abgelesenen, bei der bestmöglichen Regelung erreichbaren geringsten Gasverbrauch. Bei einer solchen Regelung ist von Höchstlast bis zu 80 PS_e zunächst Gemischregelung anzuwenden. Bei niedriger Belastung muß auch die Füllung geändert werden. Der Gasverbrauch bei bestmöglicher Regelung nach Linie *k* weicht vom Gasverbrauch bei Regelung durch Verändern des Einlaßventilhubes nach Linie *f* nur wenig ab.

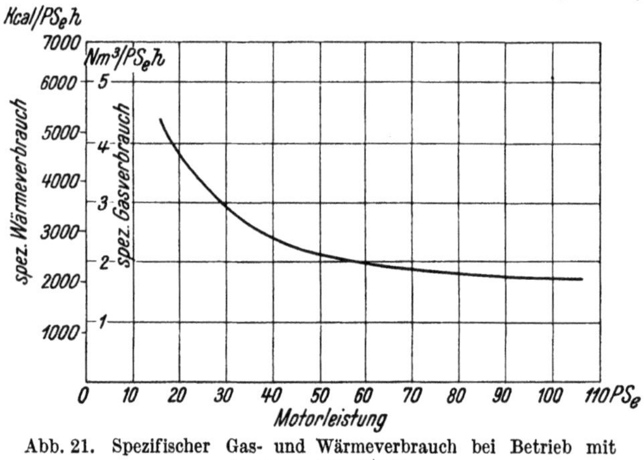

Abb. 21. Spezifischer Gas- und Wärmeverbrauch bei Betrieb mit Sauggas. 215 U/min.

Der spezifische Gas- bzw. Wärmeverbrauch in Abhängigkeit von der Leistung ist in Abb. 21 dargestellt. Er nimmt mit zunehmender Belastung bis zur Höchstlast ab. Die Gasmaschine verhält sich anders als die Diesel-Maschine, da bei hoher Belastung der spezifische Wärmeverbrauch der Diesel-Maschine wieder ansteigt. Bei einer Leistung von 80 PS_e, die einem mittleren effektiven Arbeitsdruck von 4,2 kg/cm^2 entspricht, beträgt der spezifische Gasverbrauch 1,81 m^3/PS_eh und der spezifische Wärmeverbrauch 2170 $kcal/PS_eh$. Das ergibt einen Nutzwirkungsgrad von 0,29.

In Abb. 22 sind Indikatordiagramme dargestellt, die bei der Regelung nach der Linie *a* in den Abb. 13 und 14 aufgenommen wurden. Unter den Starkfederdiagrammen sind die zugehörigen Schwachfederdiagramme aufgezeichnet. Die Starkfederdiagramme lassen erkennen, daß bei abnehmender Belastung die Verbrennungshöchstdrücke geringer und die Diagramme stärker abgerundet werden. Aus den Schwachfederdiagrammen geht hervor, daß der Ansaugunterdruck bei niedriger Belastung infolge der Füllungsregelung stark zunimmt. Beim Schwachfederdiagramm für 37 PS_e Leistung bedeutet V_0 das Volumen des angesaugten Gemisches, das sich mit der Belastung ändert, und V_h das Hubvolumen, Der volumetrische Liefergrad ist $\lambda_v = \frac{V_0}{V_h}$. Das angesaugte Gemisch erwärmt sich im Zylinder, so daß der effektive Liefergrad λ_l kleiner ist als der volumetrische λ_v.

Ist das Mischungsverhältnis bei einer bestimmten Belastung gemäß der Linie *a* der Abb. 14 eingestellt, so geht die Regelung der Versuchsmaschine unter dem Einfluß des Drehzahlreglers nach dieser Linie vor sich. Wenn z. B. das Mischungsverhältnis bei einer Leistung von 37 PS_e statt auf 2,05 auf 2,4 eingestellt wird, so liegt die Regellinie wegen des größeren Luftüberschusses rechts von der Linie *a*. Jedoch ergibt sich nicht mehr die Höchstleistung von 106 PS_e, sondern die Linie *e* für größte Füllung wird schon bei einer geringeren Leistung erreicht.

Stellt man bei 37 PS_e Leistung das Mischungsverhältnis auf 1,5 ein, so liegt die Regellinie links von der Linie *a*. Bei hohen Belastungen kommt man in das Gebiet des Gasüberschusses. Die höchste Leistung von 106 PS_e wird auch bei dieser Einstellung nicht erreicht, da die Linie *e'* der größten Füllung links vom Endpunkt der Linie *a* geschnitten wird. Eine Gemischeinstellung links der Linie *a* hat bei hohen Belastungen nicht nur eine Verminderung der Höchstleistung, sondern auch eine Erhöhung des Gasverbrauches zu Folge. Eine derartige Regelung kann jedoch zur Vermeidung von Selbstzündungen in Betracht kommen.

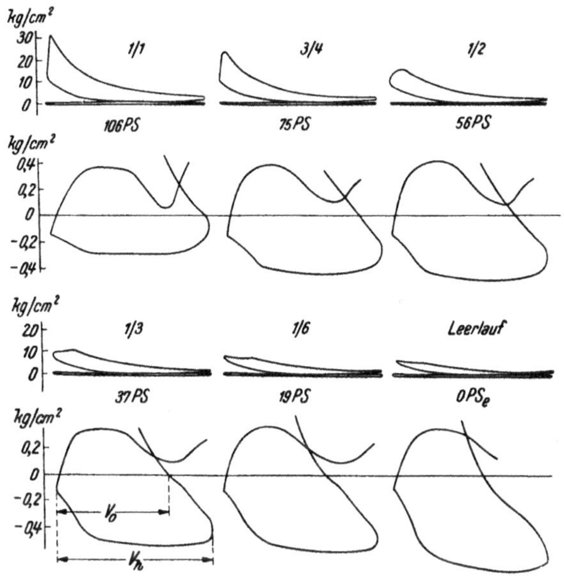

Abb. 22. Indikatordiagramme bei verschiedener Belastung. Betrieb mit Sauggas. 215 U/min.

Bei einer Gemischeinstellung links der Linie *a* konnte an der Versuchsmaschine folgende Beobachtung gemacht werden: Bei Überlast lief die Maschine ruhig. Beim Zurückgehen auf Normallast traten Stöße in der Maschine auf. Daraus geht hervor, daß bei Überlast Gasüberschuß herrscht, der die Verbrennungsgeschwindigkeit herabsetzt. Bei absinkender Belastung, bei der die Regellinie nach rechts verläuft, wird das Mischungsverhältnis 1,09 mit höchster Verbrennungsgeschwindigkeit erreicht. Wird mehr Luft gegeben, d. h. die Regelkurve nach rechts gelegt, so hören die Stöße auf.

3. Einstellung auf Höchstleistung.

Die Versuchsmaschine wurde dadurch auf höchste Leistung eingestellt, daß bei größter Füllung, d. h. bei größtem Hub des Einlaßventils bei vollkommen geöffneter Gasdrosselklappe die Stellung der Luftdrosselklappe geändert und für jede Stellung die Maschinenleistung festgestellt wurde. Wenn bei vollkommen geöffneter Luftdrosselklappe die Höchstleistung infolge zu großer Widerstände in der Luftleitung noch nicht erreicht ist, so muß der Querschnitt in der Gasdrosselklappe verkleinert werden. Bei der untersuchten Maschine waren die Widerstände in der Gasleitung größer als in der Luftleitung. Die Gasdrosselklappe mußte deshalb vollkommen geöffnet werden.

Die Einstellung auf Höchstleistung kann auch so durchgeführt werden, daß man die Maschine durch Überbelastung unter die vom Drehzahlregler einzustellende Drehzahl abfallen läßt und mit der Luftdrosselklappe die höchste Drehzahl einstellt.

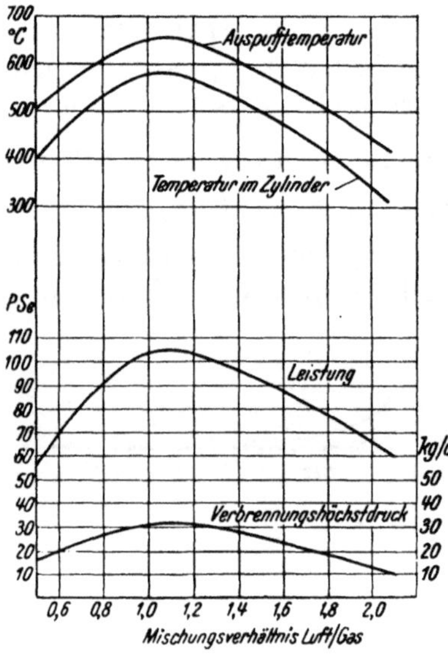

Abb. 23. Leistung, Verbrennungshöchstdruck, Auspufftemperatur und Temperatur im Zylinder der Sauggasmaschine bei größter Füllung. 215 U/min.

Bei einer Mehrzylindermaschine macht es Schwierigkeiten, jeden einzelnen Zylinder auf Höchstlast einzustellen, weil sich die Änderung des Gemisches eines einzelnen Zylinders in der Gesamtleistung nur wenig bemerkbar macht. Eine Möglichkeit der Einstellung ist in diesem Fall durch die Beobachtung der Abgastemperaturen gegeben. In Abb. 23 sind bei größter Füllung des Zylinders die Leistung, der Verbrennungshöchstdruck, die Temperatur der Auspuffgase und die Temperaturen im Zylinder in Abhängigkeit vom Mischungsverhältnis Luft zu Gas aufgetragen. Beim Mischungsverhältnis 1,09 sind die Leistung, die Temperatur der Abgase und die im Zylinder am höchsten. Um die Maschine bei größter Füllung auf höchste Leistung einzustellen, sind die Luftdrosselklappen für jeden Zylinder so einzuregeln, daß die Abgastemperatur des Zylinders am höchsten wird.

Wenn die kraftabnehmende Maschine die Höchstleistung einer mehrzylindrigen Gasmaschine nicht aufnehmen kann, werden ein oder mehrere Zylinder durch Unterbrechung der Zündung oder Verringerung der Gaszufuhr abgeschaltet und die anderen Zylinder einzeln durch Beobachtung der Abgastemperatur auf Höchstleistung eingeregelt. Auf die Weise erhalten die Drosselklappen die Einstellung für größtmögliche Reserveleistung.

Nach Abb. 23 tritt beim Mischungsverhältnis 1,09 für höchste Leistung auch der höchste Verbrennungsdruck auf. Es ist auch möglich, die Maschine bei größter Füllung des Zylinders mit Hilfe eines Indikators und Messung des Verbrennungsdruckes auf höchste Leistung einzustellen.

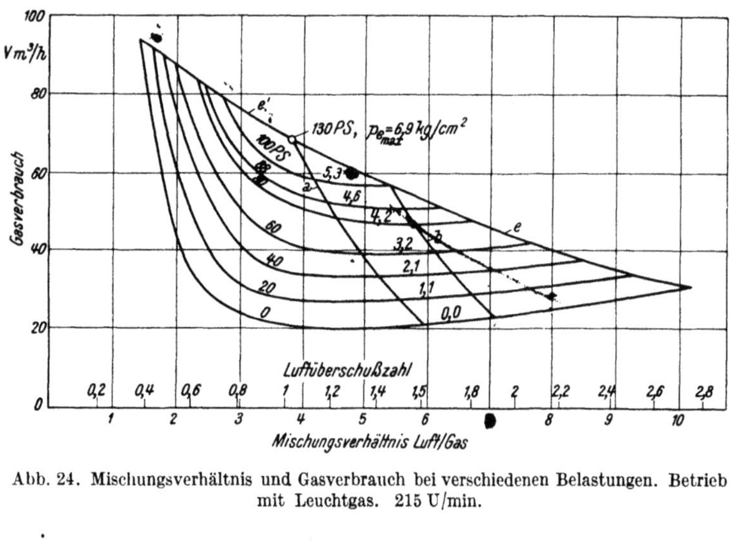

Abb. 24. Mischungsverhältnis und Gasverbrauch bei verschiedenen Belastungen. Betrieb mit Leuchtgas. 215 U/min.

4. Betrieb mit Leuchtgas.

Die Steuerung und Anordnung des Gas- und Luftventils waren die gleichen wie bei Betrieb mit Sauggas. Der Querschnitt des Gasventils mußte wegen der infolge des größeren Heizwertes geringeren angesaugten Gasmenge verkleinert werden. Als Treibstoff wurde ein Leuchtgas von ähnlicher Zusammensetzung wie in Zahlentafel 1 angegeben verwendet, jedoch mit $H_u = 3850$ kcal/Nm³, $L_0 = 3{,}75$ m³/m³ und $H_g = 810$ kcal/Nm³ Die Verbrennungsgeschwindigkeit des Leuchtgases ist wegen des hohen Wasserstoffgehaltes höher als die des Sauggases.

Der Gasverbrauch für verschiedene Belastungen ist in Abb. 24 in Abhängigkeit vom Mischungsverhältnis Luft zu Gas und von der Luftüberschußzahl aufgezeichnet. Die höchste Leistung beträgt 130 PS_e. Sie entspricht einem mittleren effektiven Arbeitsdruck von 6,9 kg/cm² und wird bei einem Mischungsverhältnis von 3,75 entsprechend $\lambda = 1$ erreicht. Je mehr die Belastung sinkt, desto größer kann die Luft- oder Gasmenge sein. Bei hoher Belastung fällt der Gasverbrauch mit Zunahme des Luftüberschusses ab. Bei geringer Belastung nimmt er, angefangen von der Luftüberschußzahl 1, zunächst

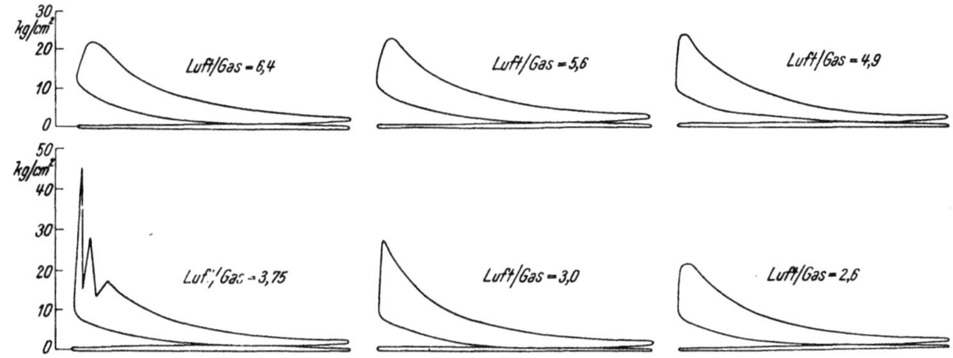

Abb. 25. Indikatordiagramme. Betrieb mit Leuchtgas. Leistung 80 PS. 215 U/min.

etwas ab und steigt dann wieder an. Die Wärmeabgabe an das Kühlwasser und die Verbrennungsgeschwindigkeit des Gemisches hat bei Betrieb mit Leuchtgas den gleichen Einfluß wie bei Sauggasbetrieb.

Die Höchstleistung von 130 PS_e läßt sich nur für kurze Zeit halten. Es treten sehr bald Frühzündungen und heftige Stöße auf, durch die die Maschine immer heißer wird. Selbst bei einer verringerten Belastung von 80 PS_e treten in der Nähe geringen Luftüberschusses Stöße auf. Im Gegensatz dazu läuft die Maschine mit Sauggas bei sämtlichen Belastungen und Gemischzusammensetzungen ohne Störung.

Wird bei Leuchtgasbetrieb das Mischungsverhältnis bei voller Füllung auf die Höchstleistung von 130 PS_e eingestellt, so verläuft die Regelung unter dem Einfluß des Drehzahlreglers nach der Linie *a* in Abb. 24. Da aber wegen der starken Erhitzung der Maschine eine Belastung über 90 PS_e auf der Regellinie *a* nicht möglich ist, wird im praktischen Betrieb zweckmäßig auf die Spitzenleistung verzichtet und das Mischungsverhältnis bei voller Füllung und größtmöglichem Luftüberschuß auf 100 PS_e eingestellt. Wenn bei dieser Einstellung die Belastung geändert wird, so ergibt sich die Regellinie *b*. Sie verläuft rechts von der Linie *a* im Gebiet größeren Luftüberschusses. Im Vergleich zur Regellinie *a* ist auf der Linie *b* der Gasverbrauch bei hoher Belastung geringer, bei niedriger Belastung jedoch höher. Bei Leuchtgasbetrieb kommt praktisch nur eine Einstellung nach der Linie *b* in Betracht, denn die Maschine ist bei dieser Einstellung wesentlich kühler.

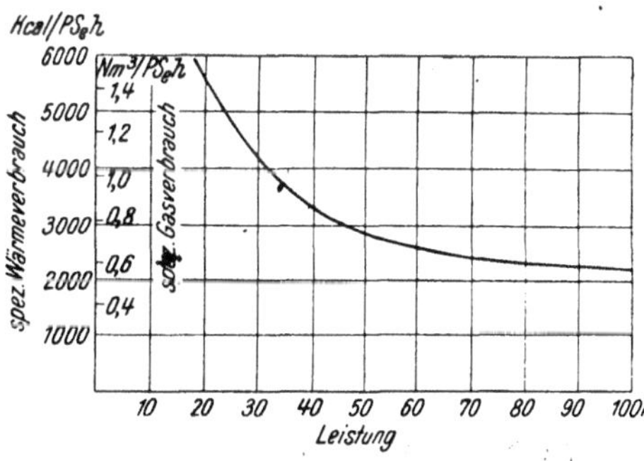

Abb. 26. Spezifischer Gas- und Wärmeverbrauch bei Betrieb mit Leuchtgas. 215 U/min.

In Abb. 25 sind Indikatordiagramme für verschiedene Gemischzusammensetzungen von Luft und Gas bei einer Leistung von 80 PS_e aufgezeichnet. Bei großem Luft- und Gasüberschuß sind die Diagramme stark abgerundet. In der Nähe des theoretischen Mischungsverhältnisses 3,75 ist die Zündgeschwindigkeit so hoch, daß ein starkes Stoßen in der Maschine auftritt und der Indikator in Schwingungen gerät. Wenn ein ruhiger Gang erreicht werden soll, muß die Maschine mit Luftüberschuß arbeiten.

Der spezifische Gas- und Wärmeverbrauch bei Betrieb mit Leuchtgas ist aus Abb. 26 ersichtlich. Bei einer Leistung von 100 PS_e ist der spezifische Gasverbrauch 0,56 $m^3/PS_e h$ und der spezifische Wärmeverbrauch 2150 $kcal/PS_e h$. Der Nutzwirkungsgrad beträgt 0,29.

5. Verdichtungsverhältnis und Leistung.

Mit der Erhöhung des Verdichtungsverhältnisses nimmt der Wirkungsgrad zu. Der Wirkungsgrad η_v der vollkommenen Gasmaschine, deren Verbrennung bei gleichbleibendem Volumen erfolgt, ist annähernd

$$\eta_v = 1 - \varepsilon^{1-k}.$$

Darin ist ε das Verdichtungsverhältnis, k das Verhältnis der spezifischen Wärmen c_p und c_v, für die nach Heft 2 Mittelwerte einzusetzen sind. Die Erhöhung des Verdichtungsverhältnisses ist wegen der Gefahr von Selbstzündungen begrenzt. Nachstehend sind die im allgemeinen angewendeten Verdichtungsverhältnisse angegeben.

	Verdichtungsverhältnis ε	Verdichtungsenddruck p_c
Leuchtgas	6	10
Sauggas	7	12
Methan	8	15

Der Verdichtungsenddruck, die Verdichtungstemperatur bei verschiedenen Anfangstemperaturen des Gemisches und die Wirkungsgrade der vollkommenen Maschinen sind in Abb. 27 über dem Verdichtungsverhältnis aufgetragen. Die neben den Temperaturlinien eingeschriebenen Zahlen sind die Temperaturen des Gemisches zu Beginn der Verdichtung.

Abb. 27. Verdichtungsenddruck, Wirkungsgrad der vollkommenen Maschine η_v und Verdichtungsendtemperatur in Abhängigkeit vom Verdichtungsverhältnis.

Die Kurve des Wirkungsgrades zeigt, daß eine Steigerung des Verdichtungsverhältnisses bis annähernd zum Wert $\varepsilon = 7$ eine starke Erhöhung des Wirkungsgrades bewirkt. Bei weiterer Erhöhung des Verdichtungsverhältnisses nimmt der Wirkungsgrad viel weniger zu.

Um einen Überblick über den Einfluß des Verdichtungsverhältnisses auf Leistung und Gasverbrauch zu erhalten, wurden vom Verfasser weitere Versuche mit der Maschine durchgeführt.

Außer von der Gemischzusammensetzung ist die Leistung vom Zündpunkt abhängig. Abb. 28 zeigt die Leistung, den mittleren effektiven Arbeitsdruck, den spezifischen Gasverbrauch und den Verbrennungshöchstdruck bei verschiedenen Verdichtungsverhältnissen in Abhängigkeit vom Zündzeitpunkt. Das Mischungsverhältnis war bei diesem Versuch auf höchste Leistung eingestellt. Es zeigte sich, daß mit Zunahme der Vorzündung die Leistung ansteigt. Sie erreicht einen Höchstwert und fällt dann wieder ab. Auch in diesem Falle ist bei höherem Verdichtungsverhältnis die Leistung größer. Bei höchster Leistung ist die Vorzündung bei hohem Verdichtungsverhältnis geringer als bei niedrigem, weil mit Zunahme der Verdichtungsendtemperatur die Verbrennungsgeschwindigkeit wächst. Der spezifische Gasverbrauch ist bei jeweiliger Höchstleistung am niedrigsten.

Nach theoretischen Überlegungen soll zur Erzielung einer hohen Leistung und eines hohen Wirkungsgrades die Verbrennung des Gemisches im oberen Totpunkt bei möglichst gleichbleibendem Volumen erfolgen. Bei den Versuchen war die Zündung deshalb bei Höchstleistung so eingestellt, daß die Verbrennung soweit wie möglich in der Nähe des oberen Totpunktes erfolgte. Die durch die Erhöhung des Verdichtungsverhältnisses erreichte Leistungssteigerung ist nicht nur auf den höheren Wirkungsgrad der vollkommenen Maschine η_v, sondern auch auf die erhöhte Verbrennungsgeschwindigkeit und damit auf eine weitgehendere Zusammenziehung der Verbrennung in der Nähe des oberen Totpunktes, auf einen größeren Gleichraumgrad (siehe auch Heft 2) zurückzuführen.

Mit zunehmender Vorzündung steigen die Verbrennungsdrücke an. Bei einem Verdichtungsverhältnis $\varepsilon = 7$ wird bei einer Vorzündung von 33° Kurbelwinkel die Höchstleistung von 106 PS_e erreicht. Der Verbrennungshöchstdruck beträgt 31 kg/cm². Bei einem Verdichtungsverhältnis von $\varepsilon = 4{,}5$ beträgt der Verbrennungshöchstdruck bei Höchstlast 24 kg/cm² und bei $\varepsilon = 10$ ist er 48 kg/cm².

In Abb. 29 sind über dem Verdichtungsverhältnis die Werte für die Leistung, den spezifischen Wärmeverbrauch und den Verbrennungshöchstdruck aufgetragen, die denjenigen für höchste Leistung in der Abb. 28 entsprechen. Beim Verdichtungsverhältnis $\varepsilon = 7$ beträgt der spezifische Wärmeverbrauch 2170 kcal/PS_eh, der Nutzwirkungsgrad ist 29%. Beim Verdichtungsverhältnis $\varepsilon = 10$ ist der spezifische Wärmeverbrauch 1900 kcal/PS_eh und der Nutzwirkungsgrad 33%.

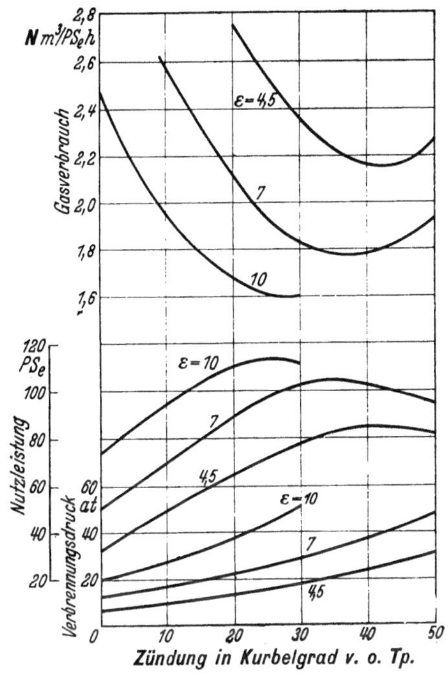

Abb. 28. Leistung, spezifischer Gasverbrauch und Verbrennungshöchstdruck bei verschiedenen Verdichtungsverhältnissen und Zündzeitpunkten. Betrieb mit Sauggas. 215 U/min.

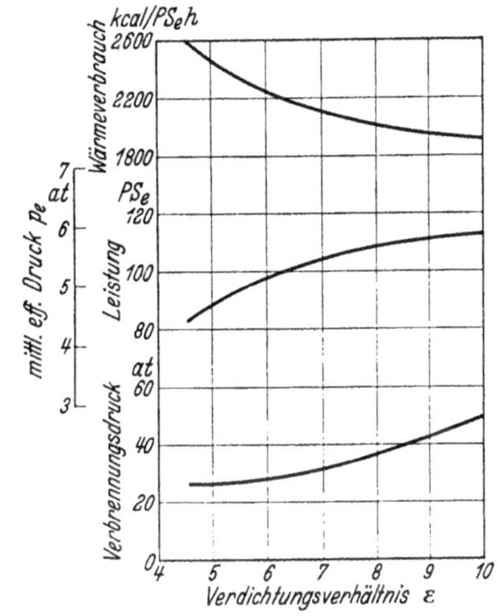

Abb. 29. Spezifischer Wärmeverbrauch, Leistung und Verbrennungshöchstdruck in Abhängigkeit vom Verdichtungsverhältnis. Betrieb mit Sauggas. 215 U/min.

Das Gestell und das Triebwerk der Versuchsmaschine waren für einen Verbrennungshöchstdruck von 31 kg/cm², der beim Verdichtungsverhältnis $\varepsilon = 7$ auftritt, bemessen. Wird das Verdichtungsverhältnis erhöht, so muß, damit die Beanspruchung des Triebwerks unverändert bleibt, der Kolbendurchmesser verkleinert werden. Beim Verbrennungshöchstdruck von 31 kg/cm² beträgt die Kolbenbelastung durch den Gasdruck 41000 kg. Soll beim Verdichtungsverhältnis $\varepsilon = 10$, dem ein Verbrennungshöchstdruck von 48 kg/cm² entspricht, der Kolben ebenfalls mit 41000 kg belastet werden, so ergibt sich ein Kolbendurchmesser von 330 mm. Trotz einer Erhöhung des mittleren effektiven Arbeitsdruckes von 5,6 auf 6,0 kg/cm² sinkt die Leistung durch die Verringerung des Kolbendurchmessers von 106 auf 74 PS_e.

Für eine Kolbenkraft von 41000 kg sind die Leistung und der Zylinderdurchmesser in Abb. 30 über dem Verdichtungsverhältnis aufgetragen. Die höchste Leistung von

110 PS_e wird beim Verdichtungsverhältnis $\varepsilon = 6{,}0$ erreicht. Die Leistung geht unterhalb dieses Verdichtungsverhältnisses wegen der Abnahme des mittleren effektiven Arbeitsdruckes und oberhalb wegen der notwendigen Verkleinerung des Zylinderdurchmessers infolge der Zunahme des Verbrennungshöchstdruckes zurück.

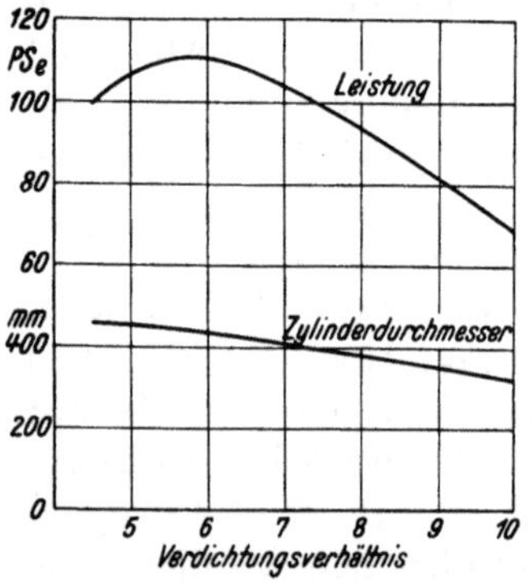

Abb. 30. Leistung und Zylinderdurchmesser bei gleicher Kolbenkraft in Abhängigkeit vom Verdichtungsverhältnis. Betrieb mit Sauggas. 215 U/min.

Weil bei gleichbleibendem Triebwerk mit zunehmendem Verdichtungsverhältnis die Leistung abnimmt, steigen die Anschaffungskosten je PS. Die Wirtschaftlichkeit einer Maschine wird im wesentlichen bestimmt durch die Kosten für den Brennstoff, die Verzinsung und die Abschreibung von den Anschaffungskosten. Es soll angenommen werden, daß bei einer Leistung von 106 PS_e und dem Verdichtungsverhältnis $\varepsilon = 7$ die Kosten für Verzinsung und Abschreibung 1,1 Pfennig für die Pferdekraftstunde betragen und daß der Preis der Maschine wegen des unveränderten Triebwerks auch bei größerem Verdichtungsverhältnis, bei dem der Kolbendurchmesser kleiner wird und die Leistung sinkt, der gleiche ist. Die Kosten für die Verzinsung und Abschreibung beim Verdichtungsverhältnis $\varepsilon = 10$ betragen dann 1,46 Pfennig für die Pferdekraftstunde. In Abb. 31 sind die auf diese Weise errechneten Kosten über dem Verdichtungsverhältnis aufgetragen. Unter Zugrundelegung des gemessenen spezifischen Gasverbrauches bei verschiedenen Verdichtungsverhältnissen sind außerdem die Kosten des Brennstoffes für die Pferdekraftstunde angegeben. Die Kosten für Verzinsung und Abschreibung nehmen bei ansteigendem Verdichtungsverhältnis zu, und zwar in einem höheren Grade als sie für den Brennstoff abnehmen. Die Gesamtkosten für die Pferdekraftstunde sind beim Verdichtungsverhältnis $\varepsilon = 6$ bis 7 am geringsten.

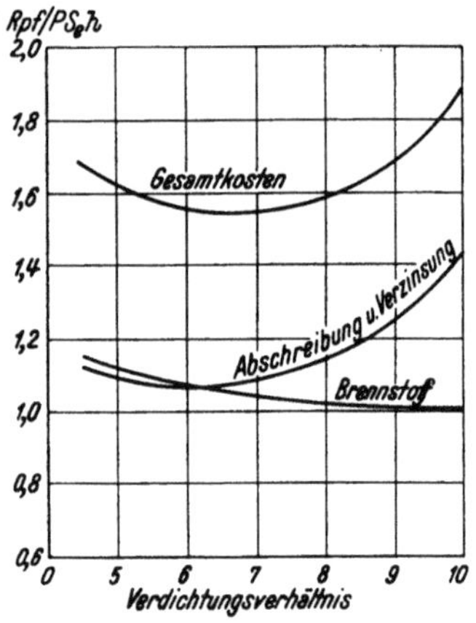

Abb. 31. Kosten für Brennstoff, Abschreibung und Verzinsung in Abhängigkeit vom Verdichtungsverhältnis.

Diese Ergebnisse zeigen, daß es ein wirtschaftlichstes Verdichtungsverhältnis gibt und daß es keinen Sinn hat, unter Berücksichtigung des Brennstoffverbrauches mit dem Verdichtungsverhältnis höher als bis $\varepsilon = 7$ zu gehen.

Die Versuchsmaschine konnte kurze Zeit mit dem Verdichtungsverhältnis $\varepsilon = 10$ ohne Frühzündungen betrieben werden. Wegen der hohen Verbrennungsdrücke trat jedoch bald starkes Stoßen auf. Bei einem hohen Verdichtungsverhältnis wird der Wärmeübergang an die Wandungen auf Grund der hohen Drücke und Temperaturen im Verbrennungsraum größer und die Maschine heißer. Durch die Erhitzung von Gemischteilen während der Verdichtung an heißen Stellen des Verbrennungsraumes können Frühzündungen eintreten. Auch Fremdkörper, die sich oft bei größeren Maschinen im Innern ablagern, wie z. B. Ölkoks, werden glühend und rufen Frühzündungen hervor. Bei hohem Verdichtungsverhältnis ist also der Betrieb der Gasmaschinen empfindlicher. Auch aus Gründen der Betriebssicherheit sollte daher bei ortsfesten Sauggasanlagen das Verdichtungsverhältnis nicht größer als $\varepsilon = 7$ gewählt werden.

6. Gasheizwert und Leistung.

Die Zusammensetzung und der Heizwert des Sauggases hängen von der Bauart des Gaserzeugers, vom verwendeten Brennstoff und vom Belastungs- und Wärmezustand des Gaserzeugers ab. Um auch Gase von vermindertem Heizwert in der Maschine zu untersuchen, wurden dem Sauggas gekühlte Auspuffgase zugesetzt. Durch Zusatz von Auspuffgasen wurde aus dem Sauggas mit einem Heizwert von $H_u = 1200$ kcal/Nm^3

Gase mit dem Heizwert von $H_u = 910$ und 680 kcal/Nm³ hergestellt. Der Heizwert von 910 kcal/Nm³ entspricht dem von Gichtgas. In Zahlentafel 4 ist in der ersten Zeile die Zusammensetzung von Leuchtgas mit einem Heizwert von $H_u = 3400$ kcal/Nm³ angegeben. Außerdem sind der theoretische Luftbedarf für 1 m³ Gas und der Gemischheizwert eingetragen. Leistung und Verbrennungshöchstdrücke für Gase der Zahlentafel 4 sind in Abb. 32 über der Vorzündung in Kurbelgraden aufgezeichnet. Bei allen Gasen war durch die Gas- und Luftdrossel das Gemisch bei größter Füllung auf Höchstleistung eingestellt. Der Zündzeitpunkt für Höchstleistung ändert sich mit dem Heizwert des Gases und wird mit abnehmendem Heizwert vorverlegt. Bei gleichbleibendem Zündzeitpunkt nehmen die Verbrennungshöchstdrücke mit dem Heizwert des Gases zu. Wird ein für ein Gas mit niedrigem Heizwert eingestellter Zündzeitpunkt auch für ein Gas mit hohem Heizwert beibehalten, so wird der Verbrennungshöchstdruck zu hoch und es treten starke Stöße und Frühzündungen auf.

Zahlentafel 4. Zusammensetzung der Gase bei den Versuchen Abb. 32.

Art des Gases	CO	H_2	CH_4	C_2H_4	O_2	CO_2	N_2	H_u kcal/Nm³	Theoret. Luftbedarf L_0 m³/m³	Gemisch-Heizwert H_g kcal/Nm³
	In Prozenten									
Leuchtgas	14,7	43,3	18,0	2,1	0,4	8,9	12,6	3400	3,38	776
Sauggas	18,5	17,7	2,3	—	1,2	9,4	50,9	1210	1,02	600
	15,0	11,4	0,4	0,9	1,1	11,2	60,0	910	0,74	522
	12,2	10,4	0,5	—	1,0	13,4	62,5	680	0,54	442
Sauggas mit Wasserstoffzusatz	20,0	24,0	1,5	—	0,8	8,5	45,2	1350	1,15	630
	20,4	31,0	1,0	—	0,4	5,4	41,8	1500	1,30	653
	16,9	42,0	0,5	—	0,3	6,9	33,4	1630	1,44	670

Bei Sauggas mit einem Heizwert von 1200 kcal/Nm³ und bei verschlechtertem Sauggas mit 910 und 680 kcal/Nm³ betragen die Verbrennungshöchstdrücke bei Höchstleistung 31, 29 und 27 kg/cm². Wegen der trägen Verbrennung ist bei verschlechtertem Gas die Zündung so weit vorverlegt, daß sich der Verbrennungshöchstdruck wenig von Sauggas mit 1200 kcal unterscheidet.

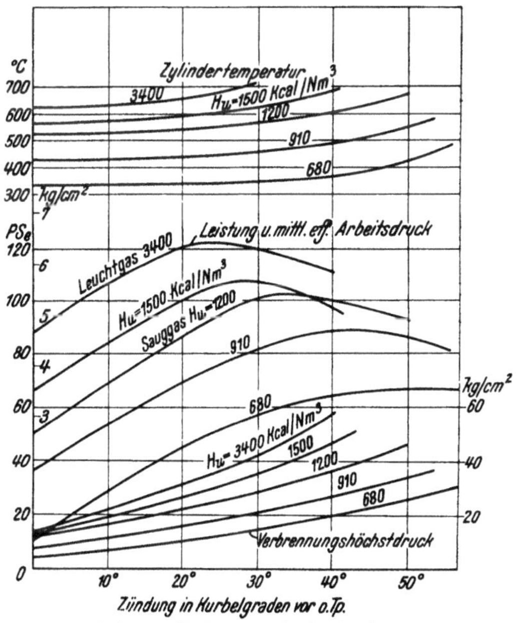

Abb. 32. Leistung, Verbrennungshöchstdruck und mittlere Temperatur im Zylinder bei Gasen von verschiedenem Heizwert.

In Abb. 32 wurde die gemessene mittlere Temperatur der Lötstelle eines Thermoelementes im Verbrennungsraum (als Zylindertemperatur bezeichnet) aufgetragen. Aus den Messungen geht hervor, daß mit sinkendem Heizwert des Gases die Temperatur im Zylinder abnimmt. Ähnlich wie das Thermoelement erhitzen sich auch Fremdkörper im Zylinder. Bei Gasmaschinen, die zu Verunreinigungen und Ablagerungen von Ölkrusten im Verbrennungsraum neigen, ist die Temperatur im Verbrennungsraum wegen der Möglichkeit des Auftretens von Frühzündungen von besonderer Bedeutung. Mit Vorverlegung der Zündung nimmt die Temperatur zu. Die glühende Lötstelle des Thermoelementes selbst verursacht erst bei Temperaturen über 700° C Frühzündungen. Beim Einsetzen von Frühzündungen, das einer Vorverlegung der Zündung gleichkommt, konnte starkes und sprunghaftes Ansteigen der Zylindertemperatur beobachtet werden. Die dabei auftretenden Stöße in der Maschine sind so heftig, daß Kolbenfressen eintreten kann.

Beim Betrieb mit Sauggas von 1200 kcal/Nm³ ergibt sich für ein Verdichtungsverhältnis von $\varepsilon = 7$ eine Höchstleistung von 106 PS_e und ein mittlerer effektiver Arbeitsdruck von 5,6 kg/cm². Obwohl die Maschine dabei noch ohne Störungen arbeitet, wird sie bei Normallast nur mit 80 PS_e gefahren. Das entspricht einem mittleren effektiven Arbeitsdruck von 4,2 kg/cm². Diese Leistung kann bei Schwankungen des Gasdruckes und Änderung der Gaszusammensetzung mit einiger Sicherheit eingehalten werden. Auch ist die Gefahr von Selbstzündungen im Zylinder wesentlich geringer. Bei Verwendung von Gasen mit einem Heizwert von 910 kcal/Nm³ wird noch ein mittlerer effektiver Arbeitsdruck von 4,6 kg/cm² bei Höchstleistung erreicht.

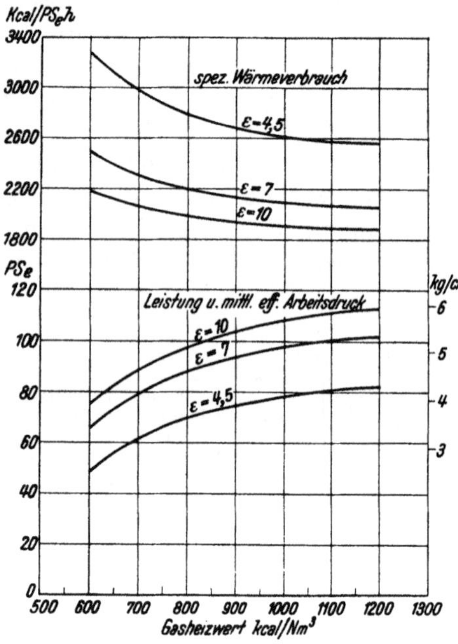

Abb. 33. Leistung und spezifischer Wärmeverbrauch bei verschiedenem Verdichtungsverhältnis in Abhängigkeit vom Heizwert des Gases.

Wird eine Maschine mit Gas von geringem Heizwert betrieben, so kann durch Erhöhung des Verdichtungsverhältnisses die Leistung gesteigert werden. In Abb. 33 sind die Leistung und der spezifische Wärmeverbrauch für die Verdichtungsverhältnisse $\varepsilon = 4{,}5$, $\varepsilon = 7$ und $\varepsilon = 10$ aufgetragen. Beim Verdichtungsverhältnis $\varepsilon = 10$ läßt sich mit Gas von 910 kcal die gleiche Leistung erzielen wie mit Sauggas von 1200 kcal. Da ein Gas mit geringem Heizwert die Maschine weniger erwärmt, kann das Verdichtungsverhältnis größer als $\varepsilon = 7$ gewählt werden, ohne daß Selbstzündungen eintreten. Die Verbrennungshöchstdrücke wachsen bei Gasen mit niedrigem Heizwert mit zunehmendem Verdichtungsverhältnis weniger an als bei Gasen mit hohem Heizwert.

Der spezifische Wärmeverbrauch nimmt mit abnehmendem Gasheizwert zu, weil der Anteil der Reibungsarbeit an der indizierten Leistung der Maschine sich erhöht und auf Grund der verringerten Verbrennungsgeschwindigkeit des Gas-Luft-Gemisches die Verbrennung mehr von der Gleichraumverbrennung abweicht.

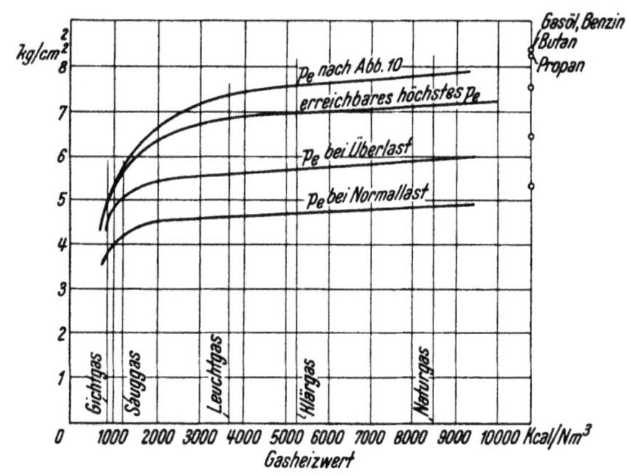

Abb. 34. Mittlerer effektiver Arbeitsdruck der Gasmaschine bei Betrieb mit verschiedenen Gasen. $\varepsilon = 7$.

In Abb. 34 ist über dem Gasheizwert der bei Gasmaschinen mit $\varepsilon = 7$ erreichbare mittlere effektive Arbeitsdruck bei Normallast, Überlast und für kurze Zeit erreichbare Höchstlast aufgetragen. Zum Vergleich enthält die Abb. 34 auch die mit $\lambda = 1{,}0$ berechnete Kurve der Abb. 10. Mit Normallast wird die Belastung bezeichnet, die bei Dauerbetrieb, auch bei schwankendem Heizwert und Gasdruck, gehalten werden kann. Unter Überlast wird die Belastung verstanden, mit der die Maschine während einer halben Stunde ohne Störung laufen kann. Selbstzündungen im Zylinder oder in der Ansaugleitung dürfen nicht auftreten. Die Maschine muß bei Überlast auch bei etwas schwankendem Heizwert und Gasdruck fahren können. Bei Betrieb mit Sauggas kann die Maschine ohne Schaden mit Überlast fahren. Der Unterschied zwischen Überlast und Normallast bei Sauggas ist durch die Sicherheit gegen Änderungen des Gasheizwertes und des Gasdruckes bedingt. Außerdem ist die Sicherheit gegen Selbstzündungen bei Normallast größer.

Bei Verwendung von Gas mit hohem Heizwert ist besonders darauf zu achten, daß eine zu hohe Wärmebeanspruchung der Maschine vermieden wird. Wird die Maschine mit Gasen, die viel Wasserstoff enthalten, wie z. B. Leuchtgas, gefahren, so treten bei heißer Maschine heftige Stöße auf. Werden Gase mit hohem Methangehalt, wie Erdgas und Klärgas, verwendet, so ist diese Gefahr geringer, da Methan eine hohe Zündtemperatur und eine niedrige Verbrennungsgeschwindigkeit hat. Für diese Gase kann deshalb eine höhere Normal- und Überlast zugelassen werden.

Bei Sauggasanlagen nimmt manchmal der Wasserstoffanteil am Sauggas stark zu. Das ist vor allem dann der Fall, wenn dem Gaserzeuger zuviel Wasserdampf zugeführt wird.

Um den Einfluß des erhöhten Wasserstoffgehaltes bei Betrieb mit Sauggas festzustellen, wurde bei den Versuchen dem Sauggas vor Eintritt in die Maschine Wasserstoff aus Gasflaschen zugesetzt. Die Gase, die in den letzten Zeilen der Zahlentafel 4 angegeben sind, haben einen Wasserstoffgehalt von 24, 31 und 42% und einen Heizwert von $H_u = 1350$, 1500 und 1630 kcal/Nm³. Das normale Sauggas hat einen Wasserstoffgehalt von ungefähr 18%.

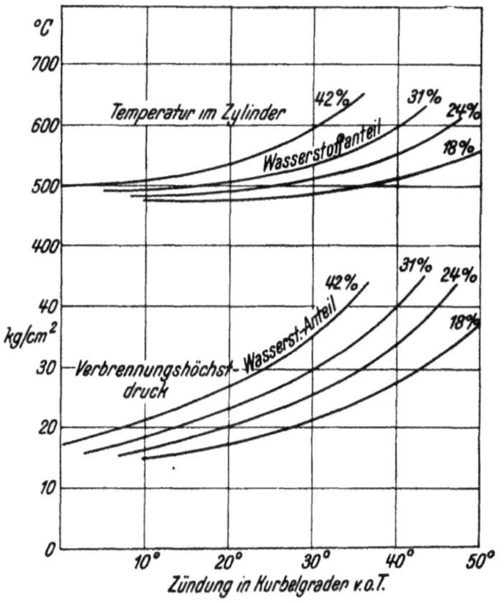

Abb. 35. Verbrennungshöchstdruck und Temperatur im Zylinder bei Sauggas mit hohem Wasserstoffgehalt. Leistung 80 PS_e. 215 U/min.

In Abb. 35 sind der Verbrennungshöchstdruck und die mittlere Temperatur eines Thermoelementes im Zylinder bei verschiedenen Vorzündungen und bei Betrieb mit diesen Gasen von verschiedenem Wasserstoffgehalt für eine Leistung von 80 PS_e aufgetragen. Bei gleichem Zündzeitpunkt nehmen mit Zunahme des Wasserstoffgehaltes die Verbrennungshöchstdrücke und die mittlere Temperatur im Zylinder zu. Außerdem wird der Gasheizwert größer und die Verbrennungsgeschwindigkeit wächst. Deshalb tritt ein starkes Stoßen in der Maschine auf. Bei einem Zündzeitpunkt von 35° Kurbelwinkel vor dem oberen Totpunkt und einem Wasserstoffgehalt von 18% beträgt der Verbrennungshöchstdruck 24 kg/cm², bei 42% Wasserstoffgehalt und der gleichen Vorzündung steigt der Druck auf 41 kg/cm². Die Temperatur im Zylinder nimmt dabei von 495 auf 640° C zu. Wird bei Gasen mit 42% Wasserstoffgehalt die Vorzündung auf 15° Kurbelwinkel zurückgestellt, so läßt sich ein brauchbarer Betrieb ermöglichen.

Zahlentafel 5. Zündtemperaturen von Gemischen mit verschiedenem Wasserstoffgehalt und Luftüberschuß.

Wasserstoffgehalt in Prozenten	Luftüberschußzahl	Entzündungstemperatur °C
19	1,1	705
24	1,1	715
34	1,1	710
19	1,2	700
19	1,4	680
19	1,8	670

Ist eine Maschine wegen heißer Wandungen oder glühender Fremdkörper an der Grenze des sicheren Betriebes, so nehmen bei zunehmendem Wasserstoffgehalt die Verbrennungsdrücke und die Zylindertemperatur zu und es treten Selbstzündungen auf. Dadurch wird die Temperatur weiter erhöht und die Zündung tritt immer früher ein.

Um festzustellen, wie die Zündungstemperatur des Sauggases von verschiedenem Wasserstoffgehalt sich bei Berührung mit glühenden Oberflächen ändert, wurde in den Verbrennungsraum der Versuchsmaschine ein gegen diesen Raum geschlossenes Stahlrohr eingeführt. Dieses Rohr wurde durch einen elektrischen Widerstand im Innern zusätzlich beheizt. Die Temperatur des Rohres, bei der sich das Gas entzündete, wurde an seinem geschlossenen Ende durch ein Thermoelement gemessen. Die Gase mit verschiedenem Wasserstoffgehalt wurden bei verschiedenem Luftüberschuß untersucht. In Zahlentafel 5 sind die am glühenden Rohrboden gemessenen Zündtemperaturen zusammengestellt. Die Gase mit verschiedenem Wasserstoffgehalt entzünden sich an der glühenden Fläche bei etwa der gleichen Temperatur. Mit zunehmendem Wasserstoffgehalt eintretende Selbstzündungen entstehen also anscheinend nicht durch Erniedrigung der Entzündungstemperatur des Gases, sondern durch Erhöhung der Verbrennungsgeschwindigkeit und der damit verbundenen Erhöhung der Temperatur im Zylinder.

7. Zündzeitpunkt.

Bei der Gasmaschine hat die Einstellung des Zündzeitpunktes großen Einfluß auf Leistung und Gasverbrauch. Der günstigste Zündzeitpunkt hängt von der Gaszusammensetzung, dem Verdichtungsverhältnis und der Kühlwassertemperatur ab. Bei zunehmender

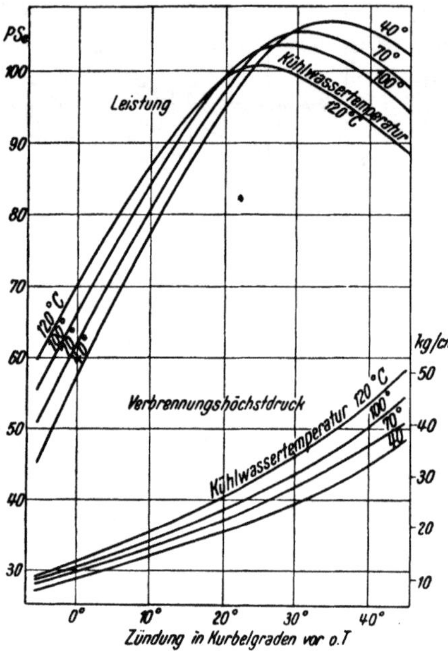

Abb. 36. Leistung und Verbrennungshöchstdruck bei verschiedenen Kühlwassertemperaturen in Abhängigkeit von der Vorzündung. Betrieb mit Sauggas. 215 U/min.

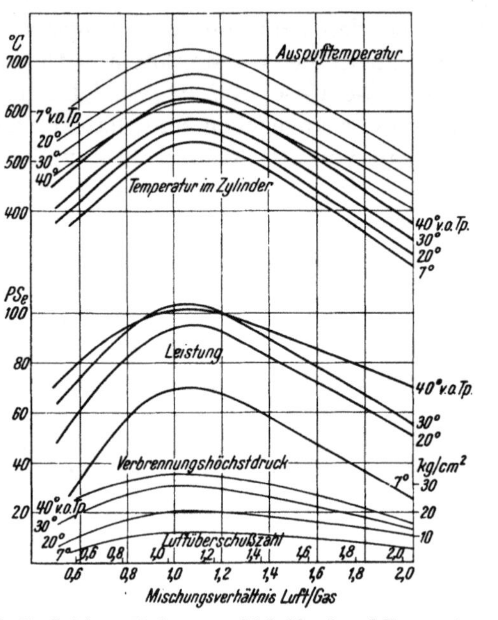

Abb. 37. Leistung, Verbrennungshöchstdruck und Temperaturen bei verschiedenen Zündzeitpunkten in Abhängigkeit vom Mischungsverhältnis. Betrieb mit Sauggas. 215 U/min.

Kühlwassertemperatur erhitzt sich das angesaugte Gemisch an den heißen Zylinderwandungen. Eine hohe Gemischtemperatur ergibt eine erhöhte Verdichtungsendtemperatur. Die Verbrennungsgeschwindigkeit nimmt dadurch zu, und der Zündzeitpunkt muß zurückverlegt werden. Bleibt der Zündzeitpunkt unverändert, so geht die Leistung zurück und es ergeben sich hohe Verbrennungsdrücke, durch die die Maschine stark beansprucht wird.

Abb. 36 zeigt die Leistung und die Verbrennungshöchstdrücke bei Kühlwassertemperaturen von 40, 70, 100 und 120° C in Abhängigkeit von der Vorzündung. Kühlwassertemperaturen von mehr als 100° C treten bei Heißkühlung auf, das Kühlwasser steht dann unter einem Druck von 2 bis 3 at. Mit Zunahme der Kühlwassertemperatur sinkt die erreichbare Höchstleistung ab. Das erklärt sich durch Abnahme des Liefergrades der Maschine, d. h. also durch die Verringerung der angesaugten Gemischmenge bei höherer Temperatur. Bei einer Kühlwassertemperatur von 40° C beträgt die günstigste Vorzündung 35° KW, bei 120° C ist sie 25° KW.

Die Temperaturen im Auspuff und im Zylinder waren beim Mischungsverhältnis für höchste Leistung der Versuchsmaschine am höchsten. In Abb. 37 sind die Temperaturen im Auspuff und im Zylinder, die Leistung und der Verbrennungshöchstdruck bei verschiedenen Vorzündungen über dem Mischungsverhältnis aufgetragen. Die Leistung ist bei allen Zündzeitpunkten am höchsten beim Mischungsverhältnis 1,09. Die Höchstleistung einer Gasmaschine kann also unabhängig von der Vorzündung nach der Auspufftemperatur eingestellt werden.

Bei Verringerung der Vorzündung nimmt die Temperatur im Auspuff wegen des Nachbrennens des Gemisches zu, während die Temperatur im Zylinder abnimmt. Wird die Vorzündung über das günstigste Maß hinaus gesteigert — bei der Versuchsmaschine ist dieses 35° Kurbelwinkel —, so wird die Leistung wegen der starken Vorverbrennung des Gemisches wieder geringer. Bei 40° Kurbelwinkel ist in der Nähe des Mischungsverhältnisses 1,09 die Leistung geringer als bei 30° Kurbelwinkel. Im Gebiet des Luft- oder Gasüberschusses ist die Leistung bei 40° Kurbelwinkel jedoch höher als bei 30°, weil bei Gas- oder Luftüberschuß die Verbrennungsgeschwindigkeit abnimmt und die größere Vorzündung einen Ausgleich schafft.

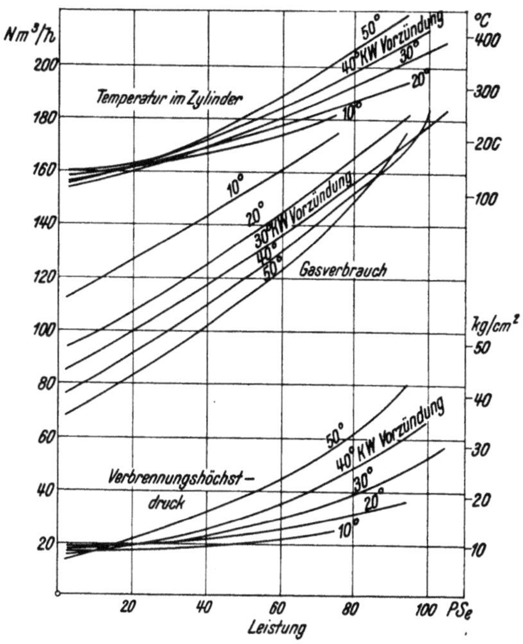

Abb. 38. Verbrennungshöchstdruck, Gasverbrauch und Temperaturen im Zylinder in Abhängigkeit von der Leistung bei verschiedener Vorzündung. Betrieb mit Sauggas. 215 U/min.

Auch der Gasverbrauch ist vom Zündzeitpunkt abhängig. In Abb. 38 sind die Temperatur im Zylinder, der Gasverbrauch und der Verbrennungshöchstdruck für verschiedene Vorzündungen über der Leistung aufgetragen. Die Regelung erfolgt nach der Linie *a* in Abb. 14. Nach dieser Kurve nimmt bei geringer Belastung der Luftüberschuß zu. Daraus ergibt sich eine Erniedrigung der Verbrennungsgeschwindigkeit. Eine Abnahme der Belastung erfordert Vorverlegung des Zündzeitpunktes zur Erzielung eines geringen Gasverbrauches.

Der Verbrennungshöchstdruck und die Zylindertemperatur bei hohen Belastungen steigen bei einer Vorzündung von mehr als 40° Kurbelwinkel sprunghaft an. Wird der Zündzeitpunkt z. B. auf 40° Kurbelwinkel eingestellt, so ergibt sich bei mittlerer und niedriger Belastung ein verringerter Gasverbrauch. Bei hoher Belastung steigt der Verbrennungsdruck in gefährlichem Maße an. Bei Maschinen von der Größe und der Drehzahl der Versuchsmaschine wird für alle Belastungen eine gleichbleibende Vorzündung von 30° Kurbelwinkel eingestellt. Vom Zündzeitpunkt ist der Wärmezustand der Maschine abhängig. Es ist deshalb zweckmäßig, wenigstens bei Großgasmaschinen den Zündzeitpunkt der jeweiligen Belastung durch die Muffenstellung des Drehzahlreglers anzupassen und ihn bei niedrigen Belastungen vorzuverlegen.

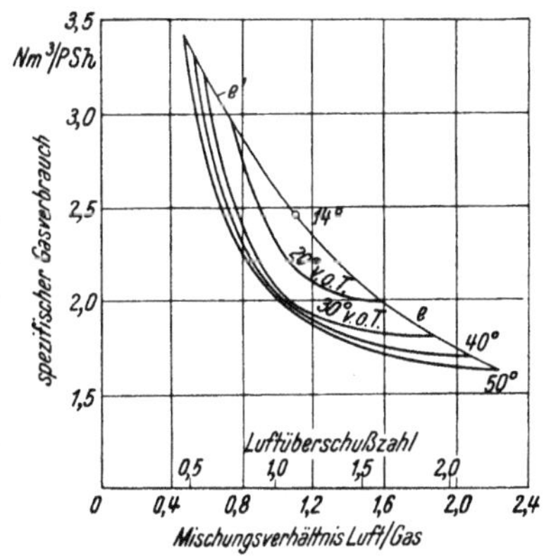

Abb. 39. Spezifischer Gasverbrauch bei verschiedenen Zündzeitpunkten in Abhängigkeit vom Mischungsverhältnis. Betrieb mit Sauggas. Leistung 75 PS_e, $p_e = 4{,}0$ kg/cm². 215 U/min.

Um den Zusammenhang zwischen Mischungsverhältnis und Zündzeitpunkt zu ermitteln, wurde der spezifische Gasverbrauch bei einer Leistung von 75 PS_e für verschiedene Mischungsverhältnisse und Zündzeitpunkte festgestellt und in Abb. 39 aufgezeichnet. Mit Zunahme des Luftüberschusses und Vorverlegung des Zündzeitpunktes nimmt der spezifische Gasverbrauch ab. Beim Mischungsverhältnis 1,09 unterscheidet sich der Gasverbrauch bei verschiedenen größeren Vorzündungen am wenigsten. Die Verbrennung geht sehr rasch vor sich. Der Mischungsbereich, in dem die Leistung von 75 PS_e noch erzielt wird, wächst mit weiterer Vorverlegung der Zündung. Die Endpunkte der Kurven entsprechen der größten Füllung der Maschine. Bei einer Vorzündung von 14° Kurbelwinkel wird nur noch beim Mischungsverhältnis 1,09 die Leistung von 75 PS_e erreicht.

Mit der Vorzündung ändert sich auch der Wärmezustand der Maschine. In Abb. 40 sind über dem Zündzeitpunkt die Temperaturen der Kolbenbodenmitte und der Zylinderlauffläche bei einer Leistung von 80 PS_e aufgetragen. Die Meßstellen sind aus dem Schnittbild auf der Abbildung ersichtlich. Im Kolben liegen wieder die Meßstellen *I, II* und *III*, in der Zylinderlaufbahn die Meßstellen *IV, V* und *VI*. Sie sind 3 mm von der Zylinderlauffläche bzw. der Oberfläche des Kolbenbodens entfernt. Bei großer Vor-

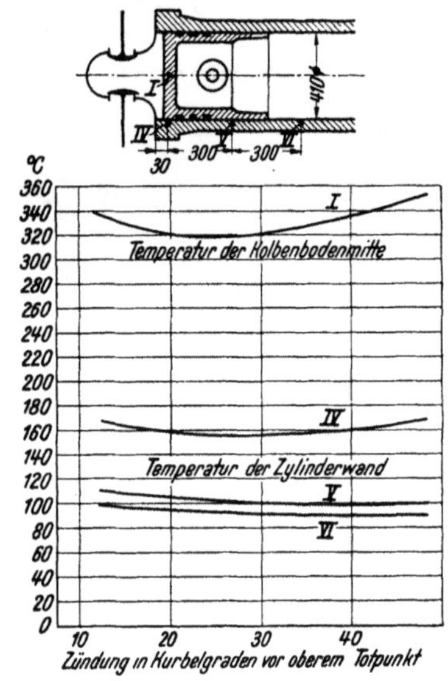

Abb. 40. Temperaturen an den Meßstellen *I* des Kolbenbodens und *IV, V, VI* der Zylinderwand. Betrieb mit Sauggas. Leistung 80 PS. p_e = 4,2 kg/cm². 215 U/min.

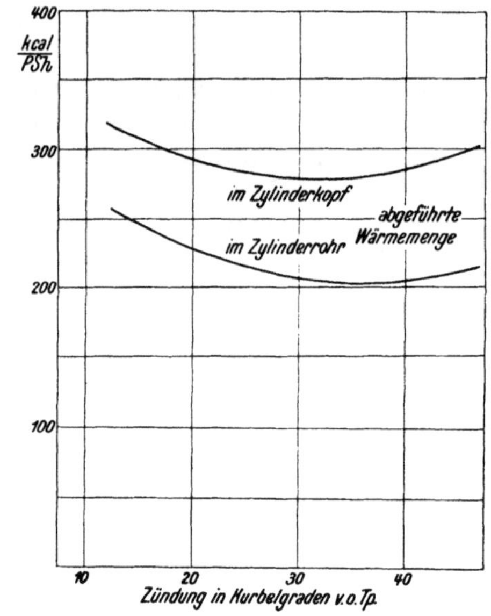

Abb. 41. Wärmeverluste an das Kühlwasser einer Sauggasmaschine. Leistung 80 PS. p_e = 4,2 kg/cm². 215 U/min.

zündung steigt ebenso wie bei starker Spätzündung die Temperatur des Kolbenbodens an. Bei Frühzündung steigt die Temperatur an der Meßstelle *IV* in der Zylinderwand, die bei der Verbrennung unmittelbar mit den hocherhitzten Gasen in Berührung kommt. Die Temperaturen an den Meßstellen *V* und *VI* in der Zylinderlaufbahn erhöhen sich im Gegensatz zur Meßstelle *IV*, die in der Nähe des Verbrennungsraumes liegt, nur bei Spätzündung, weil die Stellen *V* und *VI* in der Mitte und gegen Ende des Arbeitshubes den heißen Abgasen ausgesetzt sind.

Die vom Zylinderkopf und von der Zylinderwand an das Kühlwasser abgegebene Wärmemenge ist für verschiedene Zündzeitpunkte in Abb. 41 dargestellt. Bei einer Vorzündung von 35° Kurbelwinkel ist die Wärmemenge am kleinsten, mit zunehmender Vorzündung steigen die Drücke und die Temperaturen der Verbrennungsgase und der Wärmeübergang nimmt wieder zu. Bei Spätzündung mit Nachbrennen im Auspuff haben die Auspuffgase eine hohe Temperatur, und die Erhitzung der Zylinderlauffläche nimmt gleichfalls zu, ebenso steigt auch die Temperatur des Zylinderkopfes.

8. Leistung, Mischungsverhältnis und Druck in den Ansaugleitungen.

In der Gasleitung der Sauggasmaschine herrscht auf Grund des Strömungswiderstandes des Gaserzeugers und der Gasleitung meist ein Unterdruck von 100 bis 200 mm WS. Dieser Unterdruck ist starken Schwankungen unterworfen. Er ist abhängig von der

Höhe der Brennstoffschicht im Gaserzeuger, der Verschlackung des Gaserzeugers und der Verschmutzung des Gasreinigers. Sind an einen Gaserzeuger mehrere Maschinen angeschlossen, so ändert sich der Unterdruck, wenn Maschinen zu- oder abgeschaltet werden.

Den Einfluß des Unterdruckes in der Gasleitung auf Liefergrad, Mischungsverhältnis und Leistung veranschaulicht Abb. 42. Bei einem Druck von 9900 mm WS absolut d. i. bei 100 mm WS Unterdruck wurde beim Versuch eine Höchstleistung von 106 PS_e erreicht. Nimmt bei unveränderter Stellung der Drosselklappen der Unterdruck in der Gasleitung zu, so wird der Luftanteil des Gemisches größer. Das Mischungsverhältnis von Luft zu Gas wächst nach der Linie a_1. Dabei tritt eine geringe Verminderung des Liefergrades nach der Linie a_2 ein. Auf Grund der Zunahme des Luftüberschusses und der Abnahme des Liefergrades nimmt die Leistung nach der Linie a ab.

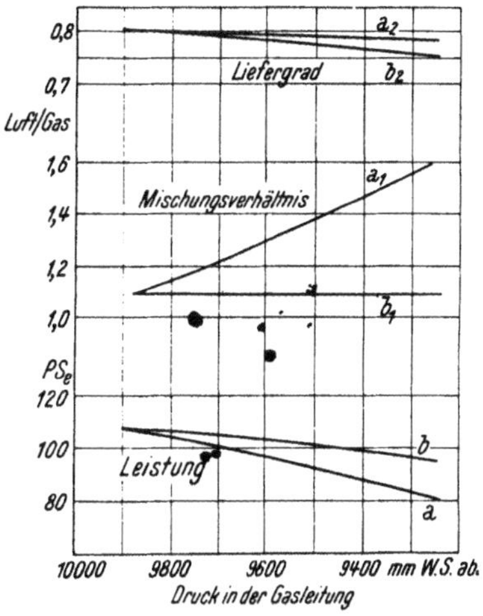

Abb. 42. Leistung, Mischungsverhältnis und Liefergrad in Abhängigkeit vom Unterdruck in der Gasleitung bei verschiedener Regelung.

Wird mit zunehmendem Unterdruck in der Gasleitung der Luftquerschnitt durch die Drossel in der Luftleitung so weit verkleinert, daß wieder das für die Leistung günstigste Mischungsverhältnis von 1,09 vorhanden ist, wie in Linie b_1 veranschaulicht, so ändert sich die Leistung nach der Linie b. Der Leistungsabfall ist geringer als nach Linie a, bei der keine Nachstellung der Luftdrossel erfolgt. Da das Mischungsverhältnis gleich bleibt, ist der Leistungsabfall nur auf die Verkleinerung des Liefergrades zurückzuführen. Der Liefergrad ist nach Linie b_2 wegen des verkleinerten Luftquerschnittes geringer als nach Linie a_2 bei unverstellter Luftdrossel.

Würde bei einem Druck von 9500 mm WS in der Gasleitung die Luftdrossel auf die Höchstleistung von in diesem Falle 100 PS_e entsprechend einem Mischungsverhältnis von 1,09 in der Nähe des theoretischen Luftüberschusses eingestellt, so würde mit abnehmendem Unterdruck bei gleichbleibender Stellung der Luftdrosselklappe der Gasanteil am Gemisch größer. Trotz der Verbesserung des Liefergrades nimmt die Leistung ab und der Gasverbrauch steigt.

Das Mischungsverhältnis von Luft zu Gas ist vom Druck in der Luft- und Gasleitung und dem Leitungsquerschnitt abhängig. Ist F die Kolbenfläche, c die mittlere Kolbengeschwindigkeit, f_l der Durchtrittsquerschnitt zum Mischraum für Luft und f_g für Gas, v_l und v_g die mittleren Strömungsgeschwindigkeiten von Luft und Gas in den Querschnitten f_l und f_g, so ergibt sich die Gleichung:

$$F \cdot c = f_l \cdot v_l + f_g \cdot v_g.$$

Ist p_0 der absolute Druck in dem Raum, in dem Luft und Gas zusammentreffen und sich mischen, p_l der Druck in der Luftleitung und p_g der Druck in der Gasleitung in mm WS, γ_l und γ_g das spezifische Gewicht der Luft und des Gases, so ist die Strömungsgeschwindigkeit der Luft:

$$v_l = \sqrt{2\,g \cdot \frac{p_l - p_0}{\gamma_l}}$$

und die Strömungsgeschwindigkeit des Gases:

$$v_g = \sqrt{2\,g \cdot \frac{p_g - p_0}{\gamma_g}}.$$

Das Mischungsverhältnis Luft zu Gas ist dann:

$$m = \frac{f_l \cdot v_l}{f_g \cdot v_g} = \frac{f_l}{f_g} \cdot \sqrt{\frac{(p_l - p_0) \cdot \gamma_g}{(p_g - p_0) \cdot \gamma_l}}.$$

Das für ein bestimmtes Mischungsverhältnis erforderliche Querschnittsverhältnis ist:

$$q = \frac{f_l}{f_g} = m \cdot \sqrt{\frac{(p_g - p_0) \cdot \gamma_l}{(p_l - p_0) \cdot \gamma_g}}$$

oder in einfacherer Form ist

$$q = m \cdot k.$$

Den Wert für

$$k = \sqrt{\frac{(p_g - p_0) \cdot \gamma_l}{(p_l - p_0) \cdot \gamma_g}}$$

hat Hellenschmidt im sog. Hellenschmidt-Diagramm Abb. 43 dargestellt. Auf der Abszisse ist der absolute Druck p_0 im Mischraum in Millimeter Wassersäule, und auf

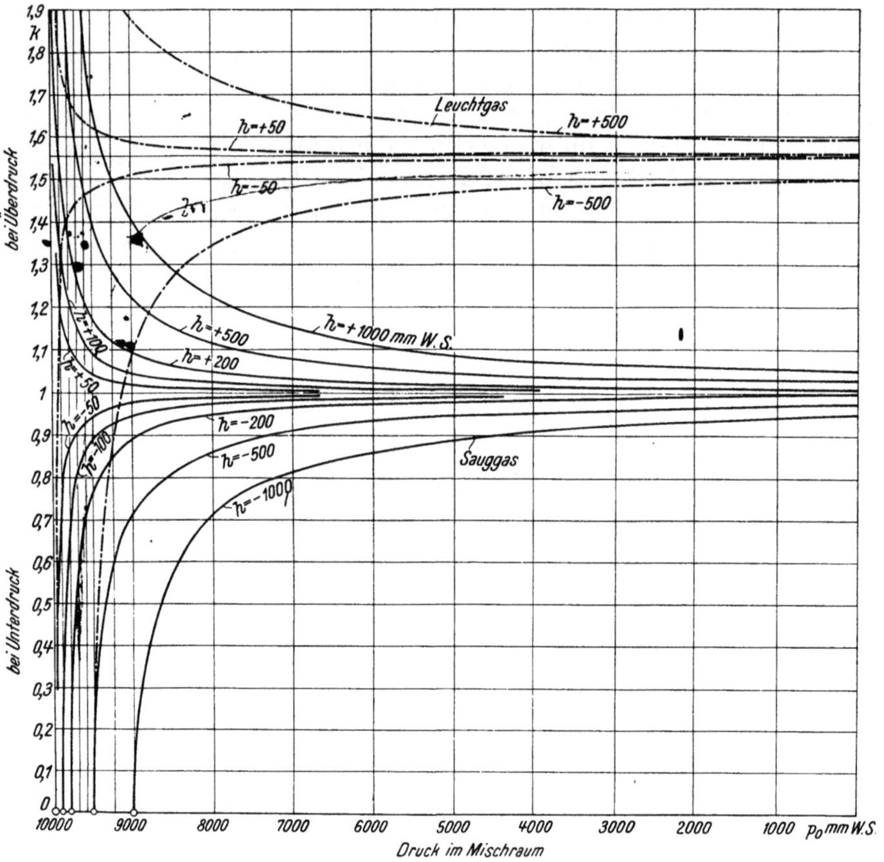

Abb. 43. Hellenschmidt-Diagramm.

der Ordinate der Wert k aufgetragen. Die eingezeichneten Kurven sind Werte von k für gleichen Gasüber- oder -unterdruck h gegenüber dem Luftdruck. Es ist also

$$h = p_g - p_l.$$

Bei großem Unterdruck im Mischraum, wie z. B. 7000 mm WS, der einem absoluten Druck von $p_0 = 3000$ mm WS entspricht, ist für Sauggas k annähernd gleich 1. Für Höchstlast, bei der das Mischungsverhältnis 1,09 beträgt, wäre demnach der Luftquerschnitt das 1,09fache des Gasquerschnittes. Die Linien für gleichen Gasüberdruck h liegen bei geringem absolutem Druck p_0 im Mischraum eng beieinander. Beim Schwanken des Gasdruckes tritt also nur eine kleine Änderung des Wertes k und damit des Mischungsverhältnisses ein. Bei hohem Unterdruck im Mischraum ist die Maschine daher gegen Schwankungen des Gasdruckes wenig empfindlich. Bei geringem Unterdruck im Mischraum, z. B. 0 bis 3000 mm WS, der einem absoluten Druck von $p_0 = 10\,000$ bis 7000 mm WS entspricht, ändert sich der Wert k sehr stark. Die Maschine ist also bei geringen Unterdrücken im Mischraum gegenüber Druckschwankungen in der Gasleitung sehr empfindlich.

Bei Sauggasmotoren mit veränderlicher Drehzahl, die zum Antrieb von Gebläsen und Pumpen oder zum Fahrzeugbetrieb dienen, ändert sich mit der Drehzahl der Unterdruck in der Gasleitung. Der Unterdruck nimmt mit wachsender Drehzahl zu und das Gemisch wird ärmer an Gas. Wenn der Einfluß einer Druckänderung des Gases in der Gasleitung auf Gemisch und Leistung verringert werden soll, so muß die Maschine mit möglichst hohem Unterdruck im Mischraum arbeiten. Das kann durch kleine Einlaßquerschnitte für Luft und Gas erreicht werden. Die dabei auftretenden hohen Luft- und Gasgeschwindigkeiten ergeben außerdem eine gute Durchmischung und Verwirbelung des Gemisches. Ein hoher Ansaugeunterdruck hat jedoch eine Abnahme des Liefergrades und damit der Höchstleistung zur Folge.

9. Regelung der Gasmaschine.

Für die Regelung und Zuführung von Luft und Gas bestehen im wesentlichen die in Abb. 44 bis 47 dargestellten Möglichkeiten.

1. Luft und Gas werden nach Abb. 44 dem Zylinder gesondert zugeführt. Das Zusammentreffen und die Mischung erfolgen erst im Zylinder selbst. Die Regelung des

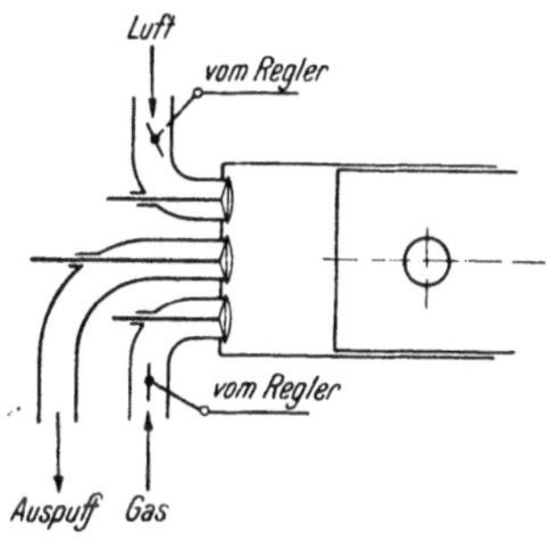

Abb. 44.

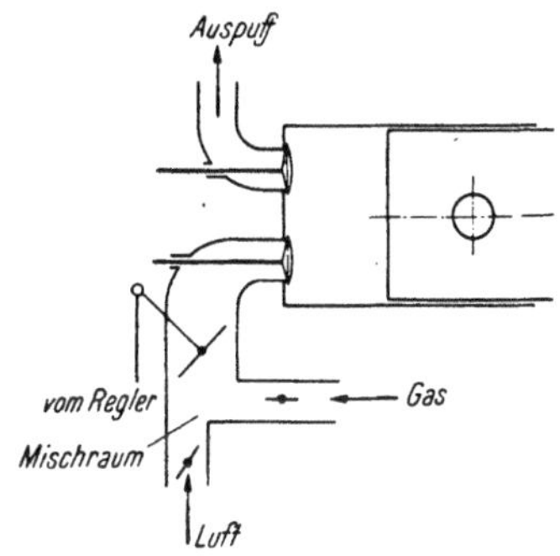

Abb. 45.

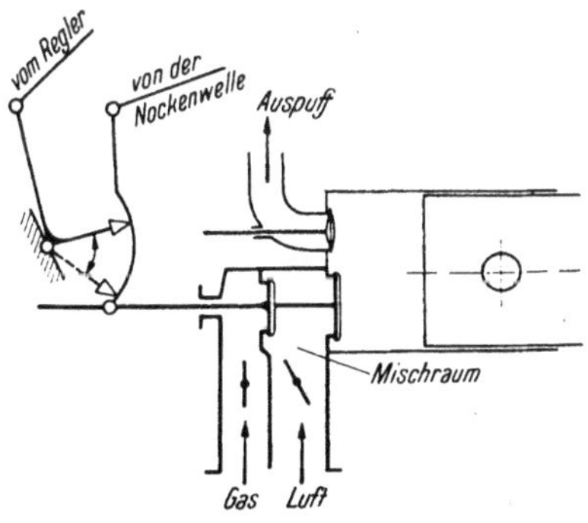

Abb. 46.

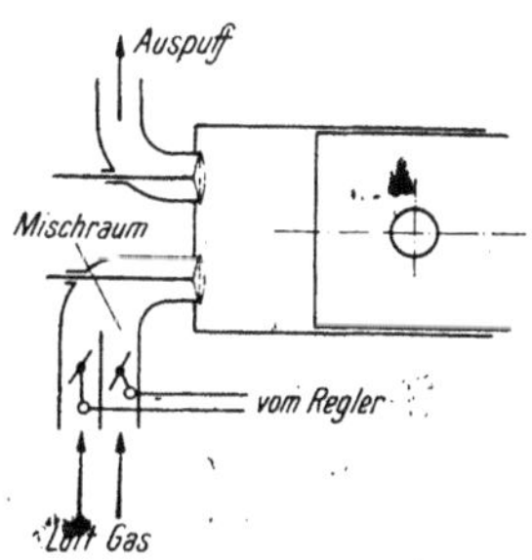

Abb. 47.

Mischungsverhältnisses und der Füllung geschieht durch Drosselklappen in der Luft- und Gasleitung, die vom Regler bewegt werden, oder die Regelung wird durch Veränderung des Hubes der beiden Einlaßventile vorgenommen.

Bei den übrigen Ausführungen werden Gas und Luft in einem Mischraum zusammengeführt und treten durch ein gemeinsames Einlaßventil in den Zylinder ein.

2. In Abb. 45 wird das Mischungsverhältnis von Luft und Gas durch Drosselklappen oder Ventile in den Zuführungsleitungen für Gas und Luft zum Mischraum eingestellt. Die Veränderung der Zylinderfüllung erfolgt durch eine vom Regler betätigte Drosselklappe in der Leitung zwischen Mischraum und Zylinder.

3. Nach Abb. 46 erfolgt die Änderung der Zylinderfüllung durch Veränderung des Einlaßventilhubes. Durch das mit dem Einlaßventil verbundene Schleppventil für Gas wird das Mischungsverhältnis geändert.

4. In Abb. 47 werden durch die in den Leitungen zum Mischraum befindlichen Drosselklappen, die vom Regler beeinflußt werden, das Mischungsverhältnis und die Füllung eingestellt.

Die Versuchsmaschine hat eine Regelung nach Abb. 46. Mit dem Hub des Einlaßventils wird durch das mitgenommene Gasventil auch der Gasquerschnitt f_g geändert. Das Mischungsverhältnis war nach dem Ausdruck auf S. 32

$$m = \frac{f_l}{f_g} \cdot \sqrt{\frac{(p_l - p_0) \cdot \gamma_g}{(p_g - p_0) \cdot \gamma_l}}.$$

Wird das Verhältnis des jeweiligen Ventilhubes zum vollen Ventilhub mit α bezeichnet, so wird das Mischungsverhältnis Luft zu Gas beim Gasquerschnitt $\alpha \cdot f_g$

$$m = \frac{f_l}{\alpha \cdot f_g} \cdot \sqrt{\frac{(p_l - p_0) \cdot \gamma_g}{(p_g - p_0) \cdot \gamma_l}}.$$

Da der Luftquerschnitt f_l an der Luftdrosselklappe gleichbleibt, wird mit verringertem Ventilhub, d. h. Verkleinerung von α, m größer und damit das Gemisch reicher an Luft.

Die Füllung ergibt sich aus dem Hub des Einlaßventils. Ist Δp der Unterschied zwischen dem äußeren Luftdruck p und dem Druck im Zylinder, so wird die Füllung proportional $1 - \frac{\Delta p}{p}$ geändert.

Der Druckunterschied Δp setzt sich aus dem Druckabfall in der Luftdrossel f in Abb. 12 und dem Druckabfall des Gemisches im Einlaßventil zusammen.

10. Selbstzündungen.

Bei Gasmaschinen können Selbstzündungen während des Ansaughubes in der Ansaugleitung oder während des Verdichtungshubes im Zylinder auftreten. Während des Ansaughubes kann sich das brennbare Gas-Luft-Gemisch an den heißen Abgasen im Zylinder entzünden. Diese Fehlzündungen verursachen starke Knaller. Sie treten dann auf, wenn schlechtes Gemisch nachbrennt oder die Maschine auf Spätzündung eingestellt ist. Die Abgase sind dann sehr heiß. Wenn bei einer Mehrzylindermaschine in einem Zylinder Ansaugknaller auftreten, so kann der Betrieb sämtlicher übriger Zylinder gestört werden, weil die Gase in die gemeinsame Ansaugleitung zurückschlagen.

Im allgemeinen überschneiden sich die Öffnungszeiten des Einlaß- und Auslaßventils, um die dynamische Wirkung der bewegten Gasströme zur Verbesserung der Füllung auszunützen. Gebräuchliche Steuerwerte sind z. B. Öffnen des Einlaßventils 20° Kurbelwinkel vor dem oberen Totpunkt, Schluß des Auslaßventils 20° Kurbelwinkel nach dem oberen Totpunkt. Bei zu starker Überschneidung kann es vorkommen, daß am Ende des Ausschubhubes Abgase durch das geöffnete Einlaßventil in die Ansaugleitung gedrückt werden und dort Zündungen des Gemisches hervorrufen. Die Wirkung solcher Fehlzündungen kann dadurch verringert werden, daß der Mischraum so klein wie möglich gewählt wird.

Um zu verhindern, daß durch Entzündung des frischen Gemisches an den heißen Abgasen Knaller eintreten, wird das Gasventil, das bei der Versuchsmaschine auf der Spindel des Einlaßventils sitzt, als Schleppventil ausgebildet. Es öffnet sich erst, wenn das Einlaßventil einen bestimmten Weg zurückgelegt hat. Zuerst wird Frischluft in den Zylinder gesaugt und dadurch eine Kühlung der im Verbrennungsraum zurückgebliebenen heißen Abgase bewirkt. Das nach Öffnen des Schleppventils eintretende Gemisch trifft mit gekühlten Abgasen zusammen, so daß eine Entzündung verhindert wird. Beim Schließen des Einlaßventils gelangt das Gasventil vor dem Einlaßventil auf seinen Sitz. Es wird also gleichfalls nur Luft angesaugt und der Mischraum für Gas und Luft mit

Luft gefüllt. Da Luft vor- und nachgesaugt wird, muß das eintretende Gemisch reich an Gas sein, damit ein Ausgleich entsteht und sich wieder das richtige Mischungsverhältnis ergibt.

Durch große Schleppgänge des Gasventils konnten bei der Versuchsmaschine selbst bei sehr großen Spätzündungen Fehlzündungen stets verhindert werden. Großer Schleppgang des Gasventils bedeutet eine Verringerung des Gasquerschnittes und erfordert, um wieder auf das Mischungsverhältnis 1,09 für Höchstlast zu kommen, auch eine Verringerung des Luftquerschnittes an der Luftdrosselklappe.

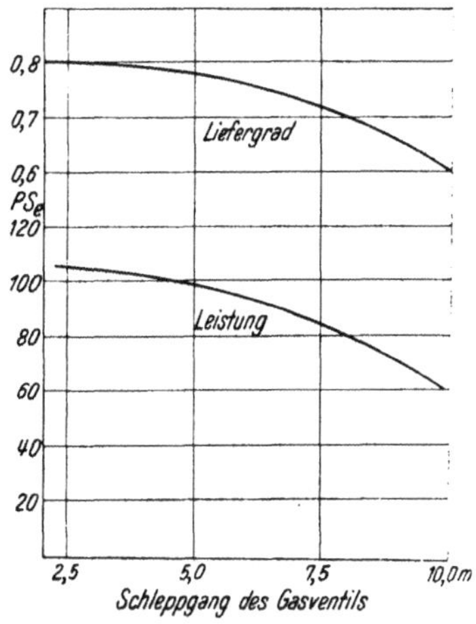

Abb. 48. Leistung und Liefergrad in Abhängigkeit vom Schleppgang des Gasventils. Hub des Einlaßventils 16 mm. 215 U/min, Betrieb mit Sauggas.

Die Abhängigkeit der Leistung und des Liefergrades vom Schleppgang des Gasventils veranschaulicht Abb. 48. Der Hub des Einlaßventils betrug bei diesem Versuch 16 mm. Mit Zunahme des Schleppganges nimmt die Leistung ab. Bei einem Schleppgang des Gasventils von 2,5 mm wurde mit Sauggas eine Höchstleistung von 106 PS_e erreicht, der Liefergrad betrug $\lambda_l = 0{,}80$.

Bei der Versuchsmaschine wurde ein Schleppgang von 2,5 mm beibehalten. Fehlzündungen in der Ansaugleitung wurden bei diesem Schleppgang vermieden. Obwohl zuerst Luft, dann überreiches Gemisch und dann wieder Luft in den Zylinder eintritt, ergibt sich auch bei sehr großem Schleppgang im Zylinder beim Ansaug- und beim Verdichtungshub eine gute Vermischung von Luft und überreichem Gemisch. Die Diagramme zeigen durch ihren steilen Druckanstieg, daß die Verbrennung sehr rasch erfolgt.

Selbstzündungen im Zylinder können durch zu hohe Verdichtung, durch heiße Wandungen oder glühende Fremdkörper eintreten. Die Fremdkörper können durch Verkokung des Schmieröles entstehen. Das an der Zylinderwand haftende Öl wird leicht vom Kolben in den Verbrennungsraum geschoben, wo es wegen der hier vorhandenen hohen Temperatur verkokt und glühend wird. Es ist auffallend, daß zunächst die Entzündung an glühenden Fremdkörpern nicht bei Beginn oder während des Verdichtungshubes, sondern erst am Ende eintritt. Das ist damit zu erklären, daß die Entzündung des Gases an glühenden Fremdkörpern durch die Temperaturerhöhung infolge der Verdichtung des Gemisches erleichtert wird.

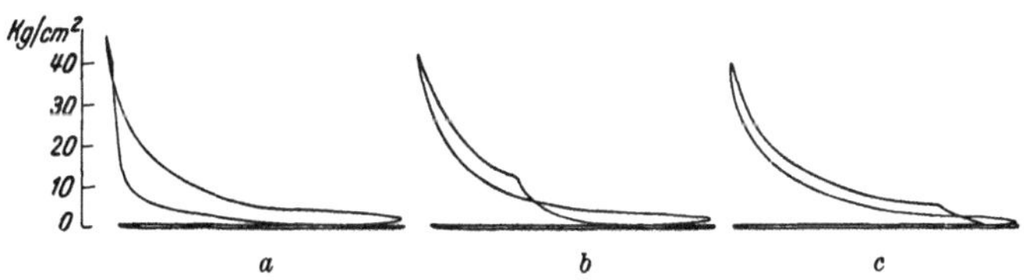

Abb. 49. Indikatordiagramme bei Selbstzündung.

Die Selbstzündungen bedeuten eine Vorverlegung des Zündzeitpunktes. Durch diese Frühzündungen wird die Temperatur im Zylinder und auch die des Glühkörpers erhöht. Aus den Abb. 32, 38 und 40 ist eine Erhöhung der Temperatur bei Vorverlegung der Zündung ersichtlich. Mit Wärmerwerden der Maschine rückt der Zeitpunkt der Selbstzündungen immer mehr vor. Es treten heftige Stöße in der Maschine auf, die immer stärker werden und leicht zum Kolbenfressen führen. Die Vorverlegung der Selbstzündungen geht schließlich so weit, daß die Entzündung bereits bei Beginn des Verdichtungshubes und schließlich sogar schon während des Ansaugens erfolgt. Bei Zündungen während des Ansaugens dringen die Explosionsgase in die Ansaugleitung zurück und es treten sehr heftige Knaller auf.

Abb. 49 veranschaulicht Indikatordiagramme bei Selbstzündung im Zylinder. Bei Diagramm *a* hat die Selbstzündung begonnen, und zwar am Ende des Verdichtungshubes. Bei *b* ist sie bereits bis zur Mitte des Kolbenhubes und bei *c* schon bis zum Anfang des Verdichtungshubes fortgeschritten. Wenn bei einer Mehrzylindermaschine die Selbstzündungen nur in einem Zylinder auftreten, werden die übrigen Zylinder entweder zu stark beansprucht oder die Drehzahl fällt ab. Waren die anderen Zylinder ebenfalls an der Grenze, an der Selbstzündungen auftreten, so setzen dadurch die Selbstzündungen in diesen Zylindern gleichfalls ein und der Betrieb wird vollkommen gestört. Einzylindermaschinen bleiben stehen.

Selbstzündungen treten sehr leicht bei Leucht- und Sauggas auf, Gase mit hohem Methangehalt sind dagegen weniger empfindlich.

Die Gefahr von Selbstzündungen ist bei hoher Belastung, bei der die Maschine sehr heiß wird, besonders groß. Auch durch Einstellung des Gemisches auf großen Luftüberschuß, bei welchem die Maschine weniger heiß wird, können Selbstzündungen oft nicht vermieden werden. Sie nehmen sogar häufig zu. Die Ursache dafür kann darin liegen, daß die Entzündungstemperatur des Gemisches niedriger oder der Ölkoks durch den größeren Sauerstoffgehalt des Gemisches heißer wird. Selbstzündungen lassen sich mit Sicherheit vermeiden, wenn das Gemisch auf Gasüberschuß eingestellt wird. Dabei wirkt mit, daß bei großem Gasüberschuß die Maschine an sich kühler wird.

Bei hohem Methangehalt des Gemisches treten keine Selbstzündungen auf. Wenn die Möglichkeit bestünde, z. B. durch Hinzufügen von Katalysatoren den Generatorprozeß so durchzuführen, daß möglichst viel oder sogar ausschließlich Methan entstünde, so würde die Betriebssicherheit der Maschine größer.

Wenn Selbstzündungen an glühenden Fremdkörpern vermieden werden sollen, so ist bei einer leicht zur Koksbildung neigenden Gasmaschine die Steuerung so einzustellen, daß bei hoher Belastung, bei welcher die Maschine heiß wird, mit Gasüberschuß gefahren wird. Bei einer derartigen Regelung der Maschine müßte die Regellinie in der Abb. 14 links von der Regellinie *a* verlaufen. Bei niedriger Belastung würde die Maschine mit Luftüberschuß arbeiten, bei hoher Belastung mit Gasüberschuß.

Der Verfasser hat versuchsweise eine Einrichtung gebaut, durch die sich die Maschine bei Selbstzündungen selbsttätig von Luftüberschuß auf Gasüberschuß umstellt. Bei dieser Einrichtung bringt der bei Selbstzündungen auftretende hohe Verbrennungsdruck im Zylinder ein auf einen bestimmten Druck eingestelltes Druckventil zum Abblasen. Das abblasende Gas wirkt auf einen Steuerkolben, der durch Verstellen der Luftdrosselklappe die Einstellung auf weniger Luft- bzw. auf Gasüberschuß vornimmt. Durch diese Verstellung kann der Betrieb der Maschine aufrechterhalten werden. Bei einer Mehrzylindermaschine würde es genügen, nur den Zylinder, in dem Selbstzündungen auftreten, auf Gasüberschuß umzustellen.

Die Gasmaschine unterscheidet sich von der Diesel-Maschine hauptsächlich dadurch, daß im Zylinder Gemisch, während bei der Diesel-Maschine reine Luft verdichtet wird. Es besteht dadurch bei der Gasmaschine stets die Gefahr, daß sich das Gemisch beim Verdichtungshub entzündet, was bei der Diesel-Maschine ausgeschlossen ist. Nur bei Vermeidung dieser Gefahr ist die Gasmaschine betriebssicher und lebensfähig.

11. Sauggasmaschine mit Heißkühlung.

An der Versuchsmaschine wurde der Einfluß der Kühlwassertemperatur auf die Leistung bei Durchflußkühlung, Umlaufkühlung und Heißkühlung untersucht.

Bei Durchflußkühlung fließt frisches Wasser durch den Motor. Bei Umlaufkühlung wird das austretende Kühlwasser einem Kühler zugeführt und wieder durch den Motor geleitet. Bei Heißkühlung hat das Kühlwasser Temperaturen von über 100° C, und im Kühlsystem herrscht ein Druck von 2 bis 3 at.

Von der Abgaswärme der Gasmaschine können 350 bis 400 kcal/PS_eh zur Erzeugung von Heißwasser oder Dampf verwendet werden. Jedoch sind in vielen Fällen größere Wärmemengen erforderlich als aus dem Abgas zu gewinnen sind. Dann können aus dem Kühlwasser weitere 400 bis 600 kcal/PS_eh entnommen werden, wenn Heißkühlung angewendet wird. Aus Abgasen und Kühlwasser stehen dann insgesamt rund 900 kcal/PS_eh für die Dampferzeugung zur Verfügung.

In Abb. 50 ist eine Sauggasanlage mit Heißkühlung dargestellt. Die Kühlwasserpumpe drückt das Kühlwasser im Kreislauf vom Dampfsammler durch den Zylinderkopf, den Zylindermantel, die Abgasleitung und den Abgasverwerter zum Dampfsammler zurück. Der entstehende Dampf wird durch die Leitung *e* abgeführt, der Schwimmer erhält dabei durch Zusatz von Frischwasser oder Kondensat den Wasserstand im Dampfsammler auf gleicher Höhe. Die von der Kühlwasserpumpe umgewälzte Wassermenge ist unabhängig vom zugesetzten Frischwasser und kann beliebig groß eingestellt werden.

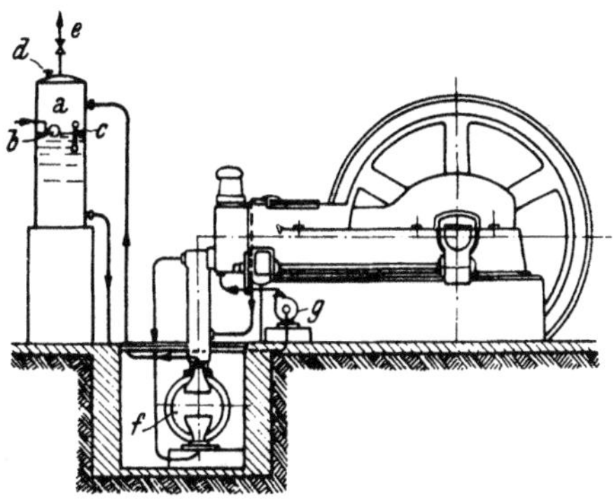

Abb. 50. Schema einer Sauggasanlage mit Heißkühlung.

a Dampfsammler, *b* Schwimmer, *c* Wasserstandzeiger, *d* Sicherheitsventil, *e* Dampfentnahme, *f* Abgasverwerter, *g* Kühlwasserpumpe.

Abb. 51 zeigt Ergebnisse von Messungen der Kühlwasser- und Zylinderwandtemperaturen und der Wärmemenge im Kühlwasser bei üblicher Durchflußkühlung und einer Belastung von 80 PS_e. Die Temperatur des zufließenden Wassers betrug 14° C. Mit zunehmender Wassermenge nehmen die Kühlwasser- und Wandtemperaturen ab. Die dabei an das Kühlwasser übergehende Wärmemenge nimmt

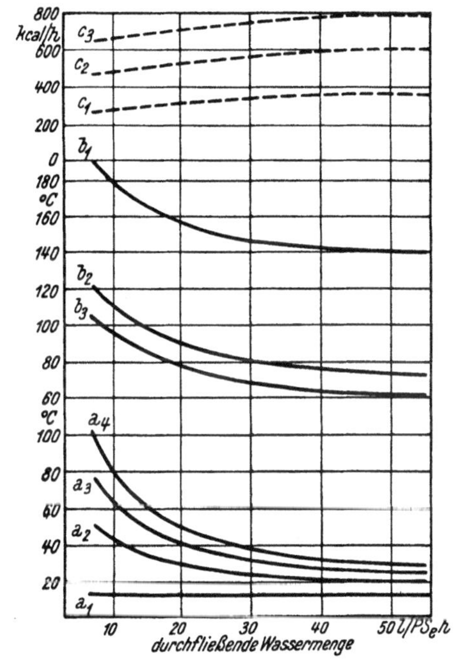

Abb. 51. Temperaturmessungen bei üblicher Durchflußkühlung. Belastung 80 PS.

a_1 Kühlwassertemperatur hinter Zuflußleitung,
a_2 „ „ Zylinderkopf,
a_3 „ „ Zylinder,
a_4 „ „ Auspuffrohr,
b_1 Zylinderwandtemperatur an Meßstelle *IV* (Abb. 11),
b_2 „ „ „ *V*,
b_3 „ „ „ *VI*,
c_1 Wärme im Kühlwasser am Zylinderkopf,
c_2 „ „ „ „ „ und Zylinder,
c_3 „ „ „ „ „ Zylinder und Auspuffkrümmer.

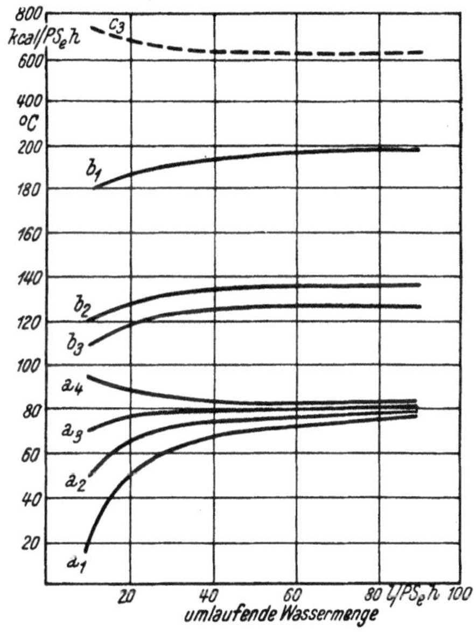

Abb. 52. Temperaturmessungen bei Umlaufkühlung.

a_1 Kühlwassertemperatur hinter Zuflußleitung,
a_2 „ „ Zylinderkopf,
a_3 „ „ Zylinder,
a_4 „ „ Auspuffrohr,
b_1 Zylinderwandtemperatur an Meßstelle *IV* (Abb. 11),
b_2 „ „ „ *V*,
b_3 „ „ „ *VI*,
c_3 Wärme im Kühlwasser am Zylinderkopf, Zylinder und Auspuffkrümmer.

auf Grund des größeren Temperaturgefälles zwischen Gas und Wasser zu. Praktisch liegt der Kühlwasseraufwand zwischen 10 und 20 l/PS_eh.

Die Versuchsergebnisse bei Umlaufkühlung sind aus Abb. 52 ersichtlich. Während des Versuches wurde ununterbrochen Frischwasser von 14° C zugeführt, und zwar pro

Pferdekraftstunde 10 l. Bei dieser Menge umlaufenden Wassers in der Maschine wird die Umlaufkühlung zur Durchflußkühlung. Mit zunehmender Umlaufmenge steigt die Wassertemperatur im Zylinderkopf und Zylindermantel. Dabei nehmen die Temperaturen der Zylinderwand etwa im gleichen Maße zu wie die mittlere Kühlwassertemperatur im Zylindermantel. Bei Umlaufkühlung

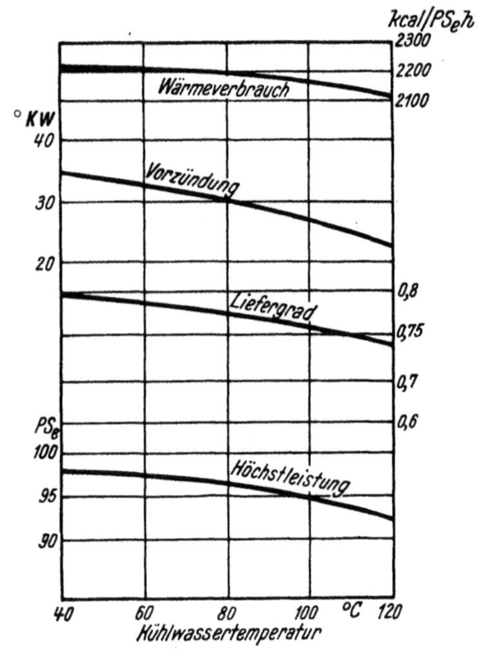

Abb. 53. Höchstleistung, Liefergrad, Wärmeverbrauch und Vorzündung in Abhängigkeit von Kühlwassertemperatur bei Umlaufkühlung.

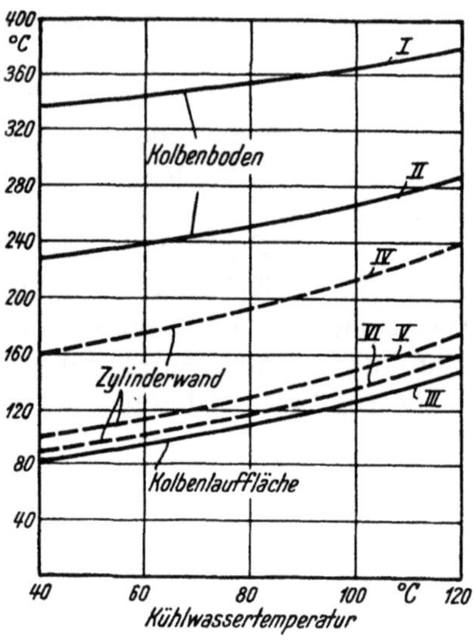

Abb. 54. Zylinder- und Kolbentemperaturen bei Kühlwassertemperaturen von 40 bis 120° C. *I* bis *VI* Meßstellen nach Abb. 11.

kann ein gleichmäßiger Wärmezustand der Maschine erreicht werden. Auf Grund des abnehmenden Temperaturgefälles zwischen Gas und Wasser nimmt bei steigendem Wasserumlauf die insgesamt an das Kühlwasser übergehende Wärmemenge ab.

In Abb. 53 sind Höchstleistung, Liefergrad, Wärmeverbrauch und günstigste Vorzündung in Abhängigkeit von der Kühlwassertemperatur aufgetragen. Der Liefergrad nimmt mit steigender Kühlwassertemperatur wegen der stärker en Erwärmung des angesaugten Gemisches ab. Auf Grund der geringeren Wärmeabgabe der Verbrennungsgase an das Kühlwasser wird der Wärmeverbrauch der Maschine geringer. Deshalb darf jedoch nicht angenommen werden, daß die Maschine bei hoher Kühlwassertemperatur günstiger arbeitet, denn bei niedriger Kühlwassertemperatur könnte durch ein höheres Verdichtungsverhältnis gleichfalls ein geringerer Wärmeverbrauch erreicht werden.

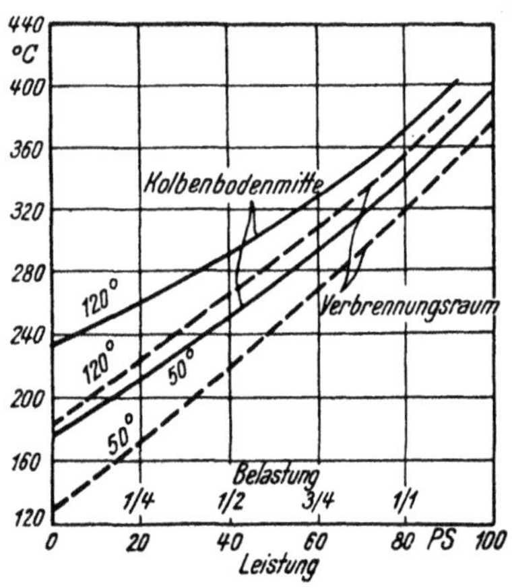

Abb. 55. Temperaturen in der Kolbenbodenmitte und im Verbrennungsraum bei Frischwasser- und Heißkühlung.

Abb. 54 zeigt die Zylinder- und Kolbentemperaturen bei Kühlwassertemperaturen von 40 bis 120° C. Die Temperaturen an den Meßstellen *IV*, *V* und *VI* der Zylinderwand nehmen nahezu gleich wie die des Kühlwassers zu. Die Temperaturen in der Kolbenbodenmitte und am Kolbenbodenrand werden gleichfalls höher. Sie wachsen jedoch nicht in demselben Maß wie die Kühlwassertemperatur.

Durch die erhöhte Temperatur der Wandung ist bei Heißkühlung die Gefahr, daß Selbstzündungen eintreten, besonders groß. Zur Klarstellung der vorliegenden Verhältnisse wurden die Temperatur der Kolbenbodenmitte und die mittlere Temperatur im

Verbrennungsraum durch ein Thermoelement gemessen. Diese Temperaturen für verschiedene Belastungen sind in Abb. 55 aufgezeichnet, und zwar bei Frischwasserkühlung mit einer Kühlwassertemperatur von 50°, bei Heißkühlung mit einer Kühlwassertemperatur von 120° C. Die Temperatur der Kolbenbodenmitte ist bei Heißkühlung bedeutend höher als bei Durchflußkühlung. Die Leistung der Maschine mußte beim Übergang von Frischwasser- auf Heißkühlung von 80 auf 67 PS_e herabgesetzt werden, um den gleichen Temperaturzustand des Kolbens beizubehalten. Das gleiche gilt auch für das Thermoelement im Zylinder, das einem heißen Fremdkörper entspricht, an dem sich das Gemisch entzünden könnte.

Zahlentafel 6. Temperaturen an der Zylinderwand bei verschiedenen Kühlwassergeschwindigkeiten.

Durchfließende Wassermenge bez. auf Nutzarbeit l/PSh	Zylinderwandtemperaturen in °C Meßstelle			Wassertemperatur °C
	IV	V	VI	
24,2	210	153	148	114
35,8	212	155	148	115
48	215	157	150	114
53,5	215	153	150	115
64	205	153	148	112
72,5	212	158	150	113
83	210	157	150	113

Bei den beschriebenen Versuchen wurde außerdem festgestellt, wieweit bei Heißkühlung die Wassergeschwindigkeit und der damit verbundene Wärmeübergang an das Kühlwasser die Temperatur der Zylinderlaufbahn beeinflussen. In der Zahlentafel 6 sind die Temperaturen der Zylinderwand an den Meßstellen *IV*, *V*, *VI* bei verschiedenen Wassergeschwindigkeiten und gleichbleibenden Kühlwassertemperaturen von 112 bis 115° C beim Austritt aus der Maschine zusammengestellt. Die Geschwindigkeit der umlaufenden Wassermenge übt hier keinen Einfluß auf die Temperatur der Zylinderwand aus, da sie nur den Temperaturunterschied zwischen Zylinderaußenwand und Wasser beeinflussen kann, der gegenüber dem gesamten Temperaturunterschied zwischen Gas und Wasser sehr gering ist.

Zusammenfassend kann man sagen, daß bei Sauggasanlagen die Heißkühlung wohl anwendbar ist, jedoch sind mit ihrer Verwendung eine Abnahme der Leistung, die Vergrößerung der Gefahr von Selbstzündungen und eine Abnahme der an das Kühlwasser abgeführten Wärmemenge verbunden.

B. Bauarten der Gasmaschinen.

Gasmaschinen sind meistens Viertaktmaschinen. Für kleine und mittlere Leistungen werden sie als einfachwirkende Motoren stehend oder liegend ausgeführt. Großgasmaschinen werden doppeltwirkend, meist in Tandemanordnung mit liegenden Zylindern, gebaut. Die stehende Bauart ist wegen der großen Baulänge der beiden in Tandemanordnung hintereinanderliegenden Zylinder und der Anordnung der Steuerung und Ventile für Großgasmaschinen ungünstig. Während die stehende Bauart gegenüber der liegenden den Vorteil des geringeren Platzbedarfes hat, läßt sich die liegende Maschine billiger herstellen, da Zylinderrahmen und Kurbelgehäuse im allgemeinen in einem Gußstück ausgeführt werden. Bei liegender Bauart läßt sich durch das nach oben offene Kurbelgehäuse der Kolben leicht nach hinten ausbauen, und die Zylinderköpfe und Regelorgane sind leicht zugänglich. Für die Einstellung des Mischungsverhältnisses und der Zündung ist letzteres besonders vorteilhaft. Bei den stehenden Maschinen dagegen kann der Ausbau der Kolben im allgemeinen nur nach Abnahme des Zylinderkopfes nach oben erfolgen. Dadurch ist ein höherer Maschinenraum erforderlich. Da der Bedienende bei liegenden Maschinen unmittelbar neben den Zylindern oder vor den Zylinderköpfen steht, ist die Überwachung sehr leicht durch Abhören des Zündgeräusches möglich.

Bei stehenden Maschinen treten die freien Massenkräfte hauptsächlich in lotrechter Richtung auf. Für ihre Aufnahme genügt ein kleineres Fundament als bei der liegenden Bauart.

Die Ventile kleiner Maschinen sind bei liegender Bauart meist parallel zur Zylinderachse, d. h. waagrecht liegend angeordnet, und der Antrieb erfolgt durch Stoßstangen

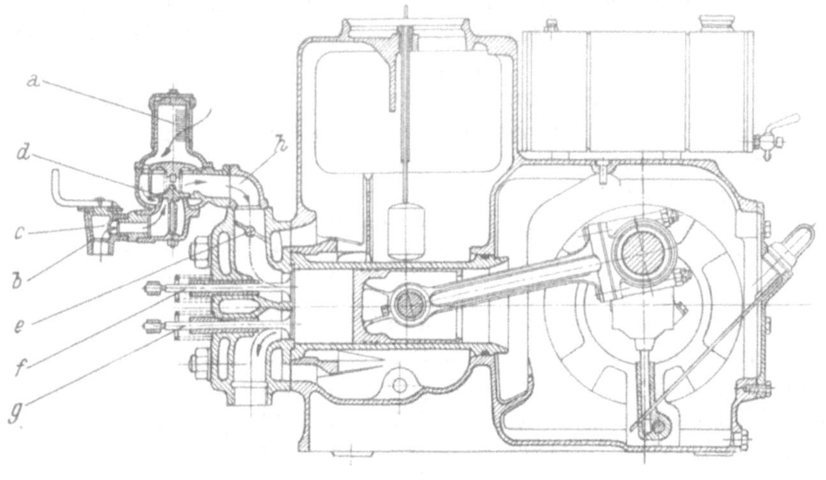

Abb. 56. Liegender Gasmotor. Bauart Deutz.

a Luftregelung,
b Drosselscheibe für Gas,
c Gashahn,
d Mischventilplatte für Gas und Luft,
e vom Regler verstellbare Gemisch-Drosselklappe,
f Einlaßventil,
g Auslaßventil,
h Gemischleitung.

parallel zur Zylinderachse. Der Verbrennungsraum erhält eine für die Verbrennung günstige, zylindrische Form. Die Kühlung kann als einfache Verdampfungskühlung ausgeführt werden. Bei größeren liegenden Maschinen werden die Ventile senkrecht übereinanderliegend angeordnet. Das Einlaßventil liegt oben, das Auslaßventil unten im Zylinderkopf. Es ergibt sich jedoch dadurch ein zerklüfteter Verbrennungsraum. Bei größeren liegenden Maschinen können die Ventile nicht waagrecht liegend angeordnet werden, da die Ventilführungen wegen des hohen Ventilgewichtes einseitig abgenützt werden.

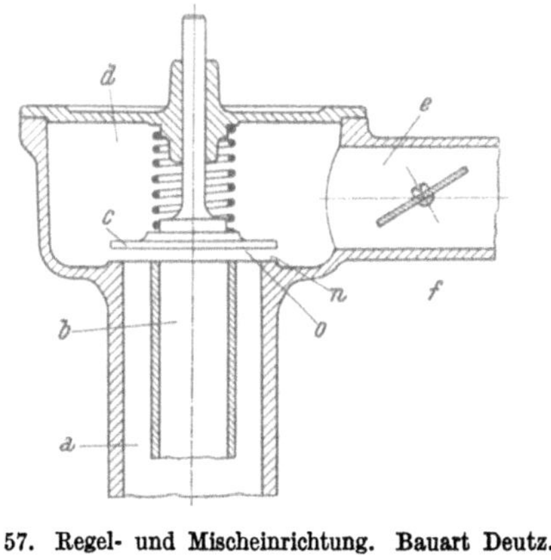

Abb. 57. Regel- und Mischeinrichtung. Bauart Deutz.

a Luftleitung,
b Gasleitung,
c Ventilplatte,
d Mischraum,
e Gemischleitung,
f Gemischdrosselklappe,
o Ende der Luftleitung,
n gemeinsamer Ventilquerschnitt für Gas und Luft.

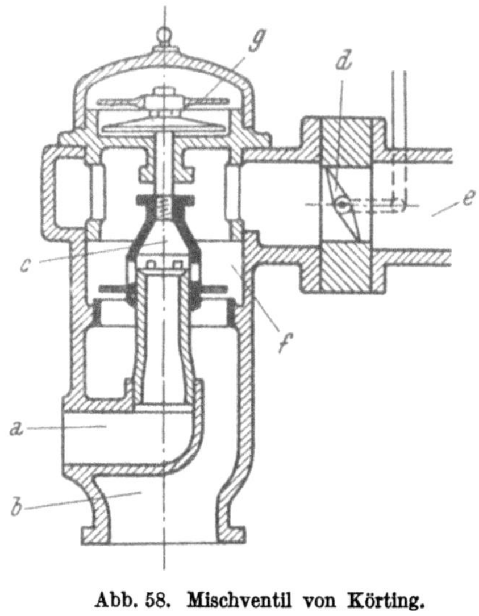

Abb. 58. Mischventil von Körting.

a Gaseintritt,
b Lufteintritt,
c Ventil für Gas und Luft,
d vom Regler verstellbare Gemischdrosselklappe,
e Anschluß zum Zylinder,
f Mischraum,
g Dämpfungsplatte.

Die Steuerwelle befindet sich dann seitlich neben den Zylindern. Sie wird durch Schrauben oder Kegelräder von der Maschinenwelle angetrieben. Die liegenden Maschinen haben den Nachteil, daß das Schmieröl nach der tiefsten Stelle des Zylinders fließt und vom Kolben zum Verbrennungsraum hingeschoben wird. Das sich unten im Verbrennungsraum ansammelnde Öl verkokt und kann Glühzündungen hervorrufen. Bei stehenden Maschinen besteht diese Gefahr weniger, da das Öl an den Wänden gleichmäßiger verteilt wird. Bei liegenden Vierzylindermaschinen werden meist zwei Zylinder als Block zusammengegossen. Das Schwungrad befindet sich zwischen den beiden Zylinderblöcken. Da keine gemeinsame Maschinengrundplatte für beide Zylinderblöcke vorgesehen ist, sondern die Verbindung durch das Betonfundament hergestellt wird, muß auf das Ausrichten der beiden Blöcke im Hinblick auf die gemeinsame Kurbelwelle besondere Sorgfalt verwendet werden, da sonst die Kurbelwellenlager leicht fressen.

Das Anlassen der Gasmaschinen erfolgt meist durch Druckluft von 15 at Spannung. Die Betätigung des Anlaßventils geschieht durch Stoßstangen und Kipphebel von der Nockenwelle aus oder durch Druckluft, die von einem Verteiler auf der Kurbel- oder Nockenwelle gesteuert wird. Gasmaschinen geringer Leistung, wie Fahrzeugmotoren, werden entweder von Hand oder elektrisch angelassen.

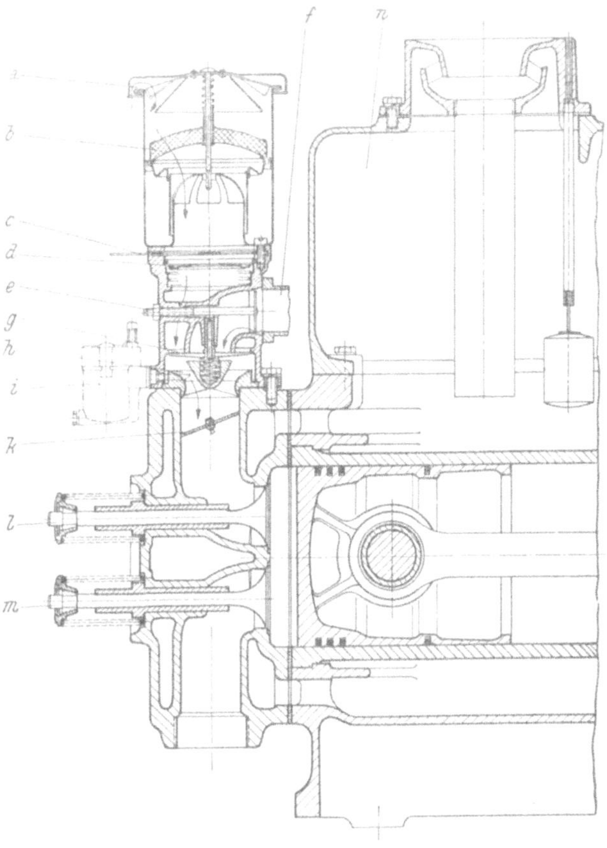

Abb. 59. Selbsttätiges Mischventil für Leucht- und Sauggas. Bauart Deutz.
a Filterdeckel (Lufteintritt), *b* Filtereinsatz, *c* Luftschieber, *d* Ventilplatte für Luft, *e* Gaseinstellscheibe, *f* Gasanschluß (versetzt gezeichnet), *g* Mischventilplatte für Gas und Luft, *h* Gemischdüse, *i* Vergaser, *k* Gemischdrosselklappe, *l* Einlaßventil, *m* Auslaßventil, *n* Verdampferkasten.

I. Liegende Gasmaschinen.

Einen kleinen Viertaktmotor liegender Bauart mit Verdampfungskühlung für Leucht- oder Sauggas der Klöckner-Humboldt-Deutz A. G. zeigt Abb. 56. Der Motor hat einfache Kastenbauart mit eingesetzter Zylinderbüchse und Verdampfungskühlung. Der Antrieb der liegenden Ventile erfolgt durch Stoßstangen, die parallel zur Zylinderachse angeordnet sind. Diese Maschine wird in verschiedenen Größen mit einer Zylinderbohrung von 100 bis 180 mm und einer Leistung von 5 bis 24 PS ausgeführt. Die Regelung erfolgt durch die Drosselklappe *e*, die vom Drehzahlregler betätigt wird und die Menge des angesaugten Gemisches und damit die Füllung des Zylinders ändert. Die Einstellung des Mischungsverhältnisses von Luft zu Gas geschieht bei geöffnetem Gashahn *c* durch Verdrehen eines Schiebers, der die Schlitzquerschnitte am Eintrittsstutzen für Luft mittels einer Vorrichtung *a* ändert. Die Gasmenge ist durch die Bohrung der Drosselscheibe *b*, die vom Heizwert des Gases abhängt, festgelegt. Gas und Luft strömen gemeinsam durch ein federbelastetes Ventil *d* in die Gemischleitung *h*. Die Hubhöhe dieses Ventils richtet sich nach dem Unterdruck in der Gemischleitung, der von der Stellung der mit dem Drehzahlregler verbundenen Drosselklappe abhängt. Die Wirkungsweise des Mischventils geht aus der schematischen Abb. 57 hervor. Bei angehobener Ventilplatte *c* treffen Gas und Luft am Ende der Luftleitung bei *o* zusammen und strömen durch den gemeinsamen Querschnitt *n* in die Ansaugleitung. Die Einstellung des Mischungsverhältnisses erfolgt durch Veränderung des Hubes der Ventilplatte. Dabei ist der Luftquerschnitt zum Mischraum unabhängig von der Hubhöhe des Ventils. Der Gasquerschnitt am Ende der Gasleitung ändert sich mit dem Hub des Ventils. Demnach wird mit wachsender Maschinenleistung der Gasanteil des Gemisches größer. Wird bei größtem Hub der Ventilplatte und geöffneter Drosselklappe das Gemisch auf höchste Leistung eingestellt, so nimmt bei sinkender Belastung der Gasanteil im Gemisch ab. Auf Abb. 4 übertragen bedeutet das, daß die Regelkurve mit abnehmender Belastung in das Gebiet des Luftüberschusses läuft.

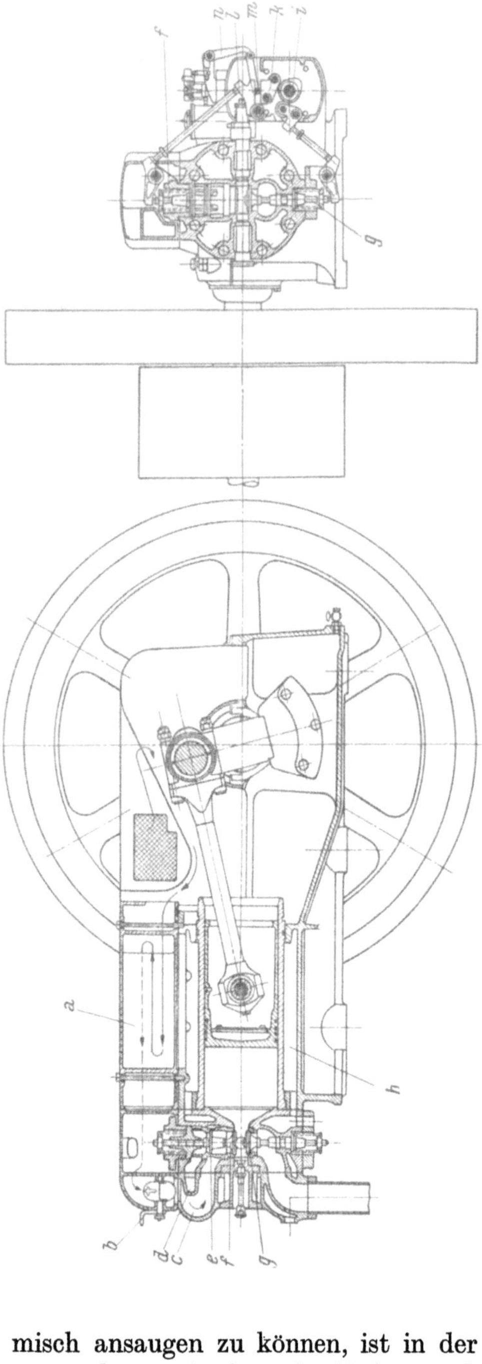

Abb. 60. Liegende Gasmaschine. Bauart Deutz.
a Ansaugleitung, *b* Luftdrossel, *c* Luftzuleitung, *d* Gaszuleitung, *e* Gasventil, *f* Einlaßventil, *g* Auslaßventil, *h* Kühlwasserraum, *i* Steuerwelle, *k* Nockenhebel, *l* Hebel, *m* Rolle, *n* Regulierhebel.

Bei dem in Abb. 58 dargestellten Körting-Ventil strömen Gas und Luft durch das Ventil *c*. Die Gasleitung ist mit *a* und die Luftleitung mit *b* bezeichnet. Die Hubhöhe dieses Ventils hängt wieder vom Unterdruck im Mischraum *f* ab, der von der Stellung der Drosselklappe *d* beeinflußt wird. Mit der Hubhöhe des Ventils ändern sich gleichzeitig und im gleichen Maße der Gas- und Luftquerschnitt. Das Mischungsverhältnis bleibt dabei gleich. Die Drosselklappe ändert demnach nur die Füllung. Durch die Dämpfungsplatte *g* bleibt das Ventil während des Betriebes in einer bestimmten Höhe stehen.

Für die in Abb. 56 dargestellte Maschine wird bei größeren Ausführungen die aus Abb. 59 ersichtliche Misch- und Regeleinrichtung verwendet. Der Gasquerschnitt wird durch die Drosselscheibe *e* festgelegt. Die Einstellung des Mischungsverhältnisses erfolgt durch den Schieber *c* in der Luftleitung. Die Gemischbildung geht in dem federbelasteten· Ventil *g* vor sich. Um beim Anlassen des Motors ein gasreiches, d. h. gut zündwilliges Gemisch ansaugen zu können, ist in der Luftleitung ein weiteres federbelastetes Ventil *d* vorgesehen, mit dem der Luftquerschnitt vermindert wird. Mit steigender Drehzahl wächst der Unterdruck in der Luftleitung und das Ventil gibt den vollen Luftquerschnitt frei.

Die Füllungsregelung erfolgt durch die vom Drehzahlregler betätigte Drosselklappe *k*.

Die Ansaugluft muß sorgfältig gereinigt werden. Zu diesem Zweck wird sie beim Eintritt in den Filterkörper *b* durch die Schaufeln *a* in kreisende Bewegung versetzt. Grobe

Staubkörner werden durch die Fliehkraft an die Wandungen geschleudert, während der feine Staub beim Durchgang durch den ölbenetzten Kupferwolle-Einsatz *b* gebunden wird.

Abb. 60 zeigt eine liegende Maschine der Klöckner-Humboldt-Deutz A. G. Dieser Typ wird mit Zylinderbohrungen von 160 bis 280 mm gebaut und hat Leistungen von 11 bis 84 PS_e. Die Maschinen werden auch als Zweizylindermaschinen ausgeführt. Kurbelgehäuse und Zylinder sind in einem Stück gegossen. Der Kurbelkasten ist durch eine Blechverschalung nach oben abgeschlossen. Der Antrieb der Ein- und Auslaßventile erfolgt durch die seitlich neben dem Zylinderblock liegende Steuerwelle *i*. Die Luft wird durch das Kurbelgehäuse angesaugt. Die Regelung geschieht durch Veränderung des Einlaßventilhubes. Die Veränderung des Ventilhubes erfolgt durch die verschiebbare Rolle *m*, die die Bewegung des Nockenhebels *k* auf den Stoßstangenhebel *l* überträgt. Die Drehpunkte der Hebel *k* und *l* liegen seitlich versetzt. Jede Stellung der Rolle *m* entspricht bei gleichbleibendem Winkelausschlag des Hebels *k* einem verschieden großen Ausschlag des Hebels *l*. Die Verschiebung der Rolle *m* ist nur bei geschlossenem Einlaßventil möglich.

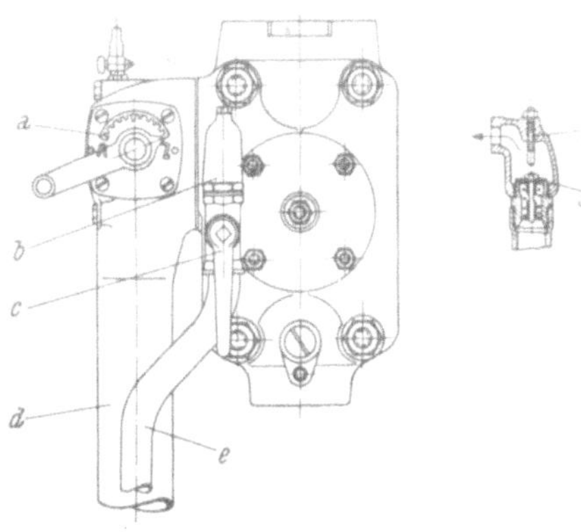

Abb. 61. Anordnung bei Wechselbetrieb.
a Hahn für Sauggas, *b* Leuchtgasventil, *c* Hahn für Leuchtgas, *d* Leitung für Sauggas, *e* Leitung für Leuchtgas, *f* Einstellschraube, *g* Ventilplatte für Leuchtgas.

Die Maschine wird für Wechselbetrieb mit Saug- und Leuchtgas ausgeführt.

Abb. 62. Liegende Gasmaschine 700 PS. Bauart Deutz.

In Abb. 61 sind die erforderlichen Leitungen und Regelorgane im Zylinderkopf veranschaulicht. Bei Umstellung auf Leuchtgas wird der Hahn *a* in der Sauggasleitung *d* geschlossen und der Hahn *c* in der Leuchtgasleitung *e* geöffnet. Das Leuchtgas strömt durch das Rückschlagventil *g* zum Einlaßventil. Mit Hilfe der Schraube *f* läßt sich der

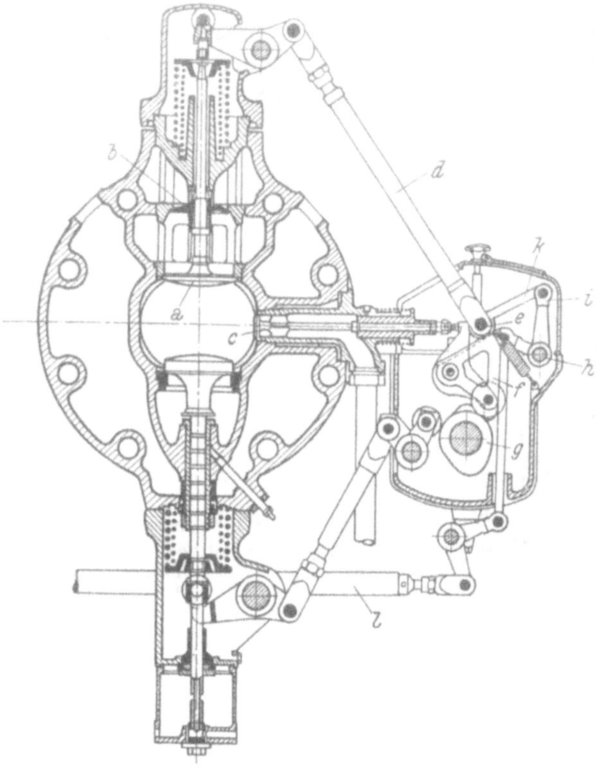

Abb. 63. Querschnitt durch den Zylinderkopf.

a Einlaßventil, *b* Gasventil, *c* Anlaßventil, *d* aus- und einschwenkbare Stoßstange, *e* Rolle zur Stoßstange, *f* Nockenhebel, *g* Nocken, *h* Reglerwelle, *i* Hebel, *k* Gelenkstange, *l* Regelstange.

Hub des Gasventils *g* und damit die durchtretende Leuchtgasmenge einstellen. Bei Umstellung auf Sauggas wird der Leuchtgashahn *c* geschlossen und der Sauggashahn *a* geöffnet.

Eine große liegende Gasmaschine der Bauart Deutz zeigt Abb. 62. Bei 570 mm Bohrung und 700 mm Hub leistet die Maschine als Doppelzwilling 700 PS. Die Ventilhubregelung dieser Maschine ist aus dem Schnitt durch den Zylinderkopf Abb. 63 ersichtlich. Dies geschieht nach Vorschlag des Verfassers durch Ein- und Ausschwenken der Stoßstange. Von der Reglerwelle *h* wird durch den Winkelhebel *i* und die Gelenkstange *k* die Stoßstange *d* auf dem Nockenhebel *f* hin und her bewegt. Bei stets gleichbleibendem Winkelausschlag des Nockenhebels wird durch dieses Aus- und Einschwenken der Stoßstange der Hub des Einlaßventils verändert.

Der Fliehkraftregler wirkt auf einen Servomotor, der stark genug ist, die Stoßstange auch bei angehobenem Einlaßventil auf dem Nockenhebel aus- oder einzuschwenken. Die Übertragung der Regelbewegung auf das andere Zylinderpaar geschieht durch die Regelstange *l*.

Die Güldner-Motorenwerke, Aschaffenburg, verwenden für ihre Sauggasmotoren mit Leistungen von 25 bis 30 PS die aus Abb. 64 ersichtliche Einrichtung zur Regelung des Mischungsverhältnisses von Gas und Luft. Auf dem zentral gelegenen Rohr für das Gemisch befindet sich der Schieber *a* für Luft und der Schieber *b* für Gas, durch die sich das Mischungsverhältnis von Hand einstellen läßt. Die Regelung für verschiedene Belastungen erfolgt durch den Drehzahlregler.

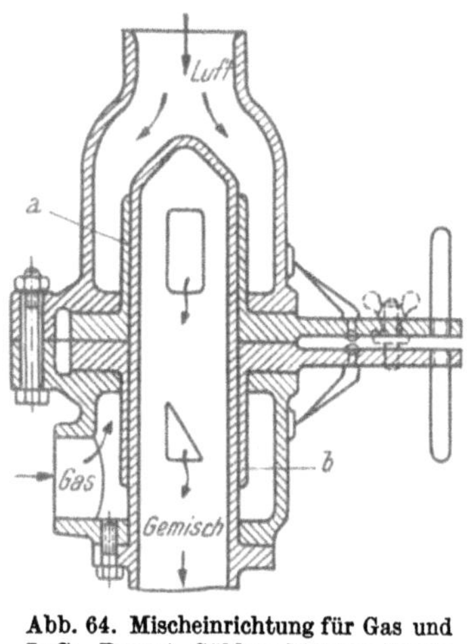

Abb. 64. Mischeinrichtung für Gas und Luft. Bauart Güldner-Motoren-Werke Aschaffenburg.

a Luftschieber, *b* Gasschieber.

Die Motorenfabrik Darmstadt A. G. (Modaag) verwendet für ihre kleinen liegenden Motoren bei Betrieb mit Leuchtgas das in Abb. 65 dargestellte Regel- und Mischorgan. Zur Einstellung des Mischungsverhältnisses dient die von Hand fest einstellbare Drosselklappe *a* in der Luftleitung und der Hahn *h* in der Gasleitung. Das Zusammentreffen von Gas und Luft findet in dem düsenförmig ausgebildeten Rohrstück *b* statt. Die Bohrungen für das Gas sind an der engsten Stelle tangential angeordnet, um eine gute Verwirbelung und Durchmischung zu erzielen. Dicht hinter dem Hahn *h* liegt das Plattenventil *d*, dessen Hub vom Unterdruck in der Gemischleitung abhängt. Während der Luftquerschnitt bei fest eingestellter Drosselklappe *e* gleichbleibt, nimmt der Gasquerschnitt mit der Belastung zu. Bei voller Leistung wird demnach ein gasreicheres Gemisch angesaugt als bei niedriger Leistung. Es werden also Füllung und Gemisch geregelt.

Das Mischventil der Modaag für Sauggas zeigt Abb. 66. Die Gasleitung *a* mündet düsenförmig in die Luftleitung *b*, wo sich das Gas mit der durch das Filter *e* gesaugten Luft mischt. Zur Einstellung des Mischungsverhältnisses dient die Drosselklappe *c* in der Luftleitung und der Hahn *d* in der Gasleitung. Die Regelung der Belastung geschieht durch die Drosselklappe *f* in der Gemischleitung. Der Motor hat demnach reine Füllungsregelung.

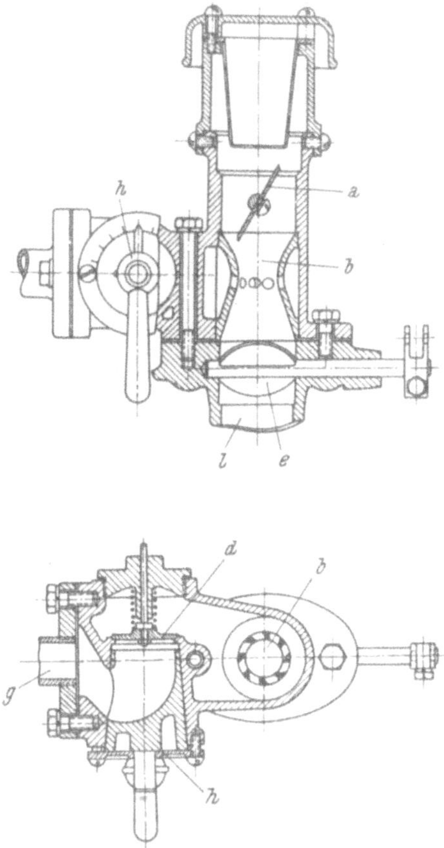

Abb. 65. Regel- und Mischorgan für Leuchtgasbetrieb. Bauart Motorenfabrik Darmstadt A. G.

a Drosselklappe, *b* düsenförmiges Rohrstück, *d* Plattenventil, *e* Drosselklappe, *g* Gasleitung, *h* Hahn in der Gasleitung, *l* Gemischleitung.

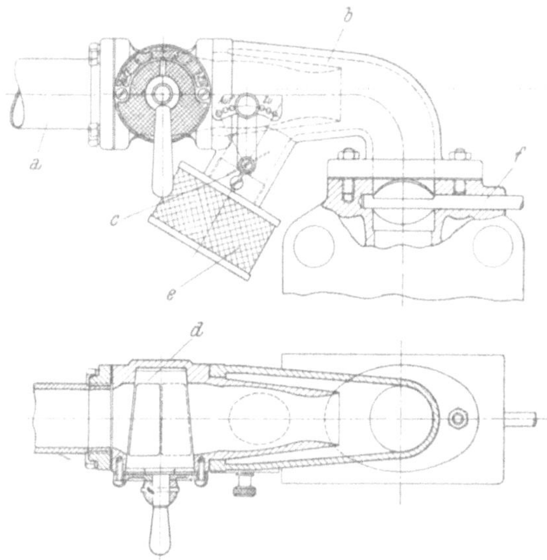

Abb. 66. Regel- und Mischorgan für Sauggas. Bauart Motoren-Fabrik Darmstadt A. G.

a Gasleitung, *b* Luftleitung, *c* Drosselklappe, *d* Hahn in der Gasleitung, *e* Filter, *f* Drosselklappe in der Gemischleitung.

II. Stehende Gasmaschinen.

Stehende Gasmaschinen werden meistens als Mehrzylindermaschinen ausgeführt. Gas und Luft werden entweder als Gemisch in einer für alle Zylinder gemeinsamen Leitung oder durch getrennte Leitungen zugeführt. Die Gemischbildung erfolgt bei getrennten Leitungen vor dem Einlaßventil. Die Zuführung von Gas und Luft in einer gemeinsamen Leitung ist bei größeren Gasmaschinen nicht ratsam, weil wegen des großen Inhaltes der Gemischleitung eine Explosion besonders gefährlich ist. Die getrennte Zuführung von Gas und Luft erfordert zwar einen größeren baulichen Aufwand, bietet jedoch höhere Sicherheit gegen Explosionen.

Die Klöckner-Humboldt-Deutz A. G. baut stehende Viertaktgasmotoren für Leistungen bis zu 1000 PS. Bis zu Leistungen von 25 PS je Zylinder werden die Motoren mit einer für alle Zylinder gemeinsamen Misch- und Regeleinrichtung und einer gemeinsamen Gemischleitung gebaut. Das Gestell und der Zylinderblock bilden ein gemeinsames Gußstück, in das die Zylinderlaufbüchsen eingesetzt sind. Die abnehmbaren Zylinderköpfe werden durch Zuganker mit der Grundplatte verbunden, um das Gestell vom Verbrennungsdruck zu entlasten. Da die Ein- und Auslaßventile hängend angeordnet sind, ergibt sich eine einfache Form des Verbrennungsraumes. In größeren Motoren befindet sich jedes Ventil in einem Ventilkorb, der leicht ausgebaut werden kann. Bei mehr als 400 mm Zylinderbohrung sind die Auspuffventile wassergekühlt. Die Zündung

Abb. 67. Sauggasanlage mit stehenden Sechszylinder-Gasmaschinen. Bauart Deutz. Leistung der Maschine 150 PS, 375 U/min, Zylinderdurchmesser 220 mm, Hub 240 mm.

erfolgt durch Zündkerzen, die den Strom über eine Zündspule von einem Niederspannungsmagneten erhalten. Beim Anlassen wird eine Batterie verwendet.

Eine stehende Sechszylinder-Viertaktmaschine, Bauart Deutz, für 150 PS Leistung, die mit Generatorgas betrieben wird, zeigt Abb. 67. Abb. 68 veranschaulicht einen Schnitt durch die für sämtliche Zylinder

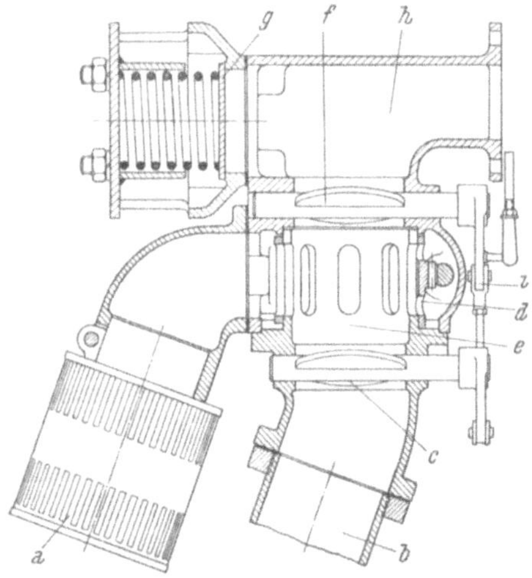

Abb. 68. Regel- und Mischvorrichtung für Generatorgas.
a Luftfilter, *b* Gasleitung, *c* Gasdrosselklappe, *d* Ringschieber, *e* Mischraum, *f* Gemischdrosselklappe, *g* Sicherheitsventil, *h* Gemischleitung, *i* Gelenk.

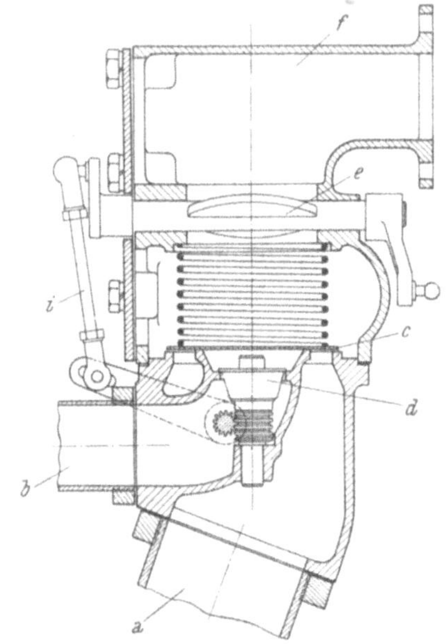

Abb. 69. Regel- und Mischvorrichtung für Leucht- oder Erdgas.
a Luftleitung, *b* Gasleitung, *c* Ventilklappe, *d* Gasventil, *e* Gemischdrosselklappe, *f* Gemischleitung, *i* Gestänge.

gemeinsame Regel- und Mischeinrichtung. Die Luft wird durch das Filter *a* und das Gas durch den Stutzen *b* angesaugt. In der Gasleitung befindet sich die Gasdrosselklappe *c*. In der Gemischleitung *h* ist die Drosselklappe *f* angebracht, die vom Drehzahlregler betätigt wird und die Füllung regelt. Die Drosselklappe *f* in der Gemischleitung ist durch ein Gelenk *i* mit der Gasdrosselklappe *c* verbunden. Dadurch wird neben der Füllungsregelung auch eine Gemischregelung erreicht. Gas und Luft treffen im Raum *e* zusammen, wo sie sich mischen. Der Querschnitt für die angesaugte Luft

Abb. 70. Stehende Sechszylinder-Gasmaschine. Bauart Deutz.
Leistung der Maschine 270 PS, 375 U/min, Zylinderdurchmesser 280 mm, Hub 450 mm.

bleibt für alle Belastungen gleich, während der Querschnitt für das angesaugte Gas verändert wird. Da bei Verringerung der Belastung der Luftquerschnitt zum Mischraum gleichbleibt, während der Gasquerschnitt kleiner wird, ergibt sich eine Zunahme des Luftanteils am Gemisch. Die Regellinie hat einen ähnlichen Verlauf wie die der Versuchsmaschine in Abb. 14. Zur Änderung der angesaugten Luftmenge ist ein Ringschieber *d* vorgesehen, mit dem das Mischungsverhältnis von Hand eingestellt werden kann, um die Maschine auf Höchstleistung zu bringen. Hinter der Gemischdrosselklappe *f* befindet sich in der Gemischleitung das Sicherheitsventil *g*, das bei Zündung in der Gemischleitung die Gase abblasen läßt und einen gefährlichen Druckanstieg verhindert.

Die Regel- und Mischvorrichtung der auf Abb. 67 dargestellten Maschine zeigt für Betrieb mit Leucht- oder Erdgas Abb. 69. Die Luft wird durch die Leitung *a* angesaugt, das Gas durch die in der Mitte der Luftleitung einmündende Leitung *b*. An den

Mündungen dieser Leitungen befindet sich eine gemeinsame federbelastete leichte Ventilplatte *c*. Die in der Gasleitung angeordnete Drossel *d* mit Kegelsitz wird über das Gestänge *i* gemeinsam mit der Gemischdrosselklappe *e* vom Drehzahlregler betätigt. Dadurch wird sowohl Füllungs- als auch Gemischregelung erreicht.

Abb. 70 und 71 zeigen eine stehende Sechszylindergasmaschine, Bauart Deutz, mit einer Leistung von 270 PS in Ansicht und Schnitt. Gas und Luft werden den Einlaß-

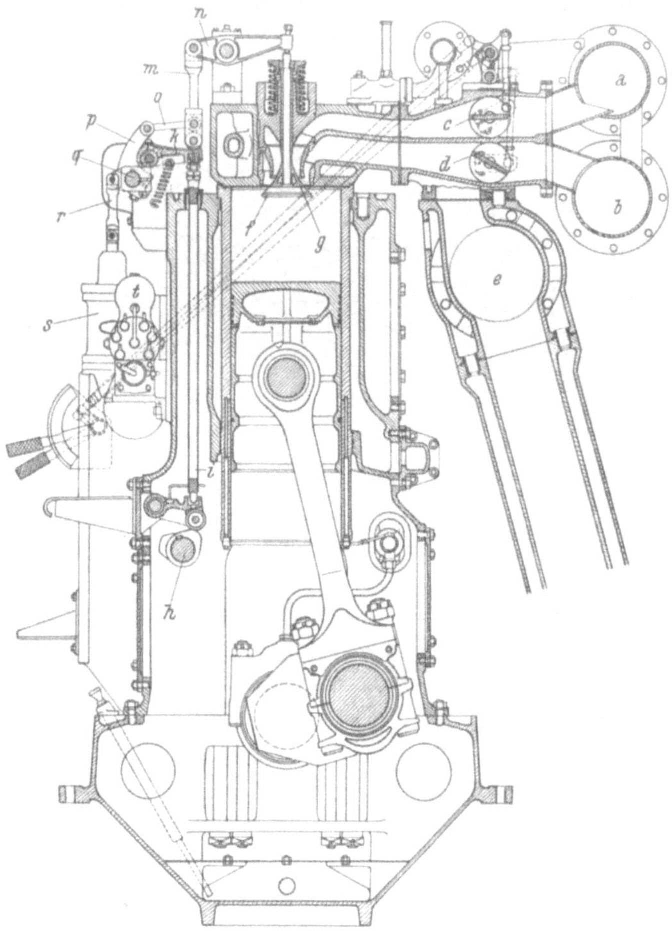

Abb. 71. Stehende Sechszylinder-Gasmaschine. Bauart Deutz, wie Abb. 70.

a Gasleitung,
b Luftleitung,
c Gasdrosselklappe,
d Luftdrosselklappe,
e Auspuffleitung,
f Einlaßventil,
g Gasventil,
h Nockenwelle,
i Stoßstange,
k Schwinge,
m Stelze,
n Kipphebel,
o Stange,
p Hebel,
q Regelwelle,
r Schubstange,
s Servomotor,
t Zündmagnet.

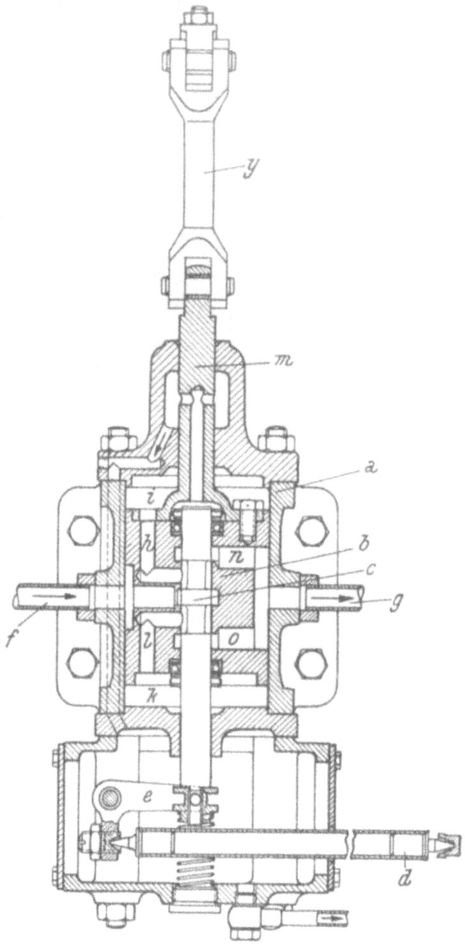

Abb. 72. Servomotor zur Veränderung des Hubes des Einlaßventils. Bauart Deutz.

a Zylinder,
b Kolben,
c Steuerschieber,
d Nadel,
e Hebel,
f Rohr für Druckölzufluß,
g Abflußrohr,
h Bohrung,
i Raum auf der Kolbenoberseite,
k Raum auf der Kolbenunterseite,
l Bohrung,
m Kolbenstange,
n Bohrung,
o Bohrung,
y Stoßstange.

ventilen in getrennten Leitungen *a* und *b* zugeführt. Von diesen Leitungen führen Verbindungsleitungen zu den Einlaßventilen der einzelnen Zylinder. In den Leitungen *a* und *b* sind Drosselklappen *c* und *d* für Gas und Luft vorgesehen, die gemeinsam vom Bedienungsstand verstellt werden können. Um die Gas- und Luftmenge für jeden Zylinder einzeln einstellen zu können, sind die Drosselklappen mit dem gemeinsamen Gestänge durch eine Klemmvorrichtung verbunden.

Bei manchen Maschinen erfolgt die Einstellung von Gas und Luft durch eine für alle Zylinder gemeinsame Drosselklappe in der Eintrittsöffnung der Gasleitung *a* und der

Eintrittsöffnung der Luftleitung *b*. Dabei ist für jeden Zylinder entweder in der Luft- oder in der Gasverbindungsleitung eine zusätzliche Drosselklappe vorhanden, mit der das Gemisch für den betreffenden Zylinder von Hand nachgestellt werden kann. Die Mischung von Luft und Gas erfolgt im Einlaßventil, die Regelung der Belastung durch Verändern des Ventilhubes. Auf der Spindel des Einlaßventils *f* befindet sich das als Schleppventil ausgebildete Gasventil *g*. Die Betätigung des Einlaßventils erfolgt von der Nockenwelle *h* über die Stoßstange *i*, die Schwinge *k*, die Stelze *m* und den Kipphebel *n*. Die Veränderung des Einlaßventilhubes geschieht durch Aus- und Einschwingen der Stelze *m* auf der Schwinge *k* mittels der Stange *o* und des Hebels *p*. Das entspricht der Anordnung nach dem Vorschlag des Verfassers bei der liegenden Gasmaschine von

Abb 73. Anlage stehender Gasmaschinen. Bauart Deutz.

Deutz nach Abb. 62. Die Hebel *p* der einzelnen Zylinder sind auf einer gemeinsamen Regelwelle *q* befestigt, die mit Hilfe des Servomotors *s* und der Schubstange *r* verdreht wird.

Einen Schnitt durch den zur Veränderung des Ventilhubes dienenden Servomotor zeigt Abb. 72. Der Motor wird mit Drucköl betrieben. Im Zylinder *a* bewegt sich der Kolben *b*, der mit der Kolbenstange *m* verschraubt ist. Im Innern des Kolbens befindet sich der Steuerschieber *c*, der durch die Nadel *d* und den Hebel *e* vom Drehzahlregler verstellt wird. Der Zufluß des Drucköles zum Steuerschieber erfolgt durch das Rohr *f*. Bewegt sich der Steuerschieber *c* nach unten, so tritt das Drucköl durch die Bohrung *h* in den Raum *i* auf der Kolbenoberseite. Gleichzeitig kann das Öl aus dem Raum *k* auf der Kolbenunterseite durch die Bohrungen *l* und o in das Abflußrohr *g* gelangen. Durch den Öldruck im Raum *i* bewegt sich der Kolben *b* abwärts und folgt der Bewegung des Steuerschiebers, bis er ihm gegenüber wieder die Mittellage einnimmt. Dabei sperrt der Kolben selbst den Zu- und Abfluß des Drucköles wieder ab. Bei der Aufwärtsbewegung des Steuerschiebers *c* erfolgt der Vorgang in umgekehrter Richtung. Der Servomotor ist stark genug, die Stoßstange *y* auch bei angehobenem Einlaßventil zu bewegen.

Neben Gasmaschinen mit Regelung durch Verändern des Ventilhubes baut Deutz größere stehende Gasmaschinen, bei denen die Regelung durch einen für alle Zylinder gemeinsamen Luftschieber und einen für alle Zylinder gemeinsamen Gasschieber erfolgt. Gas und Luft werden den Zylindern ebenfalls in getrennten Leitungen zugeführt. Diese von Dipl.-Ing. Kurt Schmidt, Köln-Deutz, erfundene Regelung (D. R. P. 438648) entspricht der in Abb. 47 dargestellten Regelausführung. Die Regelung nach diesem System ist sehr einfach und besonders für Wechselmotoren geeignet, die schnell von Gas- auf Diesel-Betrieb umgestellt werden müssen. Durch Auswechseln der beiden Regelventile läßt sich die Maschine leicht mit einem Gas von anderem Heizwert betreiben. Um ein Verschmutzen und Hängenbleiben der Regelventile zu verhindern, muß das Gas gut gereinigt werden. Die Regelung durch Verändern des Einlaßventilhubes, die in der Herstellung teurer ist, hat jedoch den Vorteil, daß sich an dem warmen Einlaßventil weniger Teer ansetzt und daß das Gasventil mit dem Einlaßventil durch die Steuerung zwangsläufig geöffnet wird. In Abb. 73 ist eine Ansicht und in Abb. 74 ein Schnitt durch eine Maschine mit einer Regeleinrichtung nach Schmidt dargestellt. Abb. 75 zeigt einen Schnitt durch die gleiche Regelvorrichtung für Betrieb mit Generatorgas.

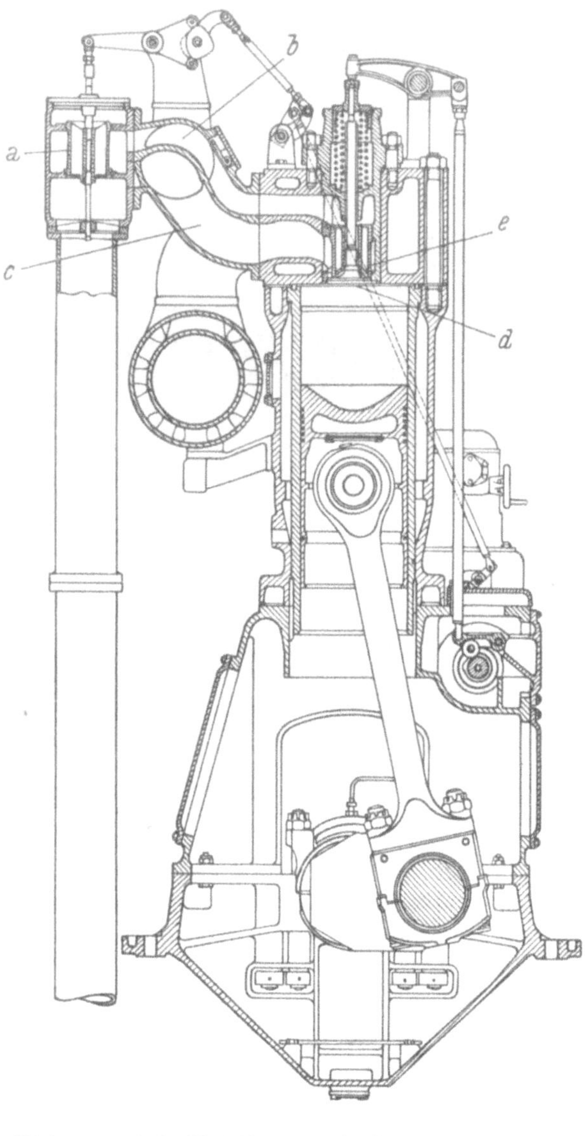

Abb. 74. Vierzylinder-Viertakt-Gasmaschine. Bauart Deutz. Leistung: 280 PS, 375 U/min, Bohrung 340 mm, Hub 450 mm.
a Gasventil, *b* Gasleitung, *c* Luftleitung, *d* Einlaßventil, *e* Schleppventil.

Das Gasventil und das Luftventil sind in getrennten Kammern des Gehäuses untergebracht. Um eine Entlastung der Ventile vom Gas- und Luftdruck zu erzielen, sind die Ventile als Doppelsitzventile ausgebildet. Die Luft wird durch einen doppelten zylindrischen Schieber gesteuert, der beim Verschieben in axialer Richtung Schlitze im Schiebergehäuse freigibt. Die Ventilspindeln sind gasdicht nach außen geführt. Sie werden durch verdrehbare Nocken und Hebel vom Regler aus verschoben. Durch entsprechende Formgebung der Nocken ist jede Einstellung des Gas- und Luftventils möglich, und die Maschine kann so geregelt werden, daß bei allen Belastungen der Gasverbrauch am niedrigsten ist. Um das Mischungsverhältnis auf einfache Weise von Hand ändern zu können, ist der Luftschieber verdrehbar ausgebildet und es sind Lappen daran angebracht, die beim Verdrehen mehr oder weniger mit den Schlitzen im Schiebergehäuse zur Deckung kommen. Die Verdrehung des Luftschiebers geschieht von Hand durch eine Kurbel und ein Räderpaar. Beim Betrieb der Maschine mit einem Gas von hohem Heizwert hat das Gasventil einen kleineren Durchmesser und wird mit einem besonderen Einsatz in das Gehäuse eingesetzt. Bei größeren Maschinen werden die Nocken, durch die das Gasventil und der Luftschieber betätigt werden, durch einen Servomotor gedreht. Wie aus Abb. 74 zu ersehen ist, strömt das Gas vom Gasventil in die Gasleitung, während die

Luft vom Luftschieber in die Luftleitung gelangt. Von den Luft- und Gasleitungen führen Stutzen zu den Einlaßventilen der einzelnen Zylinder. In den Gasstutzen sind von Hand einstellbare Klappen vorgesehen, durch welche das den einzelnen Zylindern zuströmende Gas nachgeregelt werden kann. Das Einlaßventil, das ständig den gleichen

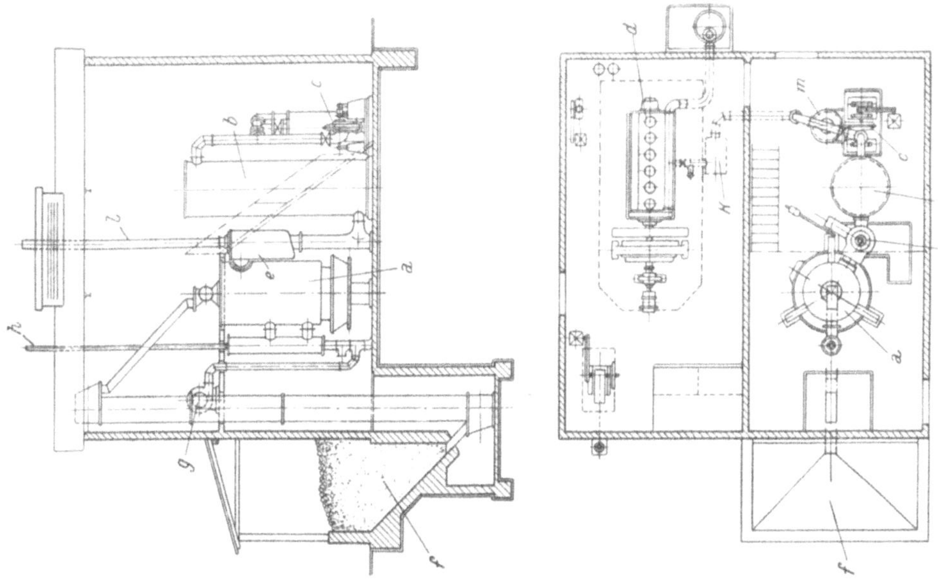

Abb. 76. Sauggasanlage.
a Drehrostgaserzeuger, *e* Umschaltventil, *k* Gasbehälter,
b Naßreiniger, *f* Bunker, *l* Kamin,
c Schleuderwäscher, *g* Gebläse, *m* Tropfenfänger.
d Gasmotor, *h* Luftstutzen,

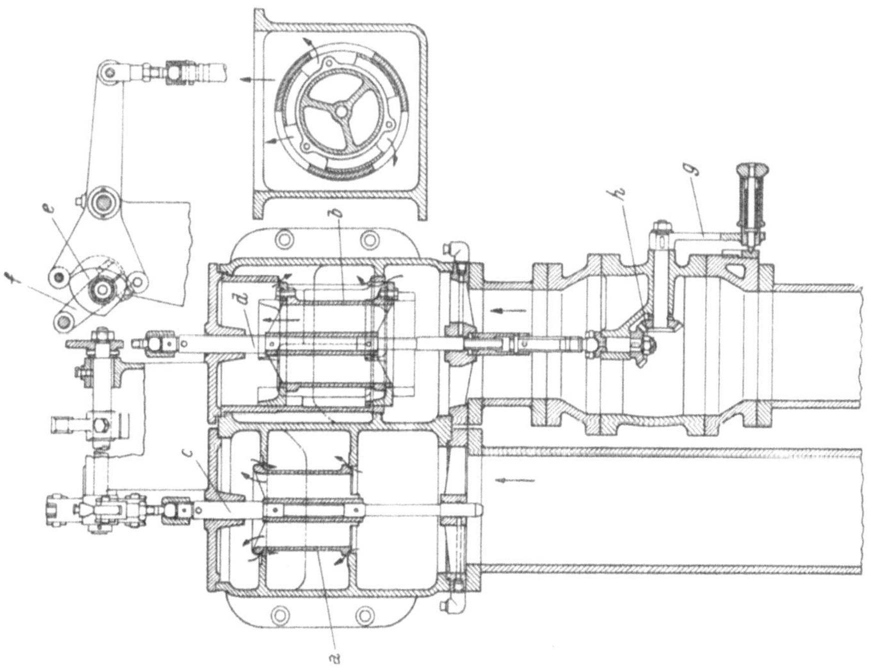

Abb. 75. Regelvorrichtung für Generatorgas. Bauart Deutz.
a Gasventil, *d* Ventilspindel, *g* Kurbel,
b Luftventil, *e* Nocken, *h* Kegelradpaar.
c Ventilspindel, *f* Hebel,

Hub ausführt, trägt auf seiner Spindel das Schleppventil für das Gas, das bei geschlossenem Einlaßventil Gas und Luft voneinander abschließt.

Stehende Sauggasmaschinen werden meist mit Gaserzeuger (siehe Heft 1) geliefert. Eine Sauggasanlage ist in Abb. 76 dargestellt. Sie besteht im wesentlichen aus dem Gaserzeuger *a*, den Gasreinigern *b* und *c* und dem Gasmotor *d*. Der Brennstoff, im vorliegenden Fall Koks, wird dem Tiefbunker *f* mittels eines Becherwerkes entnommen und dem Gaserzeuger von oben über eine umlaufende Zellenschleuse zugeführt. Die

Vergasungsluft tritt durch den Stutzen *h* in den Gaserzeuger ein. Der angesaugten Luft wird Dampf zugesetzt, der sich in einer den Gaserzeuger umgebenden Wasserkammer bildet. Die Verbrennungsrückstände werden selbsttätig mittels einer umlaufenden Aschenschüssel und ortsfesten Scharblechen am unteren Teil des Gaserzeugers abgeführt. Das Gas strömt durch ein Umschaltventil *e*, den Naßreiniger *b*, den Schleuderwäscher *c* und einen Gaskessel *k* zum Gasmotor *d*, der im vorliegenden Fall einen Stromerzeuger antreibt. Durch das Umschaltventil *e* kann der Gaserzeuger während des Stillstandes des Gasmotors mit einem Kamin *l* verbunden werden, damit die Gasentwicklung nicht vollständig unterbrochen wird, und der Wärmezustand im Gaserzeuger aufrechterhalten bleibt. Der Naßreiniger ist mit Koks, Schlackenstücken oder Raschigringen gefüllt, die von oben mit Wasser besprengt werden. Das Gas durchströmt den Naßreiniger entgegen dem Fluß des Wassers von unten nach oben und wird dabei gereinigt und gekühlt. Bei Generatorgasen mit hohem Teergehalt genügt der Naßreiniger allein nicht. Es ist außerdem ein Schleuder- oder Schlagwäscher *c* nachgeschaltet. Der Schlagwäscher läuft mit hoher Drehzahl um und bringt dabei den Teernebel in innige Berührung mit einer eingespritzten Waschflüssigkeit. In einem nachgeschalteten Tropfenfänger *m* wird die Waschflüssigkeit mit dem von ihr gebundenen Teer aus dem Gasstrom wieder ausgeschieden.

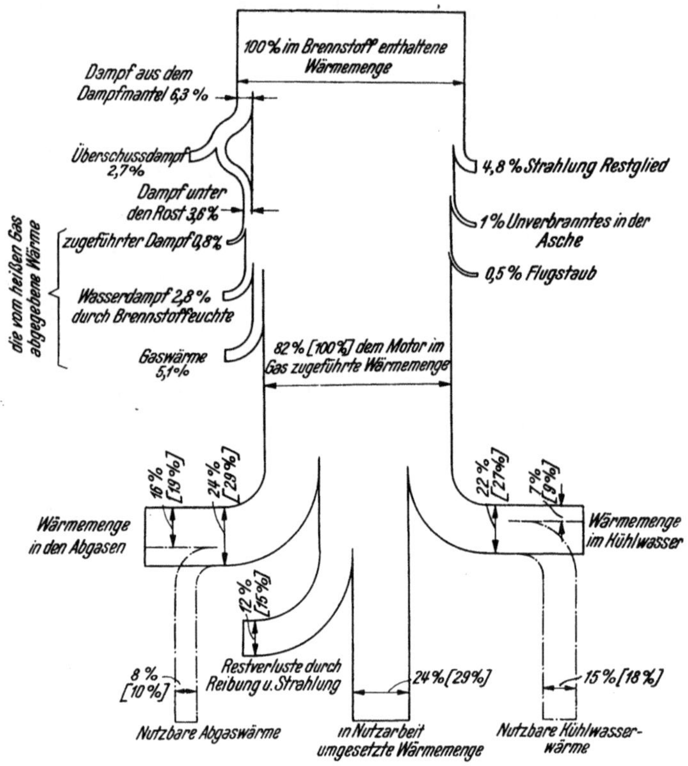

Abb. 77. Sankey-Diagramm einer Sauggasanlage.

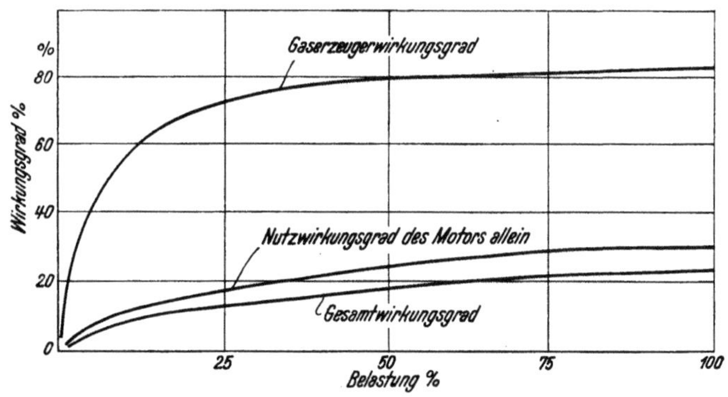

Abb. 78. Wirkungsgrad einer Sauggasanlage.

Beim Inbetriebsetzen der Anlage führt ein Gebläse *g* dem Gaserzeuger Verbrennungsluft zu. Das hierbei erzeugte Gas entweicht, solange der Motor stillsteht, über das Umschaltventil *e* in den Kamin *l*. An dem Umschaltventil ist ein Hahn angeordnet, an dem die Brennbarkeit des Gases geprüft wird. Sobald das Gas brennt, wird der Gaserzeuger durch das Umschaltventil *e* an die zum Gasmotor führende Leitung angeschlossen. Das Gas strömt nun durch die Reiniger *b* und *c* und verdrängt die darin befindliche Luft durch eine Entlüftungsleitung am Motor, die kurz vor einem davor befindlichen Absperrschieber angebracht ist. Sobald das aus dem Probierhahn unmittelbar vor dem Absperrschieber am Motor austretende Gas brennt, wird die Entlüftungsleitung abgesperrt, das Gebläse für den Generator stillgesetzt, der Absperrschieber geöffnet und der Gasmotor mit Druckluft angelassen.

Während des Anlassens saugt der Motor Gas und Luft an, so daß schon nach wenigen Umdrehungen die Zündung einsetzen kann.

Abb. 77 zeigt das Sankey-Diagramm einer Sauggasanlage. Mit dem Gas strömen dem Motor 82% der mit dem Brennstoff dem Generator zugeführten Wärme zu. Bei einem Wirkungsgrad des Motors von 29% werden insgesamt 24% der zugeführten Wärme in Nutzarbeit umgesetzt. In der Abbildung beziehen sich die nicht eingeklammerten Werte auf die mit dem Brennstoff zugeführte Wärme, die eingeklammerten auf den Motor selbst und die ihm mit dem Gas zugeführte Wärme. Den Wirkungsgrad einer Sauggasanlage in Abhängigkeit von der Belastung zeigt Abb. 78. Unter Gesamtwirkungsgrad wird hier das Verhältnis der Nutzarbeit zu der dem Generator zugeführten Wärme-

Abb. 79. Generatorgasanlage für Schleppschiffe mit Wendegetriebe. Bauart Deutz. Leistung 750 PS.

menge verstanden, unter dem Nutzwirkungsgrad des Motors allein das Verhältnis der Nutzarbeit zu der dem Motor mit dem Gas zugeführten Wärmemenge.

Motoren mit Gasgeneratoren werden auch neuerdings in Schiffen verwendet. Die Maschinenanlage des Gasschleppers Harpen I, Bauart Deutz, zeigt Abb. 79 auf dem Prüfstand. Diese Anlage besteht aus einem Drehrostgaserzeuger für feinkörnigen Koks und zwei Achtzylindergasmotoren von je 375 PS. Die Drehzahl ist je nach der Geschwindigkeit des Schiffes zwischen 160 und 400 U/min einstellbar. Die Regelung erfolgt durch Veränderung des Ventilhubes. Der Brennstoffverbrauch beträgt bei Vollast 440 g/PS_eh feinkörnigen Koks. Das Gas wird durch ein Gebläse aus dem Gaserzeuger angesaugt und dem Motor zugeführt. Durch einen selbsttätigen Gasdruckregler wird der Gasdruck vor dem Motor auf Atmosphärendruck gehalten. Das Gebläse ist auch bei Leerlauf oder niedriger Drehzahl des Motors in Tätigkeit und drückt das vom Motor nicht aufgenommene Gas durch einen zweiten Gasdruckregler in eine besondere Einrichtung, in der es verbrennt. Dadurch wird der normale Wärmezustand des Gaserzeugers

Abb. 80. Gasmaschine der Deutschen Werke Kiel.

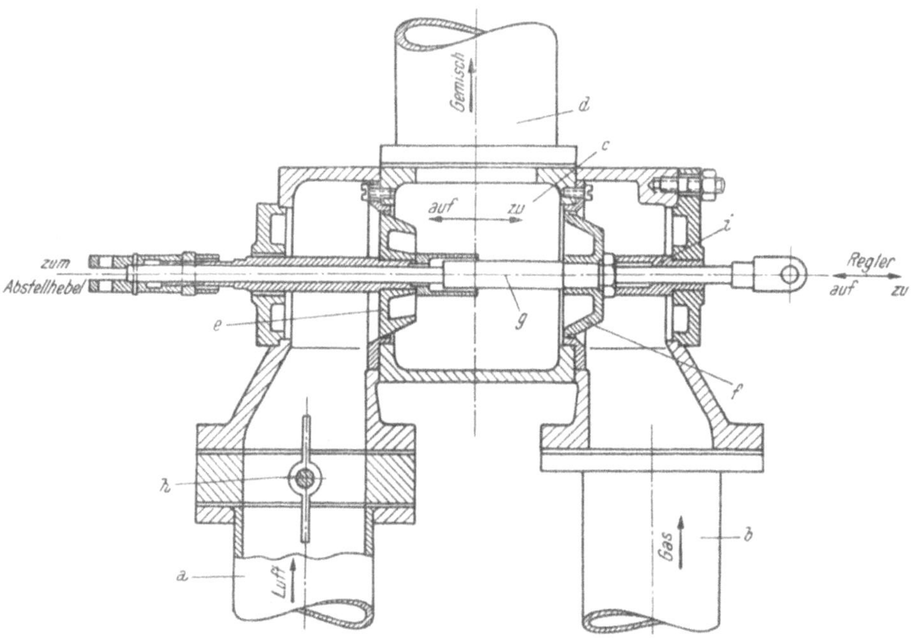

Abb. 81. Regel- und Mischventil für Sauggas. Bauart Deutsche Werke Kiel.

a Luftleitung, *b* Gasleitung, *c* Mischraum, *d* Gemischleitung, *e* Luftventil, *f* Gasventil, *g* Ventilspindel, *h* Luftdrosselklappe, *i* Spindelführung.

dauernd aufrechterhalten, und die Anlage erhält eine dem Diesel-Betrieb durchaus gleichzusetzende Möglichkeit der Belastungsänderung.

Die stehenden Gasmaschinen der Deutschen Werke Kiel A. G. haben bis zu einer Zylinderleistung von 50 PS ein für mehrere Zylinder gemeinsames Misch- und Regelventil und eine ebenfalls für mehrere Zylinder gemeinsame Gemischleitung. Das Misch- und Regelventil kann durch Auswechseln weniger Teile verschiedenen Gasen angepaßt werden.

Eine Sechszylindergasmaschine der Deutschen Werke mit einem gemeinsamen Misch- und Regelventil und einer gemeinsamen Gemischleitung für je drei Zylinder zeigt Abb. 80, das dazugehörige Misch- und Regelventil für Sauggas Abb. 81.

Die Luftleitung ist mit *a*, die Gasleitung mit *b* bezeichnet. Von dem Raum *c*, in dem sich Gas und Luft treffen, führt die Gemischleitung *d* zu den Einlaßventilen der einzelnen Zylinder. Das Luftventil *e* und das Gasventil *f* sitzen auf der gemeinsamen Ventilspindel *g*, die vom Drehzahlregler verschoben wird. Da die durch den Unterdruck im Mischraum auf die Ventile *e* und *f* wirkenden Kräfte sich gegeneinander aufheben, ist die Einschaltung eines Servomotors zwischen dem Regler und der Ventilspindel überflüssig.

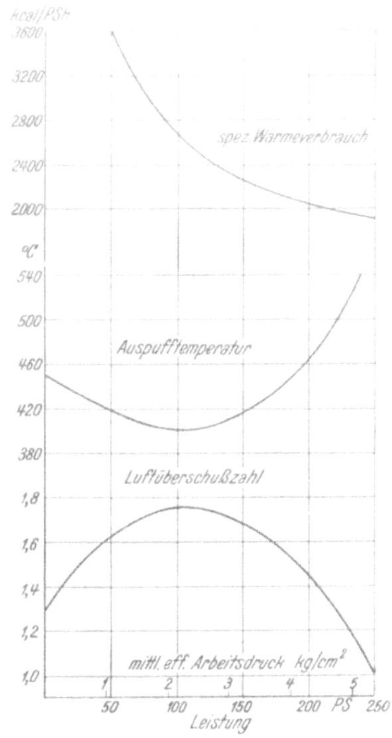

Abb. 82. Betriebskennlinien einer Sechszylinder-Sauggasmaschine der Deutschen Werke Kiel.

In der Luftleitung *a* ist eine Drosselklappe *h* angeordnet, die während des Betriebes geöffnet ist und nur beim Anfahren zum Teil geschlossen wird, um das Gas stärker anzusaugen.

Um ein Verschmutzen der Spindelführung durch unreine Gase und ein Hängenbleiben des Misch- und Regelventils zu vermeiden, ist die Ventilspindel *g* in der Gaskammer durch die weit übergreifende Spindelführung *i*, die gleichzeitig den Anschlag bildet, geschützt.

Abb. 82 zeigt die Ergebnisse des Abnahmeversuchs einer Maschine der Deutschen Werke Kiel. Über der Leistung und dem mittleren effektiven Arbeitsdruck sind der spezifische Wärmeverbrauch, die Luftüberschußzahl und die Auspufftemperatur aufgetragen.

Bei den größeren Gasmaschinen der Deutschen Werke mit Zylinderleistungen von mehr als 50 PS werden Gas und Luft den Einlaßventilen in getrennten Leitungen zugeführt. Die Mischung

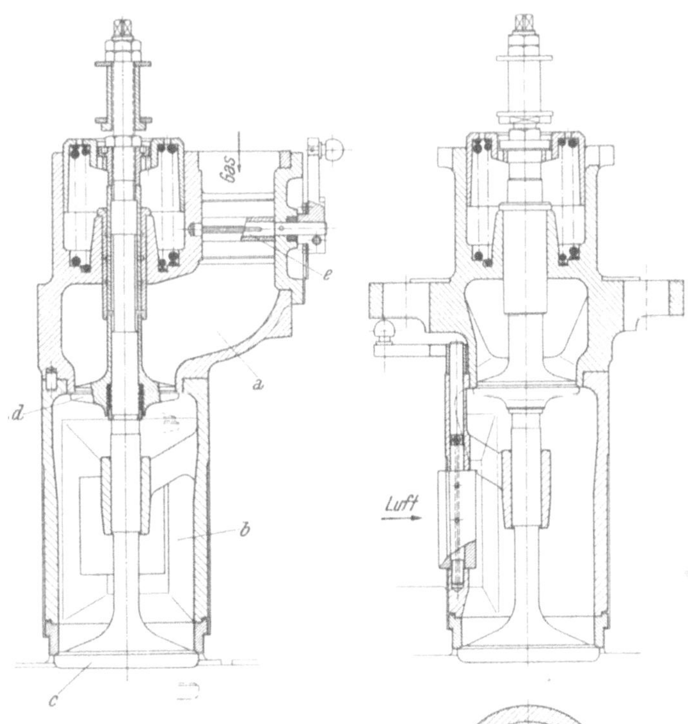

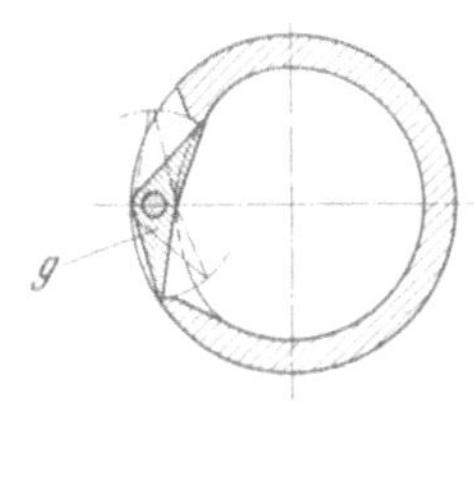

Abb. 83. Einlaßventil. Bauart Deutsche Werke Kiel.

a Gasraum, *b* Mischraum, *c* Einlaßventil, *d* Gasventil, *e* Gasdrosselklappe, *g* Luftdrosselklappe.

erfolgt in den Einlaßventilen. In Abb. 83 ist ein solches Einlaßventil dargestellt. Unter dem Gasraum *a* liegt der Mischraum *b*. Beide werden durch das auf der Spindel des Einlaßventils sitzende Gasventil *d* bei geschlossenem Einlaßventil voneinander getrennt. Das Gasventil *d* ist als Schleppventil ausgebildet und öffnet sich erst, nachdem das Einlaßventil schon etwas geöffnet ist. In der Zuleitung zum Gasraum befindet sich zur Regelung der Gasmenge die Drosselklappe *e*. Die in den Mischraum strömende Luftmenge wird durch die Drosselklappe *g* eingestellt.

Abb. 84. Stehender Dreizylinder Gasmotor. Bauart Maschinenfabrik Augsburg-Nürnberg (MAN). Leistung 60 PS, 750 U/min, Hubraum 5,3 l je Zylinder.

Die beiden Drosselklappen für Gas und Luft sind durch Gestänge mit zwei Reglerwellen verbunden, die durch einen Servomotor vom Drehzahlregler bewegt werden. Durch Veränderung der Länge des Gestänges zwischen dem Servomotor und den Reglerwellen ist das Mischungsverhältnis einstellbar.

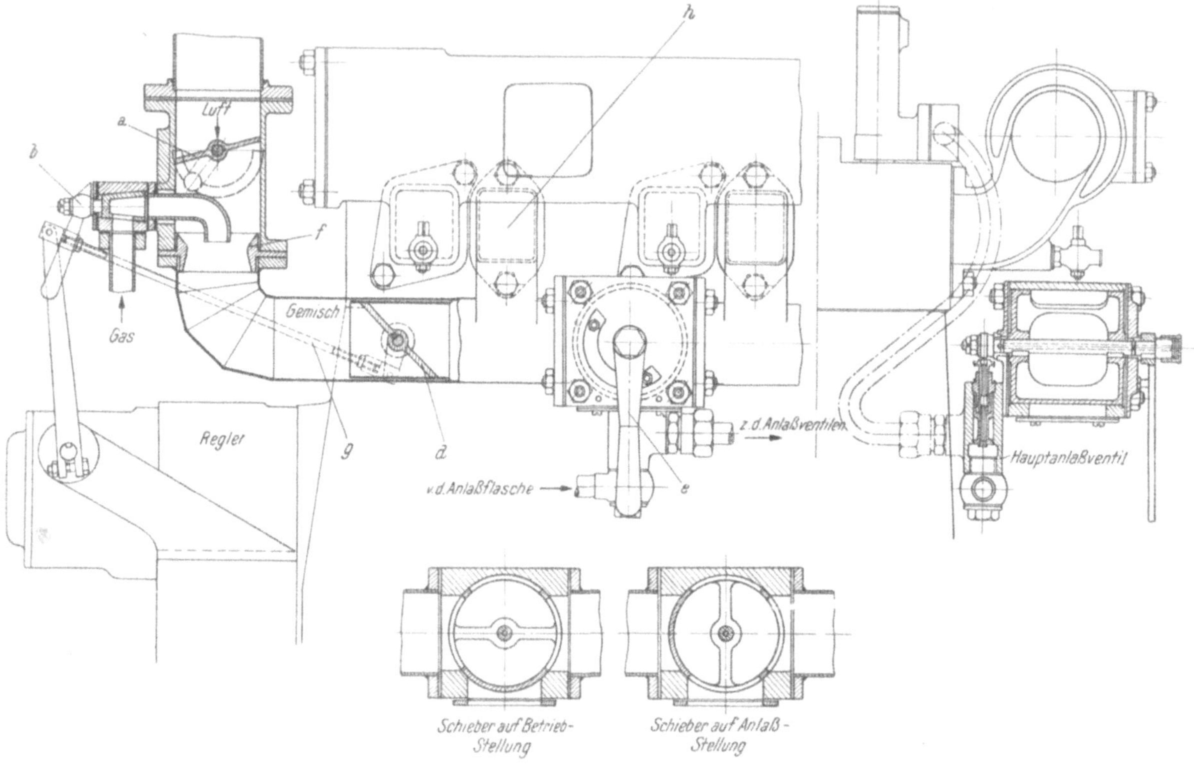

Abb. 85. Regler- und Mischorgan. Bauart MAN.

a Luftdrosselklappe, *b* Gashahn, *d* Gemischdrosselklappe, *e* Umschalthahn, *f* düsenartige Verengung, *g* Gestänge, *h* Gemisch-Ansaugstutzen.

Um eine gute Mischung von Gas und Luft in der Mischkammer zu erreichen, sind die Drosselklappen für Luft und die seitlichen Begrenzungsflächen der Öffnungen so ausgebildet, daß die Luft tangential in die Mischkammer eintritt und dort eine kreisende Bewegung ausführt. Das von oben kommende Gas soll senkrecht auf die kreisende Luft auftreffen, dadurch soll sich eine gute Mischung ergeben.

Die stehenden Gasmaschinen der Maschinenfabrik Augsburg-Nürnberg A. G. (MAN) weisen ebenfalls entweder eine für alle Zylinder gemeinsame Gemischleitung oder getrennte Leitungen für Luft und Gas auf.

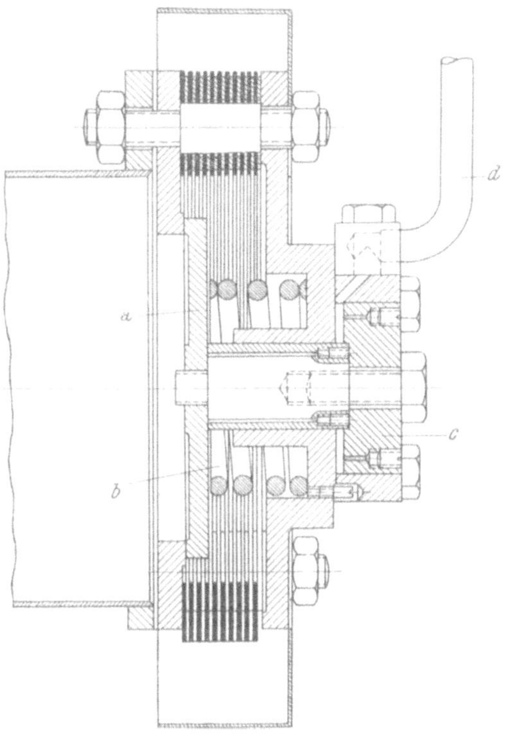

Abb. 86. Sicherheitsventil. Bauart MAN.
a Ventilplatte, *c* Kolben,
b Ventilfeder, *d* Anlaßdruckluftleitung.

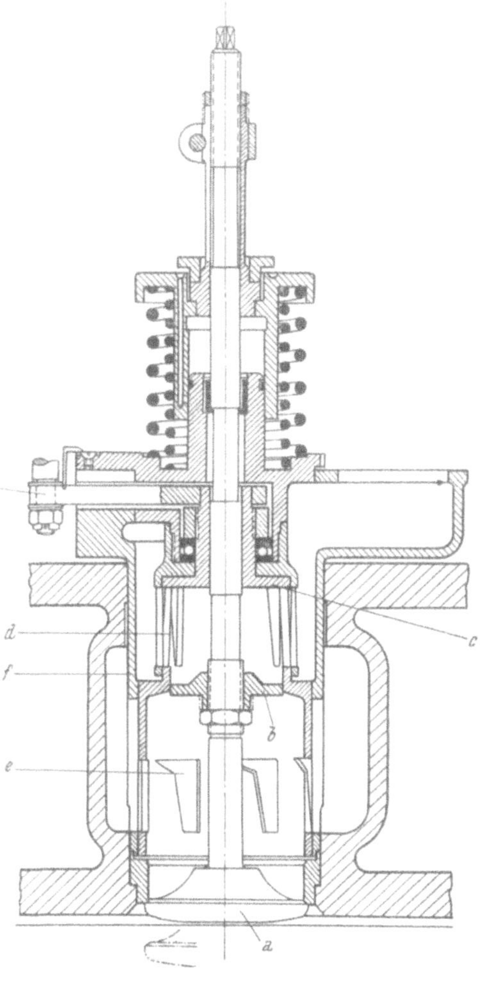

Abb. 87. Einlaßventil für Sauggas Bauart MAN.
a Einlaßventil, *e* Lufteintrittsschlitze,
b Gasventil, *f* Ventilkorb,
c Gas- und Luftschieber, *g* Hebel.
d Gaseintrittsschlitze,

Abb. 84 zeigt einen stehenden Dreizylindergasmotor mit einer gemeinsamen Gemischleitung. Das zugehörige Regel- und Mischorgan ist aus Abb. 85 ersichtlich.

Die Drosselklappe *a* in der Luftleitung und der Gashahn *b* in der Gasleitung dienen zur Einstellung des Mischungsverhältnisses von Hand. Das Gas wird innerhalb einer düsenartigen Verengung *f* der Ansaugleitung für Luft zugeführt. Die Regelung der Maschine erfolgt durch die Drosselklappe *d*, die durch das Gestänge *g* mit dem Drehzahlregler verbunden ist. Bei hoher Belastung ist der Unterdruck in der Düse *f* groß. Es wird also auch mehr Gas angesaugt. Das Verhältnis von Luft zu Gas bleibt annähernd gleich. Die Maschine arbeitet also mit Füllungsregelung.

An der Gemischleitung ist zum Schutz gegen Explosionen ein Sicherheitsventil nach Abb. 86 angeordnet. Es besteht aus einer Ventilplatte *a*, die durch die Feder *b* belastet wird. Das Anlassen der Maschine geschieht mit Druckluft. Zu diesem Zweck ist nach Abb. 85 ein Umschalthahn *e* vorgesehen, durch den die beiden rechts liegenden

Zylinder gegen die Gemischleitung abgeschlossen und das Anlaßluftventil für diese Zylinder geöffnet wird. Der dritte, auf der linken Seite liegende Zylinder saugt das Gemisch durch den Stutzen *h* während des Anlaßvorganges an. Da der Umschalthahn *e* für die beiden rechts liegenden Zylinder die Gemischleitung absperrt, wird die Luft für diese Zylinder durch das Sicherheitsventil angesaugt. Zu diesem Zweck ist die Ventilplatte *a* des Sicherheitsventils mit einem kleinen Kolben *c* verbunden, der beim Anlassen durch Druckluft, die durch die Rohrleitung *d* zuströmt, nach außen bewegt wird und die Ventilplatte anhebt.

Bei den größeren Gasmaschinen der MAN werden Gas und Luft in getrennten Rohrleitungen zum Einlaßventil geführt.

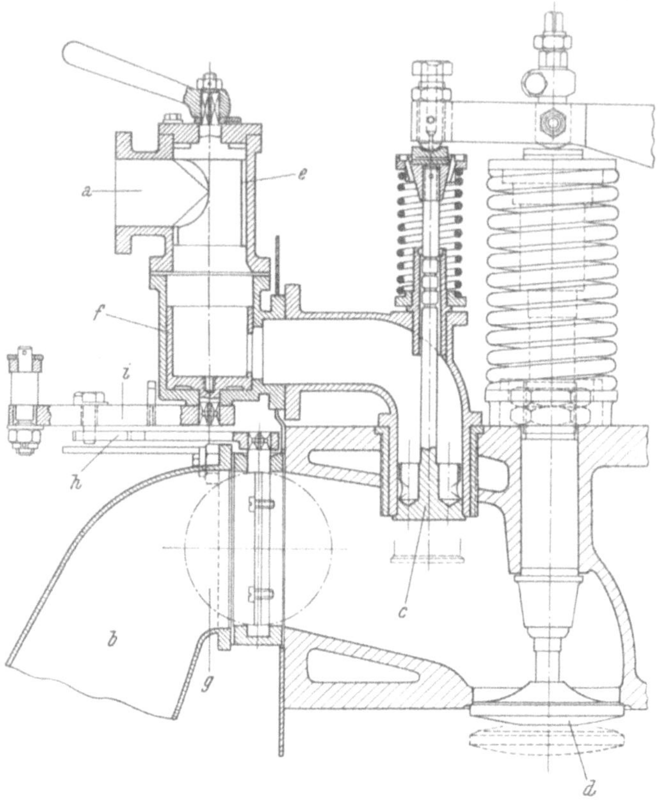

Abb. 88. Einlaßventil mit Gas- und Luftschieber. Bauart MAN.

a Gasleitung, *b* Luftleitung, *c* Gasventil, *d* Einlaßventil, *e* Gashahn, *f* Gasschieber, *g* Luftdrosselklappe, *h* Lufthebel, *i* Gashebel.

Das Einlaßventil einer solchen größeren Maschine ist in Abb. 87 dargestellt. Auf der Spindel des Einlaßventils *a* sitzt der Gasschieber *b*, der die Gasleitung erst freigibt, wenn das Einlaßventil einen bestimmten Hub ausgeführt hat. Die Regelung von Füllung und Gemisch geschieht durch Veränderung der Querschnitte der Gas- und Lufteintrittsschlitze *d* und *e* im Ventilkorb *f*. Dazu dient der Gasschieber *c*, der durch den Hebel *g* vom Drehzahlregler verdreht wird. Die Änderung der Füllung und des Mischungsverhältnisses in Abhängigkeit von der Belastung der Maschine wird durch die Form der Schlitze erreicht.

Eine andere Ausführung der Regelung für größere Gasmaschinen der MAN ist aus Abb. 88 ersichtlich. Auch in diesem Fall werden die Gasleitung *a* und die Luftleitung *b* getrennt bis dicht vor das Einlaßventil geführt. Am Ende der Gasleitung *a* befindet sich das Gasventil *c*, das zusammen mit dem Einlaßventil *d* durch einen gemeinsamen Schwinghebel geöffnet wird. Der Hub beider Ventile bleibt gleich. Das Gasventil gibt jedoch die Gasleitung erst frei, nachdem das Einlaßventil einen bestimmten Hub ausgeführt hat, so daß wieder zuerst Luft angesaugt wird. Die Regelung der Füllung und des Mischungsverhältnisses in Abhängigkeit von der Belastung geschieht durch den Drehschieber *f* in der Gasleitung und die Drosselklappe *g* in der Luftleitung. Der Gasschieber wird vom Drehzahlregler durch den Hebel *i* verdreht, die Luft durch den vom Hebel *i* mitgenommenen Hebel *h*, der die Luftdrosselklappe bewegt. Der Hahn *e* dient zur Einstellung der Gaszufuhr von Hand.

Einen Querschnitt durch eine stehende Gasmaschine von Erhardt & Sehmer, Saarbrücken, stellt Abb. 89 dar. Bei einer Drehzahl von 375 U/min hat sie eine Leistung von 500 PS. Seitlich am Zylinderkopf sind die Gasleitung *a*, die Luftleitung *b* und die gekühlte Auspuffleitung *c* angebracht. Von der gemeinsamen Gasleitung *a* führen die Leitungen *e* und von der gemeinsamen Luftleitung *b* die Leitungen *f* zu den Einlaßventilen *g*. Bei geschlossenem Einlaßventil werden Gas und Luft durch den Schieber *h* auf der Ventilspindel voneinander getrennt. Bei beginnendem Hub des Einlaßventils wird wieder zuerst Luft und dann Gemisch angesaugt. Die Regelung der Maschine erfolgt durch das Verdrehen der Drosselklappen *i* und *k* in der Gas- bzw. Luftleitung mittels der Hebel *o* und *p* an den zwei am Zylinderblock entlang laufenden Regelwellen *m* und *n*. Durch Veränderung der Länge der Stangen kann die Maschine für verschiedene Gase eingestellt werden.

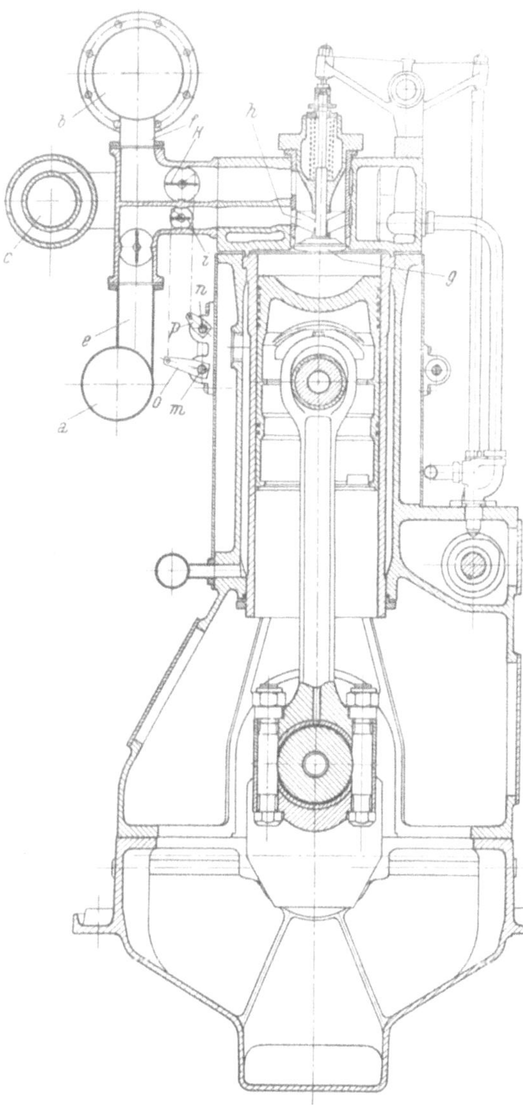

Abb. 89. Stehende Gasmaschine. Bauart Erhardt & Sehmer, Saarbrücken.

a Gasleitung, *b* Luftleitung, *c* Auspuffleitung, *e* Leitung, *f* Leitung, *g* Einlaßventil, *h* Schieber, *i* Drosselklappe, *k* Drosselklappe, *m* Reglerwelle, *n* Reglerwelle. *o* Hebel, *p* Hebel.

Eine Misch- und Regeleinrichtung einer Gasmaschine der Waggon- und Maschinenbau A. G. (Wumag), Görlitz, ist aus Abb. 90 zu ersehen. Gas und Luft werden in getrennten Leitungen bis dicht vor das Einlaßventil geführt. In dem Mischkopf *a* am Ende der Gas- und Luftleitung werden Gas und Luft durch schräg gerichtete Schaufeln verwirbelt und gut vermischt.

Die Drosselklappe *c* in der Gasleitung und die Drosselklappe *d* in der Luftleitung werden durch den Hebel *f* vom Drehzahlregler verdreht. Um bei höheren Belastungen eine reine Gemischregelung bei voller Füllung zu erhalten, wird zunächst nur die mit dem Reglergestänge *f* fest verbundene Gasdrosselklappe *c* bewegt. Nachdem das Reglergestänge *f* einen bestimmten Weg zurückgelegt hat, wird die Luftklappe durch den Anschlag *e* mitgenommen. Dadurch wird bei niedriger Belastung die Füllung geregelt. Auf Abb. 14 übertragen, würde die Regellinie einer solchen Maschine von Höchstlast herabgehend zunächst nach der Linie *e* für volle Füllung verlaufen. Bei Mitnahme der

Luftklappe würde die Regellinie, entsprechend der Füllungsregelung, dann senkrecht nach unten gehen.

Abb. 91 zeigt einen Schnitt durch eine stehende Dreizylindergasmaschine der Fahrzeug- und Maschinenwerke G. m. b. H., Breslau. Bei einer Bohrung von 225 mm, einem Hub von 330 mm und einer Drehzahl von $n = 475$ U/min hat die Maschine eine Leistung von 85 PS.

Die Regel- und Mischorgane für Gas und Luft sind seitlich am Zylinderblock angeordnet. In der Luftleitung *a* und der Gasleitung *b* sitzt der gemeinsame Doppelhahn *c*, durch den das Mischungsverhältnis von Hand eingestellt werden kann. Das Zusammentreffen von Gas und Luft er-

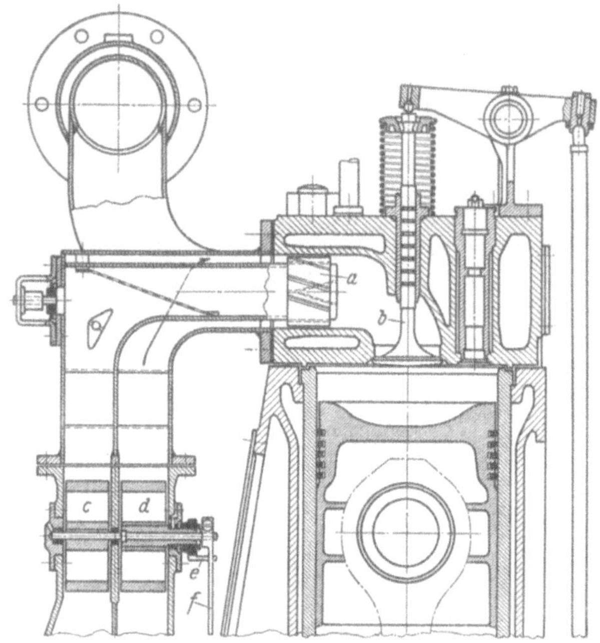

Abb. 90. Misch- und Regeleinrichtung. Bauart Wumag, Görlitz.

a Mischkopf, *b* Einlaßventil, *c* Gasdrosselklappe, *d* Luftdrosselklappe, *e* Anschlagzapfen, *f* Reglergestänge

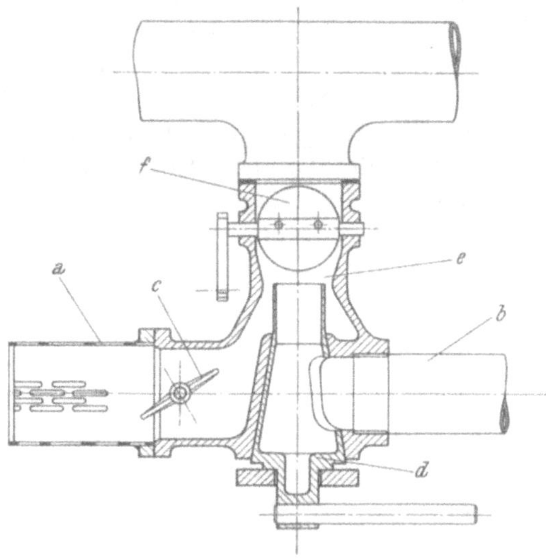

Abb. 92. Regel- und Mischeinrichtung. Bauart Motorenwerke Mannheim.

a Luftleitung, *b* Gasleitung, *c* Luftdrosselklappe, *d* Gashahn, *e* Mischraum, *f* Gemischdrosselklappe.

folgt in dem selbsttätigen Mischventil *d*, das als Doppelsitzventil ausgebildet ist.

In der Gemischleitung *f* befindet sich die Drosselklappe *e*, die vom Drehzahlregler verstellt wird und die Füllung regelt. Jeder der drei Zylinder hat eine solche Regeleinrichtung. Das Ventil *d* wirkt außerdem als Rückschlagventil. Es kann sich deshalb bei Zündungen in der Gemischleitung *f* nur die zwischen dem Ventil und dem Zylinder befindliche Gemischmenge entzünden und eine Rückwirkung auf die anderen Zylinder nicht eintreten.

Das Anlassen der Maschine geschieht durch Druckluft. In der Anlaßluftleitung *g* sitzt das Ventil *k*, das während des Anlaßvorganges von dem auf der Steuerwelle sitzenden Nocken angehoben wird. Die Druckluft tritt durch das selbsttätige Ventil *h* in den Zylinder ein.

Die Regel- und Mischeinrichtung für eine Dreizylindergasmaschine der Motoren-Werke Mannheim A. G. ist in Abb. 92 im Schnitt dargestellt. Die Luft wird durch den geschlitzten Blechmantel *a* angesaugt, das Gas durch die Rohrleitung *b*. Die Drosselklappe *c* in der Luftleitung und der Hahn *d* in der Gasleitung werden von Hand eingestellt. Gas und Luft treffen in einer düsenartigen Verengung der Luftleitung bei *e* zusammen. In der Gemischleitung sitzt die Drosselklappe *f*, die über ein Gestänge mit dem Drehzahlregler in Verbindung steht. Da auch hier das Gas durch eine Düse angesaugt wird und die Regelung nur durch die Drosselklappe in der Gemischleitung geschieht, wird nur die Füllung geregelt.

III. Wechselmotoren.

Ein Wechselmotor kann als Diesel-Motor und als Gasmaschine laufen. Ein solcher Motor hat für ein Land, in dem nur feste vergasbare Brennstoffe in größeren Mengen vorhanden sind, den Vorteil, daß er von der Anlieferung flüssigen Brennstoffes unabhängig ist und auf die jeweils wirtschaftlichere Betriebsart rasch umgestellt werden

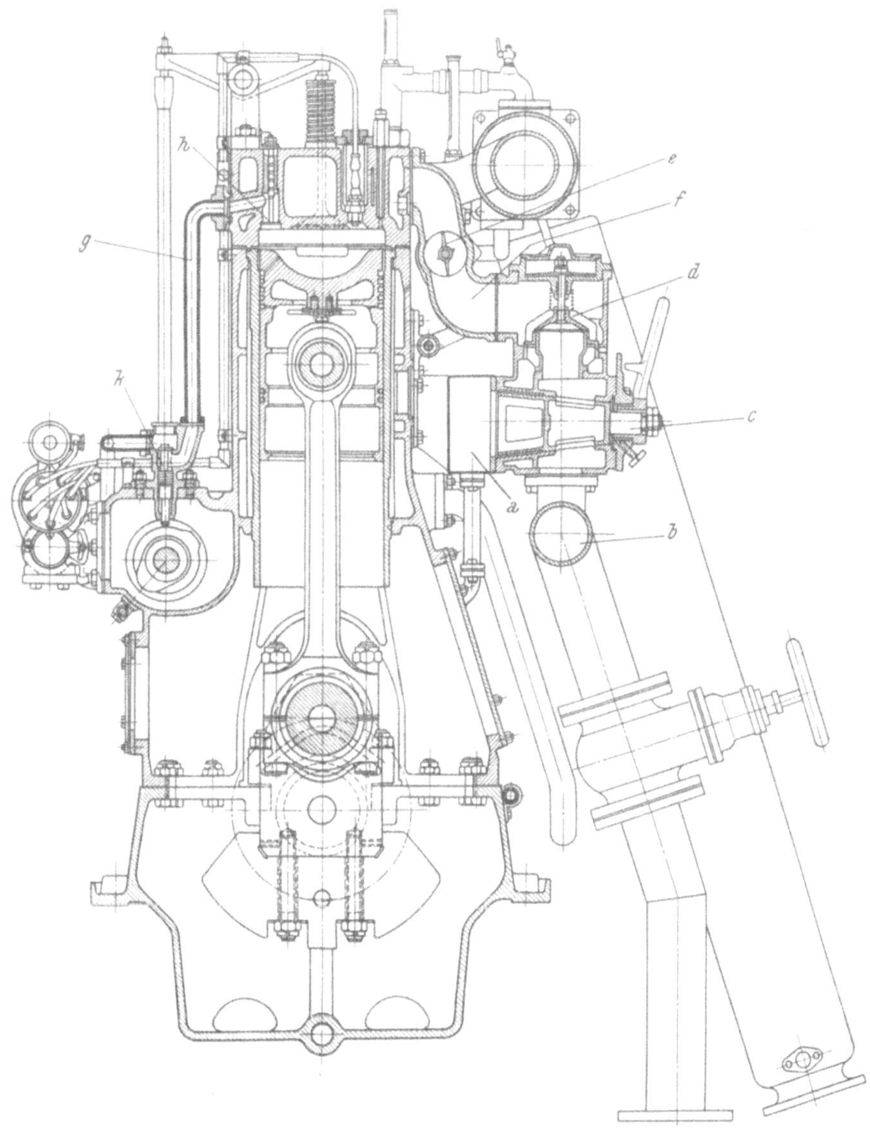

Abb. 91. Stehende Dreizylindergasmaschine. Bauart Fahrzeug- und Maschinenwerke G. m. b. H., Breslau.

a Luftleitung, *b* Gasleitung, *c* Doppelhahn, *d* Mischventil, *e* Gemischdrosselklappe, *f* Gemischleitung, *g* Anlaßluftleitung, *h* Anlaßventil, *k* Ventil.

kann. Sehr vorteilhaft ist die Verwendung von Wechselmotoren für Anlagen, bei denen Gas zeitweise billig zur Verfügung steht, wie z. B. in Koks- und Gaswerken. Auch bei Anfall von Abfallstoffen in Holzfabriken, Sägewerken, Mühlen und anderen Betrieben steht zeitweise Gas als Betriebsstoff zur Verfügung.

In Betrieben mit Gaserzeugeranlagen, in denen das Gas sowohl für Kraftmaschinen als auch zur Heizung dient, z. B. für Schmiede- und Glühöfen, kann bei steigendem

Gasbedarf für die Heizung der Motor auf Diesel-Betrieb umgestellt werden. Bei der Ausnützung von Methan aus Kläranlagen, das nur bei den höheren Temperaturen im Sommer in genügender Menge entsteht, kann im Winter der Motor zum Antrieb der Wasserpumpen der Kläranlage mit Diesel-Öl betrieben werden.

Wird Erdgas als Betriebsstoff verwendet, so kann der Wechselmotor nach Versiegen der Gasquelle auf Diesel-Öl umgestellt werden.

Zur Umstellung eines Motors von Diesel- auf Gasbetrieb muß das Verdichtungsverhältnis erniedrigt werden. Die Einspritzpumpe ist gegen eine elektrische Zündanlage auszutauschen und in der Ansaugleitung müssen die Misch- und Regelorgane für Gas und Luft angebracht werden. Das im Zylinderkopf sitzende Brennstoffventil mit Einspritzdüse ist gegen eine Zündkerze auszutauschen. Das Herabsetzen des Verdichtungsverhältnisses erfolgt durch Ausbau eines Zwischenstückes zwischen dem Pleuelstangenschaft und dem unteren Pleuellager. Bei kleinen Motoren werden die Zylinderköpfe ausgetauscht. Im Diesel-Betrieb hat der Zylinder bei allen Belastungen volle Füllung mit Luft. Der Drehzahlregler bewirkt lediglich eine Veränderung der eingespritzten Brennstoffmenge. Bei Betrieb mit Gas ändert der Regler je nach Art der Regelung die Füllung und auch das Mischungsverhältnis von Luft zu Gas.

Kleine Maschinen bis 50 PS_e Leistung haben ein einfaches Einlaßventil. Gas und Luft treffen in einer für alle Zylinder gemeinsamen Mischkammer in der Ansaugleitung zusammen. Bei großen Maschinen werden bei Gasbetrieb Gas und Luft getrennt bis zu den Zylindern geführt. Die Regelung erfolgt vom Drehzahlregler durch eine für alle Zylinder gemeinsame Drosselklappe oder einen Schieber. Bei der Umstellung von Diesel- auf Gasbetrieb ist das Gestänge des Drehzahlreglers statt mit der Brennstoffpumpe mit den Drosselklappen für Gemisch- und Füllungsregelung zu verbinden. Wird die Gasmaschine durch Verändern des Einlaßventilhubes geregelt, so ist beim Übergang auf Dieselbetrieb das Ventil auf größten Hub einzustellen.

Ein Diesel-Motor mit einem Zylinderdurchmesser von 400 mm und einem Hub von 600 mm hat bei einer Drehzahl von $n = 270$ U/min, entsprechend einem mittleren effektiven Arbeitsdruck von 5,5 kg/cm², eine Leistung von 125 PS_e. Beim Verdichtungsverhältnis $\varepsilon = 15$ ergibt sich ein Verbrennungshöchstdruck von 50 kg/cm². Bei Umstellung auf Sauggasbetrieb beträgt der mittlere effektive Arbeitsdruck 4,4 kg/cm² und die Leistung fällt auf 100 PS_e. Das Verdichtungsverhältnis wird dabei auf $\varepsilon = 7$ und der Verbrennungshöchstdruck auf 30 kg/cm² herabgesetzt. Der Übergang von Diesel- auf Sauggasbetrieb hat darnach eine Leistungsverminderung von 20% zur Folge.

Das Triebwerk eines Wechselmotors ist für die hohen Verbrennungsdrücke des Diesel-Betriebes gebaut. Während des Gasbetriebes ist es demnach nicht voll ausgenützt. Um eine volle Ausnützung des Triebwerkes zu erhalten, müßte die Zylinderbohrung, die bei Diesel-Betrieb 400 mm beträgt, bei Gasbetrieb auf 510 mm vergrößert werden. Die Leistung würde dadurch um 30% gesteigert.

Die Kolben werden gekühlt, wenn der Zylinderdurchmesser bei Gasmaschinen größer als 380 mm und bei Diesel-Maschinen größer als 450 mm ist. Eine Kühlung der Auslaßventile ist bei Gasmaschinen mit mehr als 300 mm, bei Diesel-Maschinen mit mehr als 400 mm Zylinderdurchmesser notwendig. Die Kühlung der Kolben und Ventile bei Wechselmotoren richtet sich daher nach dem Gasbetrieb.

Die Auspufftemperatur einer Diesel-Maschine liegt um 400°, die einer Gasmaschine um 550° C. Bei Gasbetrieb wird also mehr Wärme durch die Auspuffleitung an das Kühlwasser abgeführt als bei Diesel-Betrieb.

Es werden auch Wechselmotoren gebaut, die bei Gasbetrieb nach dem Diesel-Verfahren arbeiten. Dabei wird hochverdichtetes Treibgas mit Zündöl in den Zylinder eingeblasen und in der hochverdichteten heißen Luft entzündet. Die Verbrennungsdrücke sind die gleichen wie bei Betrieb mit Diesel-Öl, das Triebwerk ist auch bei Gasbetrieb voll belastet. Der Wirkungsgrad ist trotz des Verdichters für das Gas höher als bei Gemischverdichtung und elektrischer Zündung nach dem Otto-Verfahren. Das Verfahren der Gaseinblasung läßt sich nur mit Gasen von hohem Heizwert durchführen, bei denen das Verhältnis der Gasmenge zur Luftmenge klein und deshalb die Verdichtungsarbeit des Gases gering ist.

IV. Großgasmaschinen.

Nachdem im Jahre 1898 eine größere Zweitaktmaschine der Bauart Oeschelhäuser-Junkers in Betrieb genommen war, stellte 1899 die Gasmotorenfabrik Deutz die erste größere einfachwirkende Viertaktgasmaschine her. Wenige Jahre später wurde in der Gasmotorenfabrik Deutz und gleichzeitig in der Maschinenfabrik Augsburg-Nürnberg A. G. (MAN) die erste doppeltwirkende Viertaktmaschine in Tandemanordnung gebaut. Die Leistungen betrugen bis zu 4000 PS_e.

Da mit dem Ausbau der Hüttenwerke Gicht- und Koksofengase in größeren Mengen verfügbar waren, wurde die Großgasmaschine weiterentwickelt. In diesen Werken wurde elektrischer Strom mit Gasmaschinen erzeugt und zum Betrieb von Walzenstraßen, Elektroöfen und anderen größeren Stromverbrauchern verwendet.

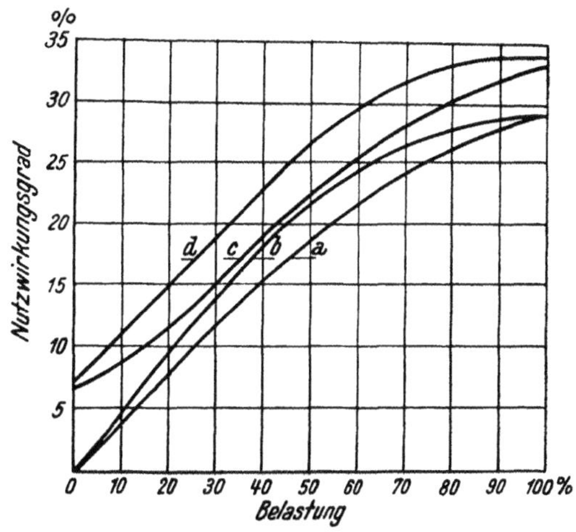

Abb. 93. Nutzwirkungsgrad von Großgasmaschinen.
a Viertaktmaschine ohne Spülung und Aufladung,
b Viertaktmaschine mit Spülung und Aufladung,
c Viertaktmaschine ohne Spülung und Aufladung mit Abwärmeverwertung,
d Viertaktmaschine mit Spülung und Aufladung mit Abwärmeverwertung.

Mit der Gasmaschine trat sehr bald die Dampfturbine in Wettbewerb. Durch Erhöhung der Dampfdrücke und Überhitzung wurde der Wirkungsgrad der Dampfturbinenanlagen verbessert, die Gesamtanlage jedoch verwickelter und teurer. Die Dampfturbine benötigt eine Kesselanlage mit Speisewasseraufbereitung und Kondensationsanlage und muß langsam auf Betriebstemperatur gebracht werden. Die Dampfkraftanlagen sind für Betriebe mit großem Dampf- und Kraftbedarf besonders geeignet.

Ein besonderer Vorteil der Großgasmaschine ist ihre rasche Betriebsbereitschaft. Ein langsames Anwärmen vor dem Anfahren, wie bei der Dampfturbine, ist selbst im Winter nicht erforderlich. Ohne Gefahr kann eine Gasmaschine jederzeit in wenigen Minuten von Stillstand auf Kraftabgabe gebracht werden. Wärmeverluste im Stillstand, wie sie bei Dampfbetrieb durch Abkühlung, Kondensation und Unterhalten der Feuerung entstehen, gibt es bei der Gasmaschine nicht.

Allgemein kann heute die Großgasmaschine für Hüttenwerke als zweckmäßigste Kraftmaschine bezeichnet werden. Ihre Eignung zum Antrieb von Gebläsen, Verdichtern und elektrischen Stromerzeugern hat ihr auch in vielen anderen Großbetrieben Eingang verschafft. Durch ihre schnelle Betriebsbereitschaft ist die Großgasmaschine als Spitzenmaschine zur Stromerzeugung in Stadt- oder Überlandzentralen geeignet.

Großgasmaschinen haben als langsam laufende Maschinen eine lange Lebensdauer. Sie können jahrelang ohne Nachbearbeitung der Zylinderbohrung und ohne Wechsel der Kolbenringe laufen. Die Abnützung der Kolbenlaufbahn hängt vom Staubgehalt des gereinigten Gases ab. Die Reinigungsanlage muß so gebaut sein, daß der Staubgehalt im Gas weniger als 0,02 bis 0,03 g/m^3 beträgt. Außerdem ist auf gute Trocknung des Gases zu achten, da ein hoher Feuchtigkeitsgehalt die Ablagerung von Staub an den Ventilen und in den Rohrleitungen begünstigt.

Die in den Auspuffgasen enthaltene Wärme wird bei den meisten Großgasmaschinenanlagen zur Erzeugung von Niederdruckdampf verwendet. Mit diesem Dampf können Turbinen betrieben werden, die zur Stromerzeugung dienen oder Hilfsmaschinen antreiben.

Die durch die Abgase zusätzlich erreichbare Leistung beträgt ungefähr 20 bis 25% der Gasmaschinenleistung. Eine Pferdestärke der Gasmaschine ergibt ein Kilogramm Dampf je Stunde von 20 at Druck im Abhitzekessel, wenn die Temperatur der Auspuffgase vor dem Kessel 700° und nach dem Kessel 160° C beträgt.

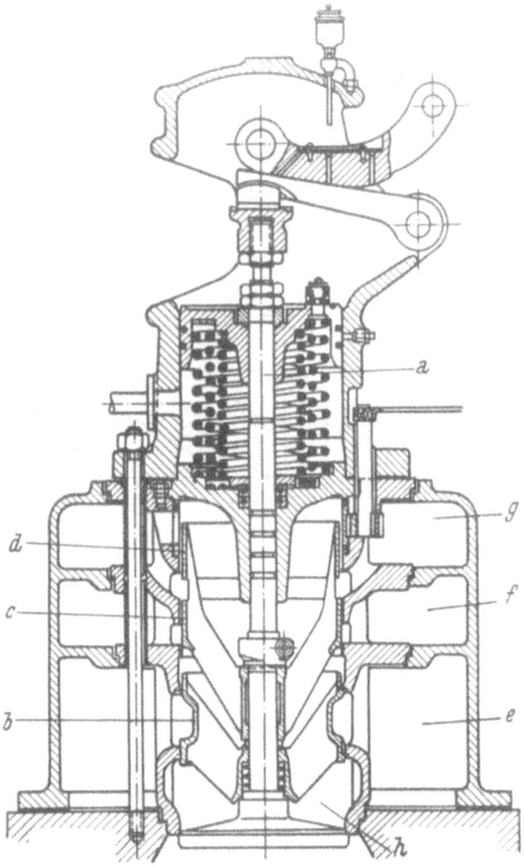

Abb. 94. Einlaßventil einer Großgasmaschine. Bauart Deutsche Maschinenbau A.-G. (Demag).

a Ventilspindel, *b* Gasschieber, *c* Schieber für Mischluft, *d* Schieber für Spülluft, *e* Gasraum, *f* Mischluftraum, *g* Druckluftraum, *h* Ventilraum.

Die Kurven der Abb. 93 stellen den Nutzwirkungsgrad einer Großgasmaschine mit und ohne Dampferzeugung durch die Auspuffgase dar, und zwar sowohl ohne als auch mit Spülung und Aufladung. Die Kurve *a* zeigt den Wirkungsgrad einer Viertaktmaschine ohne Spülung und Aufladung, *b* mit Spülung und Aufladung, *c* mit Abwärmeverwertung und *d* mit Spülung und Aufladung und Abwärmeverwertung.

Um die Betriebssicherheit zu erhöhen und keine zu hohen Verbrennungsdrücke zu erhalten, wird das Verdichtungsverhältnis nicht höher als $\varepsilon = 5$ gewählt. Zur Steigerung der Maschinenleistung werden die Maschinen fast immer gespült und aufgeladen. Durch die Spülung mit Luft werden die Restgase aus dem Verbrennungsraum, die beim Verdichtungsverhältnis $\varepsilon = 5$ am Ende des Ausschubhubes noch 25% des Hubvolumens einnehmen, entfernt. Die Menge an frischer Ladung wird dadurch größer. Die Spülluft bewirkt vor allem auch eine Kühlung des Verbrennungsraumes, des Kolbens und des Auslaßventils, außerdem ist durch die Entfernung der heißen Abgase aus dem Verbrennungsraum die Temperatur des Gemisches vor Beginn der Verdichtung tiefer. Deshalb kann die Maschine höher belastet werden, ohne daß Frühzündungen und Knaller auftreten.

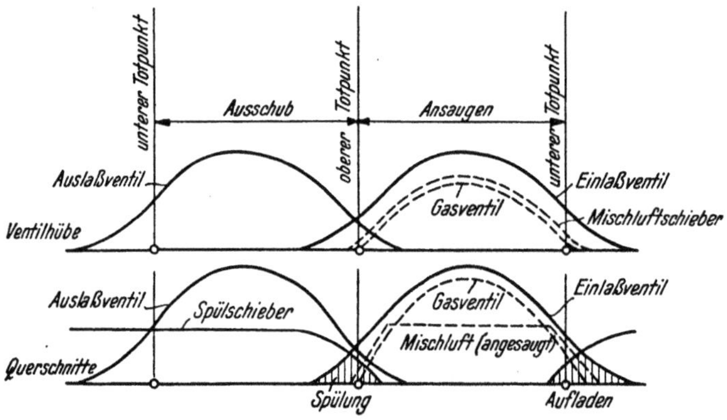

Abb. 95. Ventilerhebungen und Öffnungsquerschnitte in Abhängigkeit vom Kurbelweg.

Die Zündung der Großgasmaschine erfolgt durch elektrische Niederspannungsabreißzündung.

1. Spülen und Aufladen der Großgasmaschine.

Das Spülen und Aufladen kann auf zwei Arten erfolgen. Es werden entweder Luft und Gas getrennt verdichtet oder nur die Spülluft verdichtet und das Gas bei Atmosphärendruck angesaugt. Das Verfahren, Luft und Gas getrennt zu verdichten, wurde bereits im Jahre 1909 von der Maschinenfabrik Erhardt und Sehmer, Saarbrücken, angewendet. Es ergab sich jedoch, daß die unter Druck stehende Gasleitung nur schwer dicht zu halten war. Deshalb wurde dieses Verfahren aufgegeben und bei Großgasmaschinen nur noch die Luft verdichtet.

Die Spül- und Aufladeluft tritt bei Viertaktmaschinen durch das Einlaßventil in den Zylinder. Sie wird durch Steuerschieber auf der Spindel des Einlaßventils gesteuert. Das Spülen des Verbrennungsraumes mit Luft erfolgt am Ende des Ausschubhubes, das Aufladen am Ende des Saughubes.

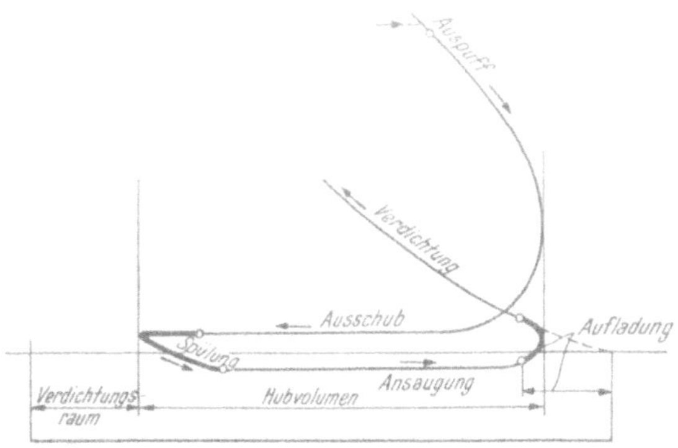

Abb. 96. Schwachfederdiagramm einer Viertaktgasmaschine mit Spülung und Aufladung.

Das Einlaßventil einer Großgasmaschine der Deutschen Maschinenfabrik A.G. (Demag) zeigt die Abb. 94. Auf der Spindel *a* des Einlaßventils sitzen der Schieber *b* für Gas, der Schieber *c* für Mischluft und der Schieber *d* für Spülluft. Die Luft zum Spülen und Aufladen wird unter Druck zugeführt, während die Mischluft, die mit dem Gas zusammen angesaugt wird, unter Atmosphärendruck steht. Das Einlaßventil ist daher mit drei Leitungen für Gas, Mischluft und Spül- und Aufladeluft verbunden.

Bei geschlossenem Einlaßventil sind der Gasraum *e* und der Raum für Mischluft *f* gegen den Ventilraum *h* abgeschlossen, während der Spülluftraum *g* mit dem Raum *h* verbunden ist. Wird das Einlaßventil am Ende des Ausschubhubes geöffnet, so tritt Spülluft in den Zylinder ein und bläst die Abgase aus. Mit wachsendem Ventilhub werden die Spülluftkanäle geschlossen, die Schlitze für Mischluft und Gas geöffnet und Gemisch angesaugt. Nähert sich das Einlaßventil beim Schließen wieder seinem Sitz, so werden die Schlitze für Mischluft und Gas wieder geschlossen, und durch die geöffneten Spülluftschlitze tritt Druckluft zum Aufladen in den Zylinder ein. Da durch das Spülen und Aufladen große Luftmengen in den Zylinder gelangen, muß während des Ansaughubes ein an Gas überreiches Gemisch angesaugt werden, denn die gesamten in den Zylinder eintretenden Luft- und Gasmengen müssen das der Belastung entsprechende Mischungsverhältnis haben.

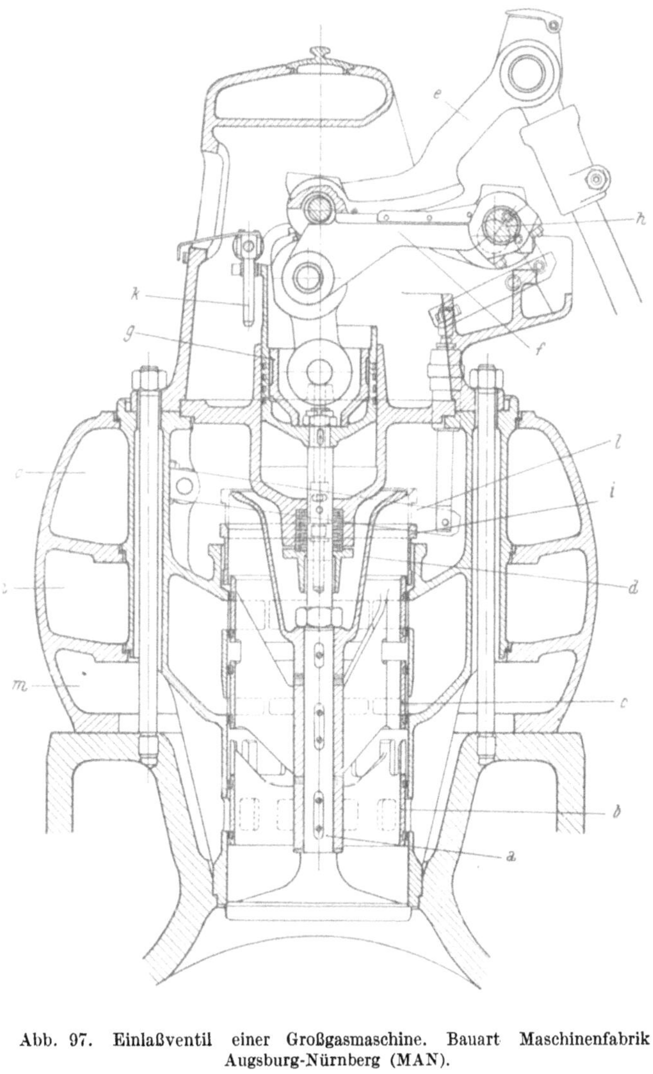

Abb. 97. Einlaßventil einer Großgasmaschine. Bauart Maschinenfabrik Augsburg-Nürnberg (MAN).

a Ventilspindel, *b* Schieber für Mischluft, *c* Schieber für Gas, *d* Schieber für Spül- und Aufladeluft, *e* Wälzhebel, *f* Wälzhebel, *g* Schließkolben, *h* Kurbel, *i* Spülluftsteuerring, *k* Drehbolzen, *l* Gestänge, *m* Mischluftraum, *n* Gasraum, *o* Druckluftraum.

Der Hub des Einlaßventils bleibt für alle Belastungen gleich. Regelung und Gemischeinstellung erfolgen durch Drosselklappen in den Gas- und Luftleitungen. Abb. 95 zeigt die Ventilerhebungskurven des Ein- und Auslaßventils und die Öffnungsquerschnitte der Schieber einer Demag-Maschine in Abhängigkeit vom Kurbelweg. Um die Spülung des Verbrennungsraumes zu ermöglichen, überschneiden sich die Öffnungszeiten des Ein- und Auslaßventils. Ein theoretisches Schwachfederdiagramm zeigt Abb. 96.

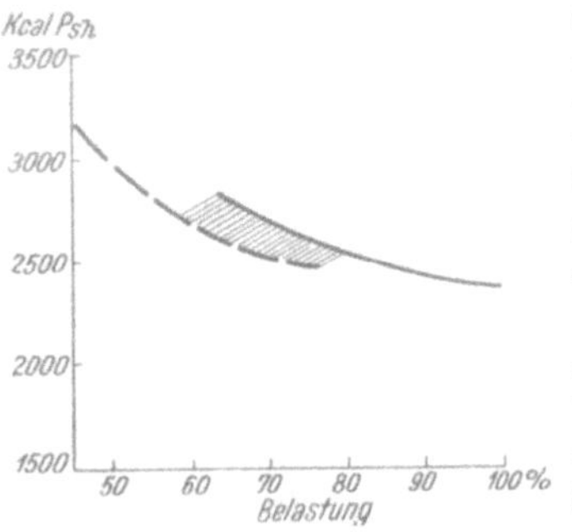

Abb. 98. Spezifischer Wärmeverbrauch einer Gasmaschine einschließlich des Kraftverbrauches für Hilfsmaschinen.
——— mit Spülung und Aufladung,
— — — ohne Spülung und Aufladung.

Die Großgasmaschinen der Maschinenfabrik Augsburg-Nürnberg A. G. (MAN) arbeiten mit demselben Spül- und Aufladeverfahren. Ein Einlaßventil dieser Maschinen ist aus der Abb. 97 ersichtlich.

Auf der Ventilspindel *a* sitzen der Schieber *b* für Mischluft, der Schieber *c* für Gas und der Schieber *d* für Spül- und Aufladeluft. Zur Einstellung des Mischungsverhältnisses können die Schieber mit der Ventilspindel durch den Bolzen *k* verdreht werden. Die Regelung der Maschine erfolgt durch Veränderung des Ventilhubes. Die Betätigung des Ventils geschieht durch Exzenter, Zugstangen und Wälzhebel *e* und *f*, die sich aufeinander abwälzen. Der untere Wälzhebel *f* sitzt auf einer Kurbel *h* und rückt beim Verdrehen dieser Kurbel aus der gezeichneten Vollaststellung nach unten in die Leerlaufstellung. Bei Regelung der Belastung erfolgt gleichzeitig mit der Verkleinerung des Ventilhubes eine Verkleinerung des Spülluftquerschnittes, und zwar dadurch, daß beim Verdrehen der Kurbel *h* der Spülluftsteuerring *i* durch ein Gestänge *l* gehoben wird.

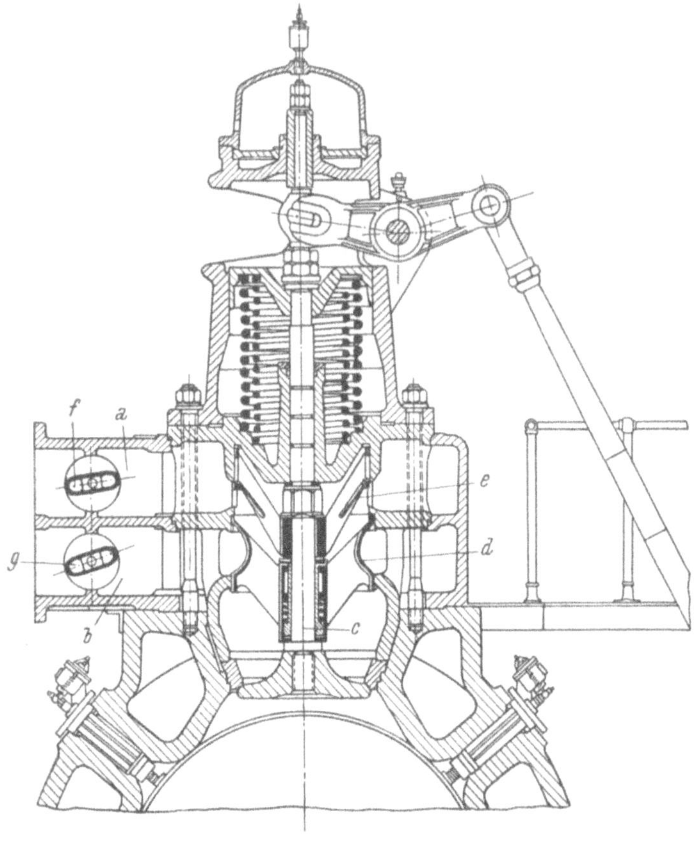

Abb. 99. Einlaßventil einer Großgasmaschine. Bauart Maschinenbau A. G. vorm. Erhardt & Sehmer, Saarbrücken.

a Luftleitung, *b* Gasleitung, *c* Ventilspindel, *d* Gasventil, *e* Luftschieber, *f* Luftdrosselklappe, *g* Gasdrosselklappe.

In Abb. 98 ist in Abhängigkeit von der Maschinenbelastung der spezifische Wärmeverbrauch einer Großgasmaschine der MAN für den Betrieb mit und ohne Spülung und Aufladung dargestellt. Die Kurven zeigen, daß bei hoher Belastung der Wärmeverbrauch bei Betrieb mit Spülung und Aufladung geringer ist als bei niedriger Belastung ohne Spülung und Aufladung. Bei niedriger Belastung ist es günstiger, die Spülluft abzuschalten.

Das Einlaßventil der Großgasmaschinen der Maschinenbau A. G. vormals Erhardt & Sehmer, Saarbrücken, hat eine Leitung für Druckluft und eine für Gas. Das Gas steht unter Atmosphärendruck. Die Druckluft dient zum Spülen und Aufladen und wird auch gedrosselt zusammen mit dem Gas angesaugt. Den durch dieses Verfahren erzielten einfachen Aufbau eines Einlaßventils zeigt Abb. 99. Die Luftleitung ist mit *a*, die Gasleitung mit *b* bezeichnet. Auf der Spindel *c* des Einlaßventils sind das Gasventil *d* und der Luftschieber *e* befestigt. Bei Beginn des Einlaßventilhubes ist das Gasventil noch geschlossen. Der Luftquerschnitt ist geöffnet und die unter Druck stehende Luft kann zum Spülen in den Zylinder eintreten. Mit fortschreitendem Ventilhub öffnet sich das Gasventil, und die durch den Luftschieber gedrosselte Luft wird mit dem Gas zusammen angesaugt. Am Ende des Saughubes wird das Gasventil geschlossen, und durch den geöffneten Luftschieber tritt Druckluft zum Aufladen in den Zylinder ein. Der Hub des Einlaßventils ist für alle Belastungen gleich. Die Regelung erfolgt durch die Drosselklappe *f* in der Luftleitung und die Drosselklappe *g* in der Gasleitung. Auch hier muß die gesamte eintretende Luft- und Gasmenge wieder in dem der Belastung entsprechenden Mischungsverhältnis stehen.

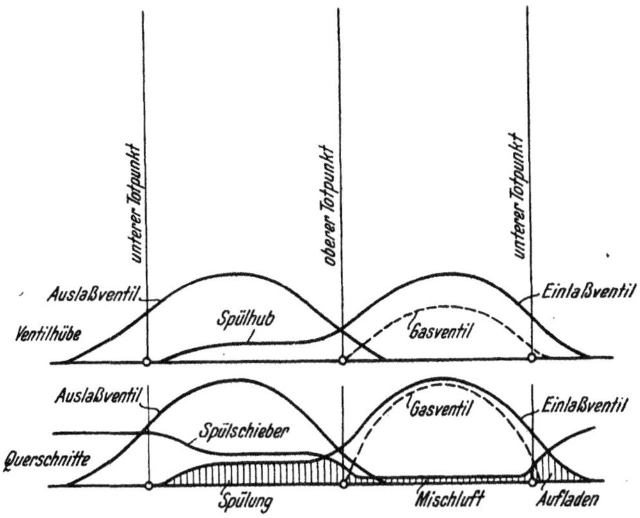

Abb. 100. Ventilerhebungen und Öffnungsquerschnitte einer Gasmaschine mit verlängerter Spülzeit.

Es hat sich gezeigt, daß durch die Spülung am Ende des Ausschubhubes die Restgase nur unvollkommen aus dem Verbrennungsraum entfernt werden. Wegen der starken Wirbelbildung bei der Umströmung des Ventilkegels werden die Abgase nicht gleichmäßig ausgeschoben, sondern nur mit Luft vermischt. Um die Spülwirkung zu erhöhen, beginnt die Spülung mit Luft bei den Maschinen von Erhardt & Sehmer schon während des Ausschubhubes. Die Ventilerhebungskurven und Durchlaßquerschnitte dieser Maschine zeigt Abb. 100.

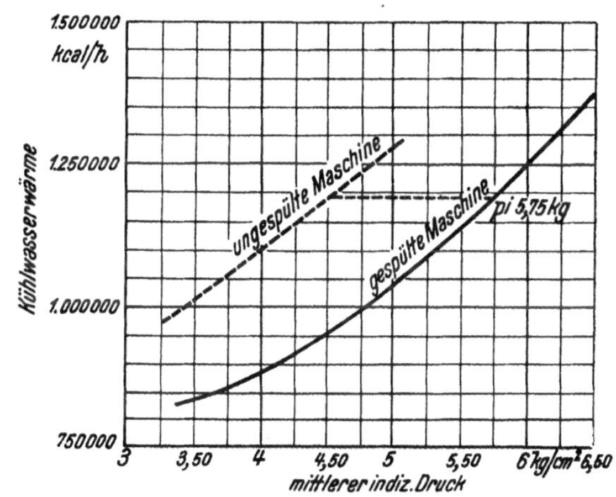

Abb. 101. Kühlwasserwärme einer Gasmaschine.

Trotz der höheren Belastung, mit der eine mit Spülung und Aufladung arbeitende Maschine läuft, ist gegenüber einer ohne Spülung und Aufladung arbeitenden Viertaktmaschine keine Erhöhung der Wärmebeanspruchung der Maschine zu befürchten. Versuche von Erhardt & Sehmer haben gezeigt, daß eine Maschine bei einem mittleren indizierten Druck von 5,75 kg/cm² mit Spülung und Aufladung die gleiche Wärmemenge an das Kühlwasser abgibt wie bei einem mittleren indizierten Druck von 4,5 kg/cm² ohne Spülung und Aufladung. Die Leistung der Maschine betrug bei diesen Versuchen ohne Spülung und Aufladung 1630 PS und mit Spülung und Aufladung 2080 PS. Dieses Versuchsergebnis wird durch die Abb. 101 veranschaulicht.

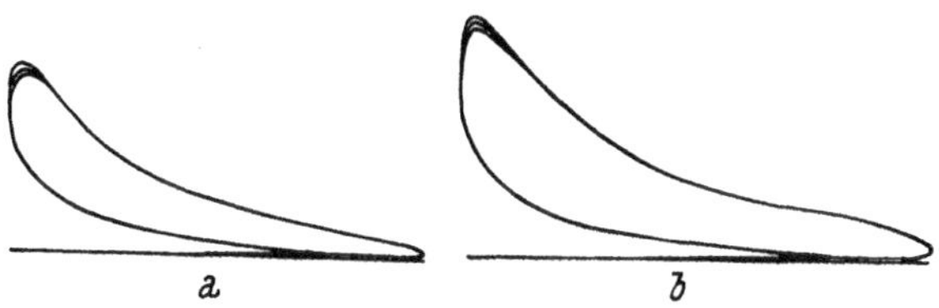

Abb. 102. Indikatordiagramme einer Gasmaschine.
a ohne Spülung und Aufladung, *b* mit Spülung und Aufladung.

Abb. 102 zeigt zwei Indikatordiagramme einer Maschine ohne und mit Spülung und Aufladung von Erhardt & Sehmer. Bei der ungespülten Maschine (Diagramm *a*) ist der mittlere indizierte Druck $p_i = 4{,}35$ kg/cm², bei der Maschine mit Spülung und Aufladung $p_i = 6{,}5$ kg/cm².

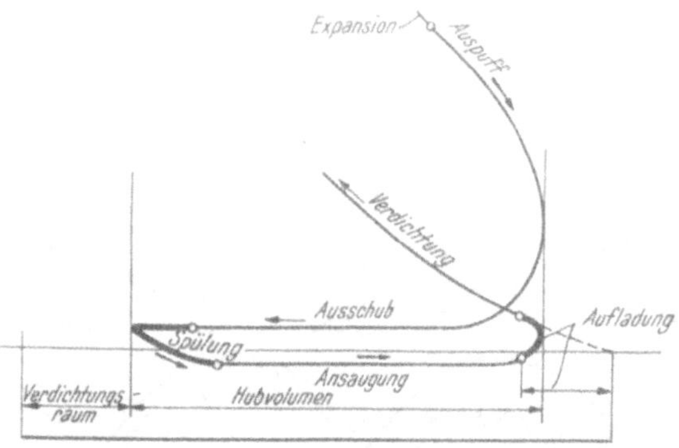

Abb. 103. Schwachfederdiagramm einer Viertaktgasmaschine mit Spülung und Aufladung nach Demag bzw. MAN.

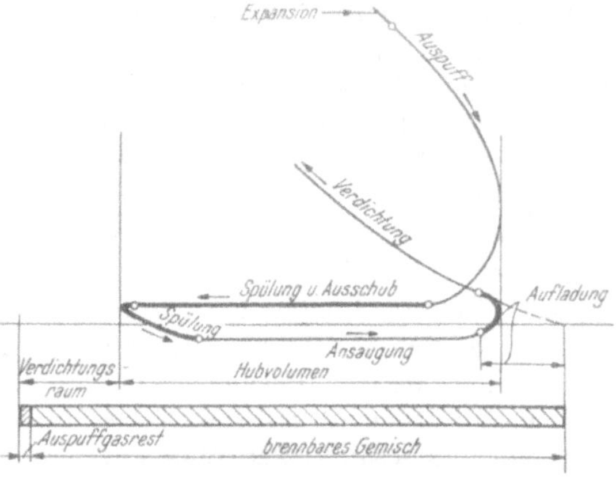

Abb. 104. Schwachfederdiagramm einer Viertaktgasmaschine mit verlängerter Spülzeit nach Erhardt & Sehmer.

Die in den Abb. 103 und 104 dargestellten theoretischen Schwachfederdiagramme zeigen den Unterschied zwischen den Spül- und Aufladeverfahren der Demag und der MAN und dem Verfahren nach Erhardt & Sehmer. Aus Abb. 104 ist außerdem die Menge des brennbaren Gemisches und des Abgasrestes zu ersehen.

2. Allgemeiner Aufbau der Großgasmaschine.

Die Großgasmaschinen werden heute allgemein als doppeltwirkende Viertaktmaschinen in Tandemanordnung ausgeführt. Die Zylinder liegen hintereinander, die Kolben werden von einer gemeinsamen Kolbenstange getragen. Das Triebwerk wird dadurch gut aus-

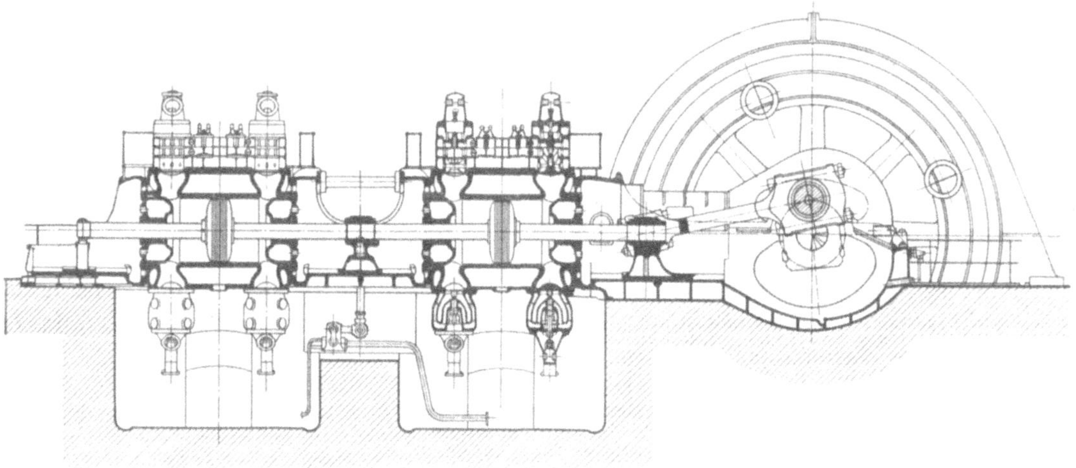

Abb. 105. Großgasmaschine. Bauart Demag. 4000 PS, 107 U/min.

genützt, weil bei jedem Hub eine Zündung erfolgt. Große Maschinen mit 10000 PS Leistung werden als doppeltwirkende Tandemmaschinen in Zwillingsbauart ausgeführt, die gegenüber Einzelreihenmaschinen einen geringen Raumbedarf haben. Je zwei hintereinander liegende Zylinder arbeiten auf eine gemeinsame Kurbel. Das zwischen den beiden Zylinderreihen liegende Schwungrad dient bei elektrischer Stromerzeugung gleichzeitig als Polrad des Generators. Bei Gebläsemaschinen sitzt der Gebläsekolben auf der durchlaufenden Kolbenstange des Gasmaschinenzylinders. Der Aufbau einer Großgasmaschine in Tandemanordnung ist aus Abb. 105 ersichtlich. Die Anordnung

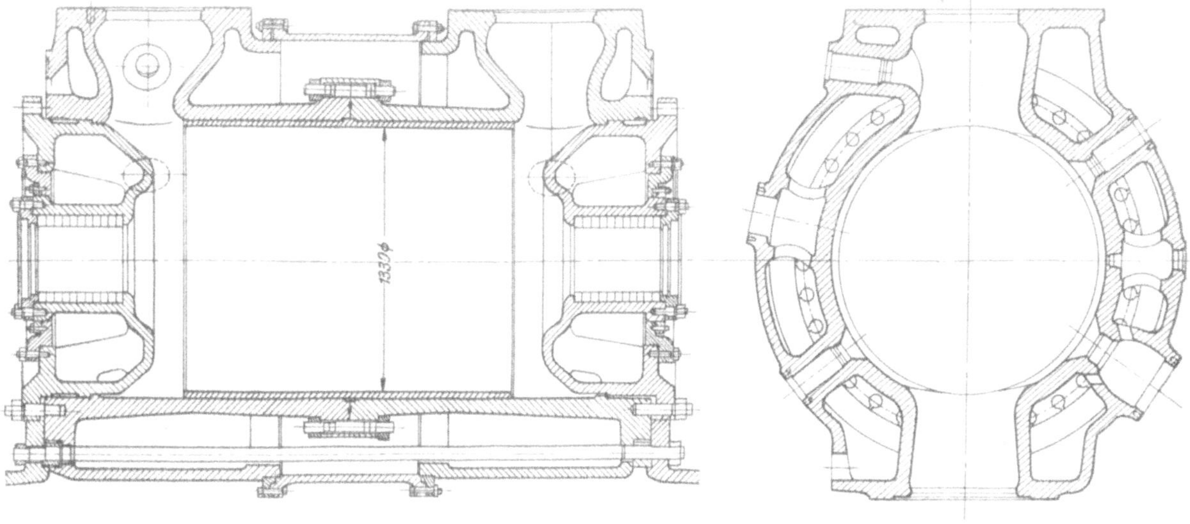

Abb. 106. Zylinder einer Großgasmaschine, Bauart Demag.

der Zylinder, Ventile, Kolben, Kolbenstangenkupplungen sowie Kreuzköpfe und Kurbelwellenlager ist bei allen Großgasmaschinen annähernd gleich. Der Rahmen der Maschine sitzt fest auf dem Fundament und überträgt die freien Massenkräfte des Triebwerkes auf das Fundament. Um den elastischen Formänderungen und Wärmedehnungen folgen zu können, sind die der Kurbelwelle abgelegenen Zylinder und die Zwischenstücke gegen das Fundament verschiebbar gelagert. Die beiden Kurbelwellenlager und die Gleitbahn für den Kreuzkopf befinden sich im Rahmen der Maschine. Die Kreuzköpfe werden nur auf einer unteren Gleitbahn geführt. Die Gleitbahnen der Kreuzköpfe liegen so tief, daß die Zylinderdeckel und Kolben samt den Kolbenstangen beim Ausbau darüber hinweggezogen werden können. Das Zwischenstück zwischen den Zylindern ist nach oben offen, so daß die Zylinderdeckel und Stopfbüchsen zugänglich sind. Der in der Öffnung liegende Versteifungsanker kann zum Ausbau der Kolbenstangenkupplung entfernt werden. Auf dem Boden des Zwischenstückes liegt die Gleitbahn für den Tragschuh der Kolbenstangenkupplung. Die Kolbenstange ist an ihren Enden in Tragschuhen gelagert.

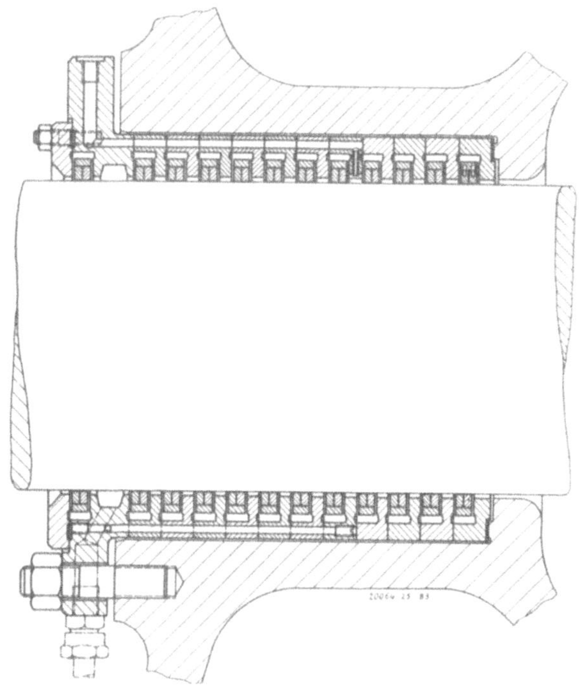

Abb. 107. Kolbenstangenstopfbüchse.

Bei Gebläsemaschinen schließt sich dem der Kurbelwelle abgelegenen Zylinder ein Zwischenstück an, das die Gebläsezylinder mit den Maschinenzylindern verbindet.

Kolben und Kolbenstange sind bei allen Großgasmaschinen wassergekühlt. Die Zu- und Ableitung des Kühlwassers erfolgt am Kreuzkopf bzw. am Kolbenstangentragschuh durch Gelenkrohre. Die Kolbenstange ist ausgebohrt und trägt in der Bohrung ein Rohr, um den Zu- und Abfluß des Kühlwassers zu ermöglichen.

Die Schmierung der Triebwerksteile erfolgt durch Ölumlaufschmierung. Das Öl wird durch Zahnradpumpen gefördert, die von der Steuerwelle angetrieben werden. Die Stopfbüchsen und Zylinderschmierstellen werden von Kolbenölpumpen versorgt, die jeder Schmierstelle abgemessene Ölmengen zuführen.

Die Rohrleitungen für Gas, Misch- und Spülluft sind geschweißte oder genietete Blechrohre. Als Auspuffleitungen dienen gußeiserne Rohre, die mit einer Wärmeschutzmasse umkleidet sind. Zwischen die Rohrflansche der Auspuffleitungen werden zur Dichtung dünne Weicheisenringe gepreßt. Längenänderungen der Auspuffleitung durch Temperaturschwankungen werden von Wellenkompensatoren aufgenommen. Um eine Erwärmung der Gas- und Luftleitungen durch die Abgase zu vermeiden, liegen die Auspuffleitungen in einem getrennten Kanal.

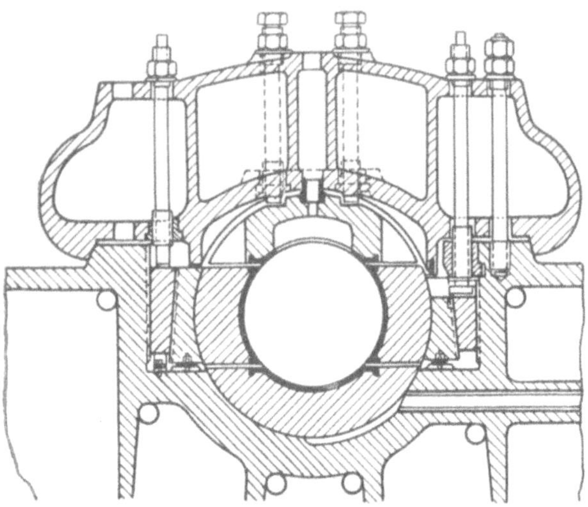

Abb. 108. Kurbelwellenlager einer Großgasmaschine.

Den Längs- und Querschnitt durch den Zylinder einer Großgasmaschine der Firma Deutsche Maschinenfabrik A. G., Duisburg (Demag) zeigt Abb. 106. Der Zylinder ist mehrteilig ausgeführt. Die beiden Zylinderhälften, die mit den Zylinderköpfen zusammengegossen sind, werden in der Mitte durch Flansche und Schrauben zusammengehalten. Zur Entlastung dieser Verbindung sind lange Anker durch die Kühlwasserräume gezogen, deren Köpfe zugleich zur Verschraubung der Zylinder mit dem Rahmen und den Zwischenstücken dienen. Zur Aufnahme von Wärmespannungen sind die Schraubenlöcher an den Zylinderflanschen aufgeschlitzt. Die eingezogene Laufbüchse ist durch einen Bund in der Mitte gehalten. Kleine Zylinder werden auch ohne eingesetzte Laufbüchse ausgeführt. Die Möglichkeit des späteren Einbaues wird jedoch stets vorgesehen. Der Kühlwasserraum wird durch einen mehrteiligen Mantel abgedeckt, der durch Gummischnüre abgedichtet wird. Zur Reinigung der Kühlwasserräume sind besondere Öffnungen vorgesehen. In den Zylinderkopf sind Stutzen für die Zündung, die Zufuhr der Anlaßdruckluft und den Indikatoranschluß eingegossen. An großen Zylindern sind bis zu vierzehn Schmierstellen für die Lauffläche angebracht, die im mittleren Drittel der Laufbahn liegen.

Die Zylinderdeckel werden, um einen spannungsfreien Guß zu erreichen und Wärmespannungen im Betrieb zu verhindern, als offene Gußstücke ausgeführt, die durch Deckel verschlossen werden.

Eine Stopfbüchse ist in Abb. 107 dargestellt. Sie besteht aus dreiteiligen gußeisernen Dichtungsringen, die an die Kolbenstange durch hinterlegte selbstspannende Ringe angepreßt werden. Die einzelnen Teile werden durch Längsschrauben zusammengehalten und können als Ganzes ein- und ausgebaut werden.

Im Rahmen der Maschine befinden sich die beiden Kurbelwellenlager, deren Aufbau aus Abb. 108 ersichtlich ist. Sie sind mit vierteiligen Lagerschalen ausgerüstet. Die Lager erhalten einseitige, bei sehr großen Maschinen auch zweiseitige Nachstellungen durch Keile. Die gußeisernen Lagerschalen werden für die Befestigung der Weißmetallausgüsse mit verzinnten Lochblechen versehen, die durch Schrauben in der Schale befestigt sind.

Die Ölzufuhr erfolgt an jedem Kurbelwellenlager von oben und unten. Breite Kanäle verteilen das zufließende Öl über die ganze Länge des Lagers. Dem Triebwerksöl kommt eine vierfache Aufgabe zu: Schmierung der Lager, Kühlung, Ausspülung von Unreinig-

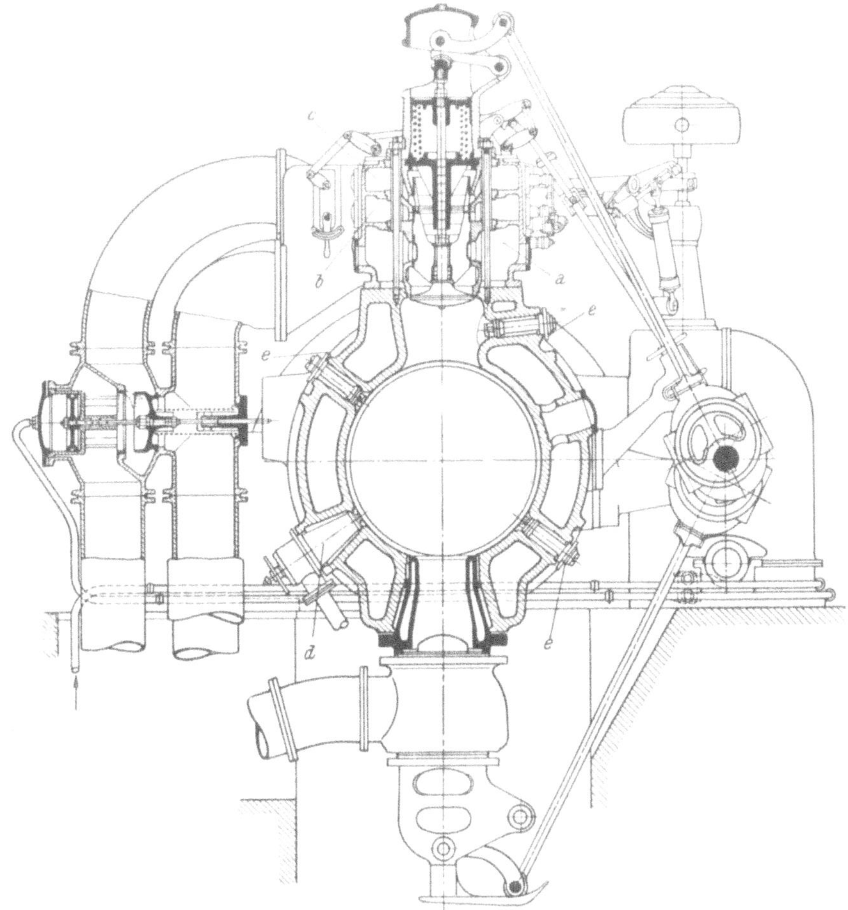

Abb. 109. Querschnitt durch eine Viertaktgasmaschine. Bauart Demag.
a Gasraum, *b* Mischluftraum, *c* Spülluftraum, *d* Anlaßventil, *e* Zündvorrichtung.

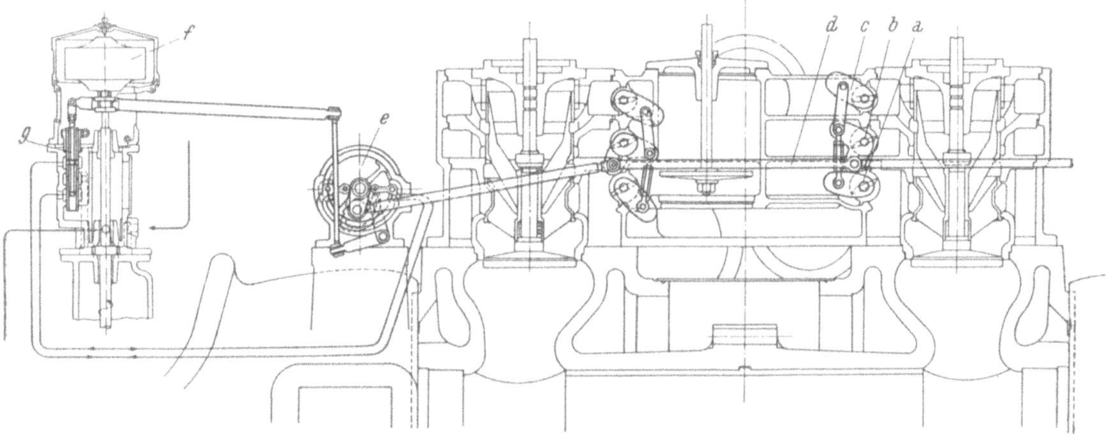

Abb. 110. Regeleinrichtung einer Großgasmaschine. Bauart Demag.
a Drosselklappe in der Gasleitung, *b* Drosselklappe in der Mischluftleitung, *c* Drosselklappe in der Spülluftleitung, *d* Gestänge, *e* Servomotor, *f* Fliehkraftregler, *g* Steuerschieber.

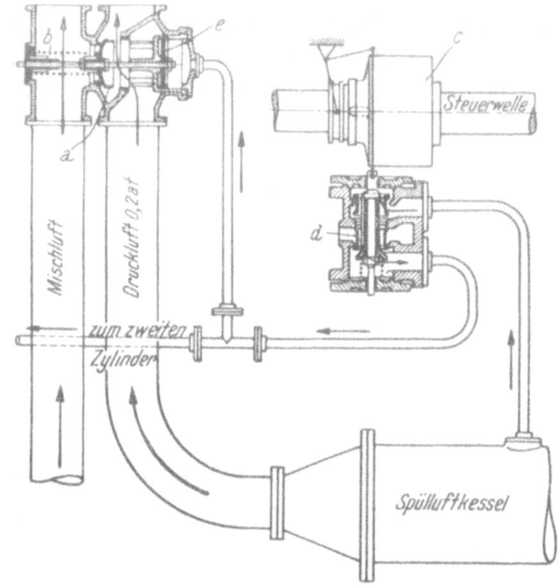

Abb. 111. Selbsttätige Sicherheitsvorrichtung einer Großgasmaschine. Bauart Demag.
a Ventilkegel, *b* Ventilfeder, *c* Fliehkraftregler, *d* Steuerschieber, *e* Kolben.

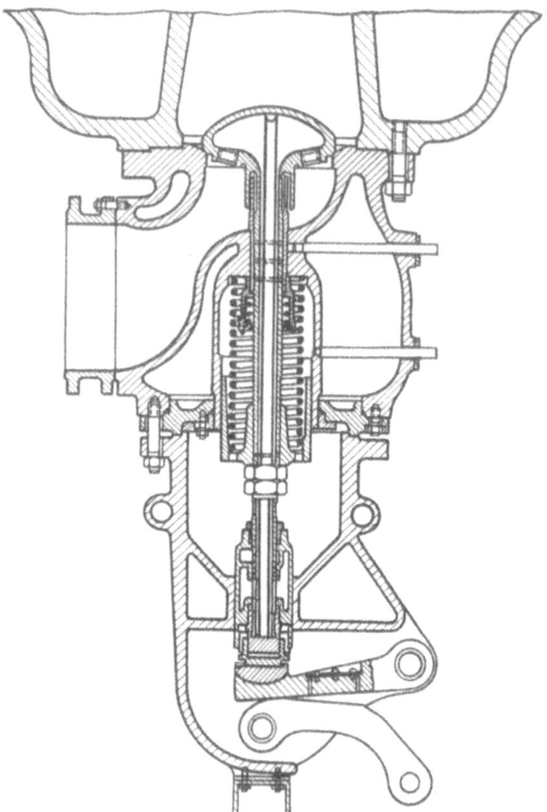

Abb. 112. Wassergekühltes Auspuffventil. Bauart Demag.

keiten und Abdämpfen von Stößen. Bei dem ständigen Kreislauf wird das Öl fortgesetzt gefiltert, so daß es den Lagerstellen in gereinigtem Zustand zufließt.

Abb. 109 zeigt einen Querschnitt durch eine Großgasmaschine der Demag mit Ein- und Auslaßventil. Die Betätigung der Ventile geschieht von der Steuerwelle aus durch Exzenterstangen und Wälzhebel. Die Regelung der Maschine erfolgt unter dem Einfluß des Drehzahlreglers durch Drosselklappen, die in der Gasleitung, der Gemischluftleitung und der Spülluftleitung sitzen.

Aus Abb. 110 ist die Anordnung der Regelung einer Demag-Maschine ersichtlich. Die Drosselklappen *a* in der Gasleitung, *b* in der Mischluftleitung und *c* in der Spülluftleitung werden durch das Gestänge *d* vermittels eines Servomotors *e* mit Drehkolben verstellt. Der Fliehkraftregler *f* verschiebt den Steuerschieber *g*, der den Zu- und Abfluß des Drucköles im Servomotor steuert. Zwischen dem Servomotor und dem Steuerschieber befindet sich das Rückführgestänge.

Es ist eine selbsttätige Sicherung gegen das Ausbleiben von Spülluft und gegen unerwartetes Stillstehen der Maschine vorgesehen. Beim Ausbleiben der Spülluft besteht nämlich die Gefahr, daß bei Beginn des Verdichtungshubes durch das zum Aufladen geöffnete Einlaßventil brennbares Gemisch in die Spülluftleitung zurückgedrückt wird. Dringen dann am Ende des folgenden Arbeitshubes heiße Abgase durch das geöffnete Einlaßventil in die Spülluftleitung ein, so können Explosionen auftreten. Bei unerwartetem Stehenbleiben der Maschine besteht die Gefahr, daß die unter Druck stehende Spülluft in die Gasleitung dringt und dort entzündbares Gemisch bildet.

Eine solche Sicherheitsvorrichtung zeigt Abb. 111. Beim Ausbleiben der Spülluft wird der Ventilkegel *a* durch die Ventilfeder *b* auf den rechts befindlichen Ventilsitz gepreßt und damit die Spülluftleitung abgeschaltet. Bei unerwartetem Stehenbleiben der Maschine bewirkt der durch den Fliehkraftregler *c* betätigte Steuerschieber *d* die Abschaltung des Spülluftdruckes vom Kolben *e*, der mit dem Ventilkegel *a* verbunden ist. Dadurch drückt die Feder *b* den Ventilkegel *a* auf seinen Sitz und sperrt die Druckluftleitung ab.

Bei geringer Belastung der Maschine bewirkt der Fliehkraftregler ein selbsttätiges Abschalten des Spülluftgebläses, so daß die Maschine ohne Spülung und Nachladung arbeitet.

Wegen der hohen Temperatur der Auspuffgase wird das Auslaßventil wassergekühlt. Abb. 112 zeigt das Auslaßventil einer kleineren Maschine. Der Ventilkegel ist aus Stahl geschmiedet. Um die Ventilführung vor den heißen Abgasen zu schützen, greift über die Spindelführung eine am Ventilkegel sitzende Manschette.

Die Maschinen werden mit Druckluft von 20 bis 25 at angelassen. Die Verteilung der Druckluft auf die Zylinder geschieht durch Ventile, die von der Steuerwelle betätigt werden.

Bei Großgasmaschinen verwendet man Abreißzündung. Der Stromverteiler sitzt am Ende der Steuerwelle. Um eine rasche und gleichmäßige Verbrennung zu erzielen, sind mehrere Zündstellen vorhanden. Der Zündstrom wird einer Batterie von 70 Volt Spannung entnommen.

Eine Tandemmaschine mit Kolbengebläse für Hochofen- oder Stahlwerksbetrieb der MAN zeigt Abb. 113. Das Kolbengebläse ist an die beiden Gasmaschinenzylinder angebaut und wird von der durchlaufenden Kolbenstange bewegt. Abb. 114 stellt den Querschnitt durch den Zylinder mit Ein- und Auslaßventilen dar.

Die Ein- und Auslaßventile sind bis an den Zylinderinnenmantel herangezogen. Dadurch wird eine wirksame Kühlung des Überganges zwischen der Zylinderwand und der Wand für den Ventileinsatz erreicht. Das ist besonders für das Auslaßventil wichtig, weil an der scharfen Abrundung des Überganges zwischen Zylinderwand und der Wand für den Ventileinsatz leicht Wärmestauungen auftreten können.

Kolben und Kolbenstangen sind wassergekühlt und werden in Gleitschuhen getragen, die im Rahmen der Maschine, in den Zwischenstücken und in der hinteren Führung laufen. Die Kolbenstangen der liegenden Maschinen werden bei der Herstellung um zwei zueinander nach oben geneigte Achsen gedreht. Die unbelastete Kolbenstange hat dadurch eine Durchbiegung nach oben, die gleich der durch das Gewicht des Kolbens und der Kolbenstange hervorgerufenen Durchbiegung nach unten ist, so daß sie sich unter dem Kolbengewicht gerade biegt. Der Kolben schwebt dadurch frei in der Zylinderbohrung, und nur die Kolbenringe gleiten auf der Lauffläche. Die Betätigung der Ventile erfolgt über Stangen und Wälzhebel durch Exzenterscheiben. Die Wälzhebel-

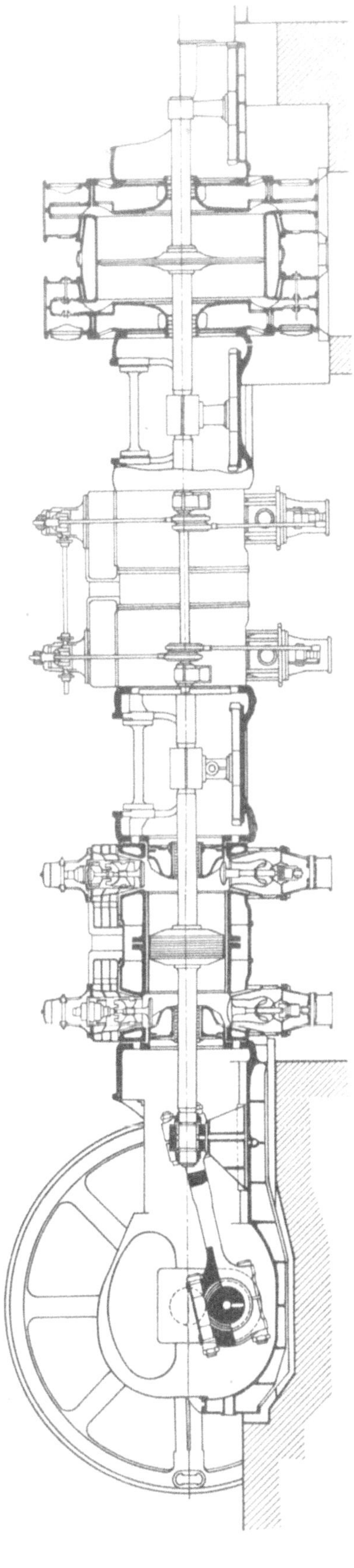

Abb. 113. Großgasmaschine mit Kolbengebläse. Bauart MAN.

bahnen sind so geformt, daß sie an keiner Stelle aufeinander gleiten. Der Exzenterantrieb ergibt einen ruhigen Lauf der Maschine. Die Drehbewegung der Kurbelwelle wird durch Schraubenräder auf die untere Steuerwelle übertragen. Schrägverzahnte Stirnräder übertragen die Bewegung auf die obere Steuerwelle, auf der sich die Exzenter für die Betätigung der Ein- und Auslaßventile, die Steuerung der Anlaßdruckluft, der Stromverteiler für die Zündung und der Antrieb für den Regler befinden. Das Schließen der Ein- und Auslaßventile erfolgt hier nicht durch Federn, sondern durch Druckluft. Der Druckluftkolben im Ventil ist aus der Abb. 97 zu ersehen. Die durch Undichtigkeit

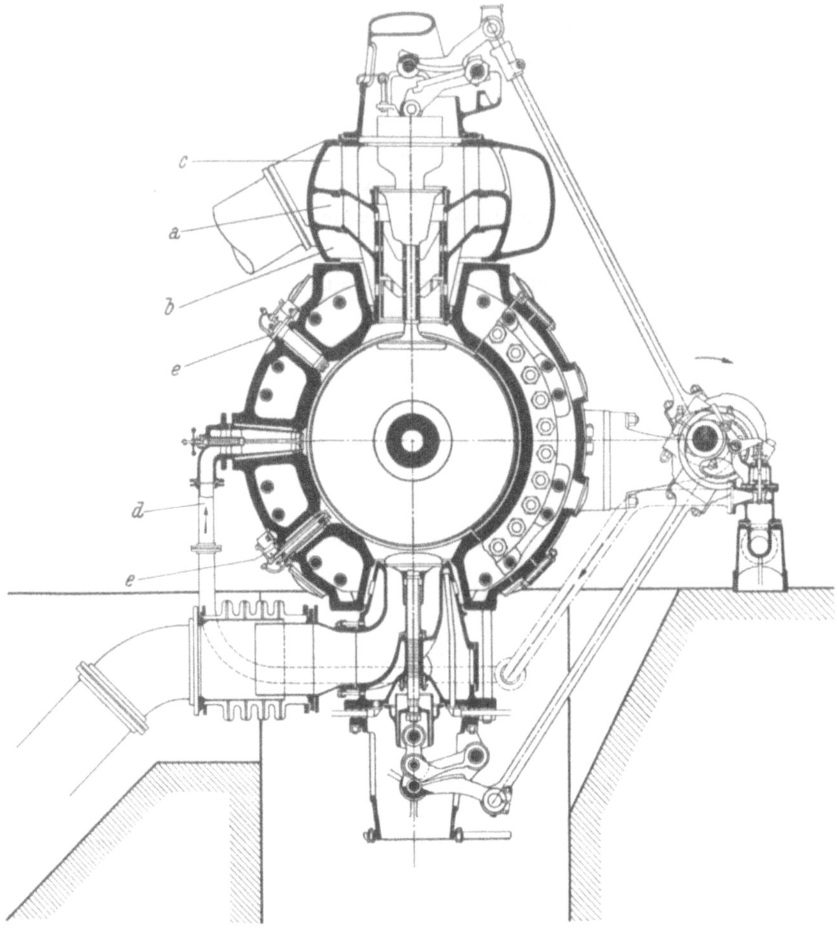

Abb. 114. Querschnitt durch den Zylinder einer Großgasmaschine. Bauart MAN.
a Gasraum, *b* Mischluftraum, *c* Spülluftraum, *d* Anlaßdruckluftleitung, *e* Zündflansch.

während des Betriebes entstehenden Verluste werden durch eine kleine Luftpumpe ersetzt. Beim Anfahren erfolgt die Füllung der Druckluftzylinder selbsttätig aus den Anlaßdruckluftflaschen. Die Bauhöhe eines solchen Ventils ist geringer als bei der Ausführung mit Federbelastung.

Das Schema der Regelung ist aus Abb. 115 ersichtlich. Die Regelung, die durch Veränderung des Einlaßventilhubes erfolgt, geschieht durch Verdrehen des Drehpunktes des unteren Schwinghebels im Einlaßventilgehäuse, vermittels eines Drehkolben-Servomotors *d*, der unmittelbar auf der Regelwelle *a* sitzt. Die Bewegung der Reglermuffe des Fliehkraftreglers *h* wird durch ein Gestänge auf den Steuerschieber *i* übertragen. Der Steuerschieber *i* beeinflußt den Zu- und Abfluß des Drucköles zum Servomotor *d*. Durch das Rückführgestänge *c* wird bei Drehung des Servomotorkolbens der Steuerkolben in seine Mittellage zurückgebracht.

Bei geringer Leistung können die Maschinen auch ohne Spülung und Aufladung arbeiten. Die Spülluftleitung wird dann durch ein Umschaltventil abgeschlossen. Die gleiche Vorrichtung dient auch als Sicherung bei plötzlichem Ausbleiben der Spülung. In der selbsttätigen Umschaltanlage Abb. 115 entspricht die gezeichnete Lage dem Betrieb mit Spülung und Aufladung. Bei Betrieb ohne Spülung und Aufladung wird das Umschaltventil *l* nach rechts verschoben, dadurch die Spülluft abgesperrt und die Spülluft- und Mischlufträume miteinander verbunden. Das Gemisch aus Gas, Luft und Abgas, das bei Beginn der Verdichtung aus dem Zylinder in den Spülluft-

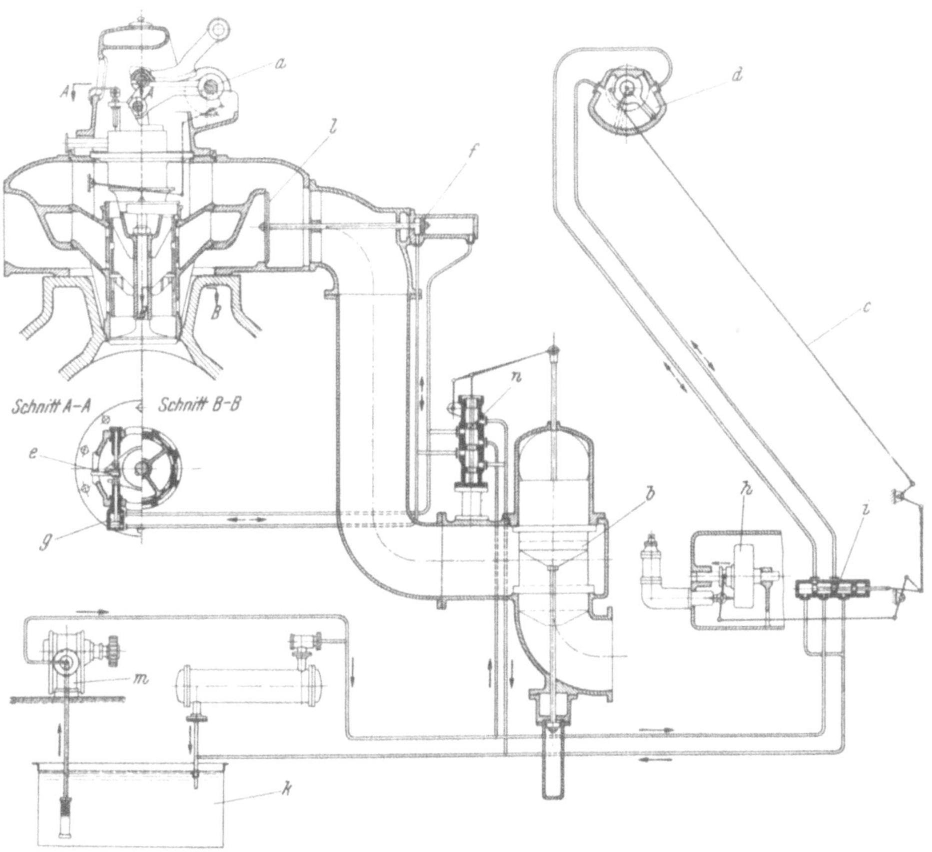

Abb. 115. Regeleinrichtung für Gasmaschinen. Bauart MAN.

a Regelwelle, *b* Ventil, *c* Rückführgestänge, *d* Drehkolbenservomotor, *e* Bolzen, *f*, *g* Kolben, *h* Fliehkraftregler, *i* Steuerschieber, *k* Ölbehälter, *l* Umschaltventil, *m* Zahnradpumpe, *n* Steuerschieber.

raum geschoben wird, tritt in den Mischluftraum über und wird von da beim nächsten Saughub angesaugt. Der Übergang vom Betrieb mit Spülung auf Betrieb ohne Spülung erfolgt selbsttätig unter dem Einfluß des Ventils *b* in der Spülluftleitung. Die aus dem Spülluftgebläse strömende Luft hebt die Glocke des Ventils *b* hoch und tritt in die Leitung ein, die zum Einlaßventil führt. Sobald die Spülluftförderung unterbrochen wird oder wegen einer Betriebsstörung ausbleibt, fällt die Ventilglocke nach unten und der mit dem Ventil *b* verbundene Steuerschieber *n* steuert den Weg des Drucköles zu den Kolben *f* und *g* um. Durch den Kolben *f* wird das Ventil *l* in der Spülluftleitung nach rechts verschoben und sperrt die Spülluftleitung vom Einlaßventil ab. Der Kolben *g* verschiebt den Bolzen *e* und damit die Schieber des Einlaßventils. Er verdreht die Schieber für Gas und Mischluft und vergrößert dadurch die Luftschlitze. Wenn das Spülluftgebläse in Betrieb genommen wird, arbeitet die Maschine wieder mit Spülung. Der Spülluftdruck hebt die Glocke des Ventils *b* und die Steuerung bewegt sich in umgekehrter Richtung.

Die zwei MAN-Großgasmaschinen in Tandemzwillingsanordnung in Abb. 116 haben 1500 mm Zylinderbohrung und Hub, eine Drehzahl von 95 U/min und leisten 8000 PS, bei Betrieb mit Spülung und Aufladung 10000 PS. Die Maße und Gewichte der Einzelteile geben einen Eindruck von der Größe der Maschine. Der Zapfen des Kurbelwellenlagers hat einen Durchmesser von 720 mm. Das Gestell der Maschine wiegt 75 t, der Gasmaschinenzylinder 40 t. Das Gewicht der umlaufenden Massen ist 260 t und das der hin und her gehenden Massen 34 t. Die Maschine wiegt ohne Rohrleitung insgesamt 850 t.

Der mittlere indizierte Druck ist bei Betrieb ohne Spülung und Aufladung 4,6 kg/cm², bei Betrieb mit Spülung und Aufladung 5,7 kg/cm². Der indizierte Druck steigt also

Abb. 116. Zwillings-Tandemmaschinen. Bauart MAN. Leistung 10000 PS, 95 U/min.

durch Spülung und Aufladung um 25%. Der Spülluftdruck beträgt 0,3 at und die je Hub erforderliche Spülluftmenge das 0,4fache des Hubvolumens. Die zur Erzeugung der Spülluft nötige Leistung beträgt 3 bis 4% der Maschinenleistung.

Den Längsschnitt einer doppeltwirkenden Tandemgasmaschine von Erhardt & Sehmer zeigt Abb. 117. Die größte von dieser Firma gebaute Maschine dieser Art hat bei einer Drehzahl von 94 U/min als doppeltwirkende Tandemzwillingsmaschine eine Leistung von 10000 PS. Die Zylinderbohrung beträgt 1500 mm, der Hub 1600 mm.

Kennzeichnend für diese Maschinen ist das Kolbenspülluftgebläse, das sich an die Gasmaschinenzylinder oder bei Gebläsemaschinen an den Gebläsezylinder anschließt. Das Gebläse, das sich bei der Maschine Abb. 117 am Gasmaschinenzylinder befindet, saugt Luft an, die sowohl zum Spülen als auch zur Gemischbildung dient. An der Maschine befinden sich deshalb nur zwei Leitungen, eine für Luft und eine für Gas. Ein von der Kolbenstange angetriebenes Kolbengebläse ist als Spülpumpe deshalb vorteilhaft, weil die Arbeitszylinder die Luft in abgemessenen Mengen erhalten, ohne daß diese von den Druckschwankungen in der Spülluftleitung beeinflußt werden. Eine genau bemessene Luftmenge ist besonders im Stahlwerksbetrieb von besonderer Bedeutung, da erhebliche Drehzahlschwankungen vorkommen.

Der Antrieb des Spülgebläses erfolgt durch die verlängerte Kolbenstange der Maschinenzylinder. Die Kolbenstange ruht statt in einem hinteren Gleitschuh in einem Stützlager zwischen dem Zylinder und dem Spülgebläse. Der Kolben des Spülgebläses wird, wie der Arbeitskolben von der Stange frei getragen, so daß die Kolbenreibung verringert wird. Durch die direkt angetriebene Spülpumpe fällt der Antriebsmotor mit Anlasser und Schalttafeln für ein gesondert aufgestelltes Gebläse fort.

Die Maschine läuft immer mit Spülung und Aufladung. Da bei Stillstand der Maschine das von der Kolbenstange angetriebene Spülluftgebläse ebenfalls stillsteht, sind Sicherheitsvorrichtungen, die das Übertreten von Spülluft in die Gasleitung bei stillstehender Maschine verhindern, nicht notwendig. Die gespülte Maschine wird durch das zwangsläufig angetriebene Kolbenspülluftgebläse in bezug auf die Gemischbildung unempfindlicher gegen Schwankungen des Gasdruckes und der Drehzahl als bei Verwendung eines besonderen Turbospülluftgebläses. Das Einlaßventil ist sehr einfach, da, wie schon erwähnt, nur ein Gas- und ein Luftschieber nötig sind. Die Spülpumpe kann zum Ausbau der Stopfbüchsen zusammen mit dem Traglager der Kolbenstange herausgezogen werden. Zur Beobachtung und Wartung der Stopfbüchsen im Betrieb ist genügend Raum zwischen dem Maschinenzylinder und der Spülpumpe vorhanden. Die Saug- und Druckventile der Spülpumpe arbeiten selbsttätig und lassen sich leicht auswechseln.

Einen Querschnitt durch eine Großgasmaschine von Erhardt & Sehmer zeigt Abb. 118. Um dem Verbrennungsraum eine einfachere Form zu geben, sind die Ventile dicht an die Laufbüchse herangezogen. Das Gehäuse des Auslaßventils ist ringsherum von Wasser umspült und erhält dadurch ausreichende Kühlung. Die Regelung der Maschine erfolgt durch die Drosselklappen *d* und *e* in der Luft- und Gasleitung. Bei Antrieb einnr Dynamomaschine werden die Klappen mit Hilfe eines Servomotors vom Drehzahlregler verstellt. Bei Gebläsemaschinen geschieht die Einstellung der Drossel-

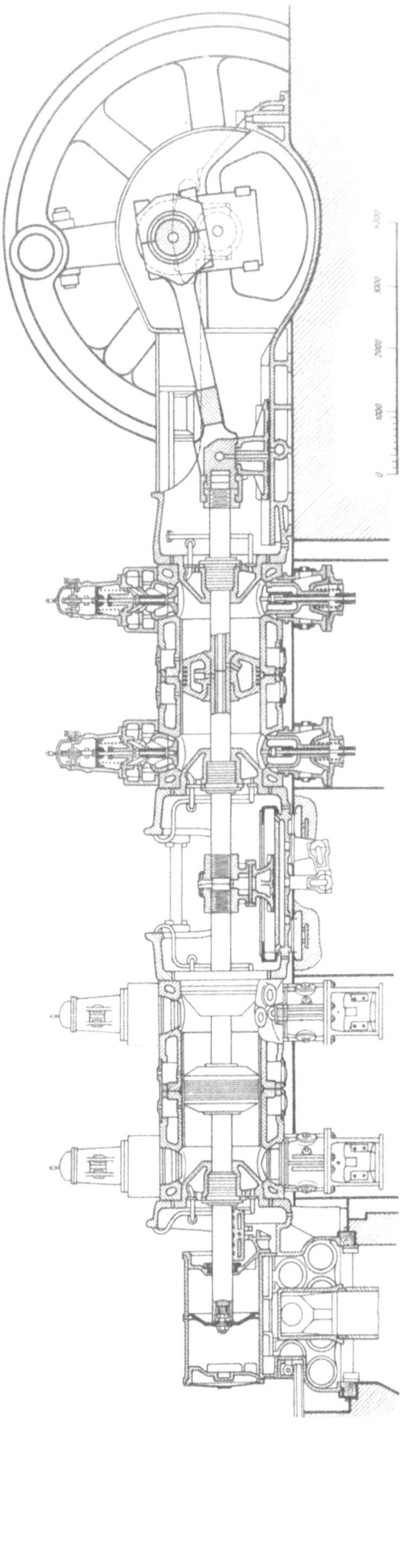

Abb. 117. Großgasmaschine. Bauart Erhardt & Sehmer. Leistung 4100 PS, 94 U/min. 1200 mm Bohrung, 1500 mm Hub. Zylinder haben eingesetzte Laufbüchsen.

klappen über einen Servomotor von Hand. Der Fliehkraftregler dient dann nur zur Begrenzung der Höchstdrehzahl. Die Verdrehung der Drosselklappen erfolgt derart, daß die Gemischzusammensetzung über den ganzen Belastungsbereich annähernd gleich bleibt und nur die Füllung geändert wird. Nur bei kleiner Leistung wird der Luftüberschuß erhöht, um im Zylinder eine ausreichende Füllung zu erhalten. Es besteht sonst die Gefahr, daß durch zu starken Unterdruck die Ventile angehoben werden.

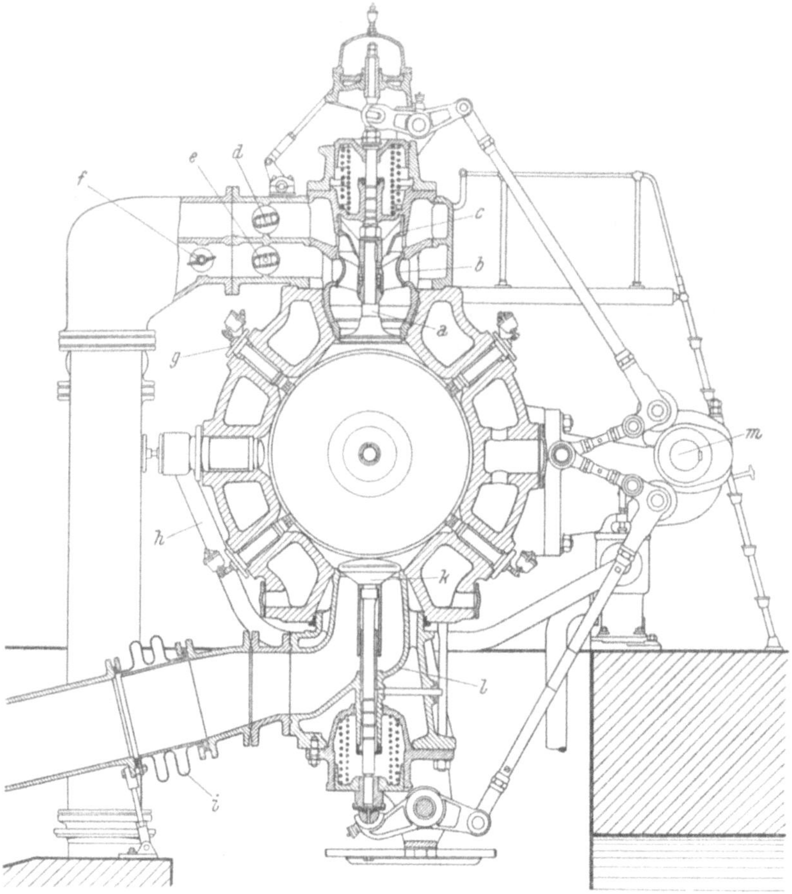

Abb. 118. Querschnitt durch den Zylinder einer Großgasmaschine. Bauart Erhardt & Sehmer.

a Einlaßventilspindel, *b* Doppelsitzgasventil, *c* Druckluftschieber, *d* Luftdrosselklappe, *e* Gasdrosselklappe, *f* Zusatzdrosselklappe, *g* eletromagnetisch betätigter Zündflansch, *h* Anlaßdruckluftleitung, *i* Wellenkompensator, *k* Auslaßventil, *l* Stutzen, *m* Nockenwelle.

Die Steuerung der Ein- und Auslaßventile erfolgt über Kipphebel und Stoßstangen durch Nocken. Der Nocken des Einlaßventils ist so ausgebildet, daß das Ventil bereits kurz nach der Öffnung des Auslaßventils etwas angehoben wird, damit Spülluft in den Zylinder eintreten kann.

Den Zylinder einer Maschine von Erhardt & Sehmer zeigt Abb. 119. An den Enden der beiden Zylinderhälften sitzen die Ein- und Auslaßventile. Die eingezogene Laufbüchse wird in der Mitte durch einen Bund gehalten. Sie hat an ihrem äußeren Umfang eine schraubenförmige Kühlwasserführung, ist daher direkt gekühlt. Über die Rippen der Laufbüchse sind schmiedeeiserne Buchsen gezogen. In der Mitte des Zylinders greifen die Buchsen in Nuten der Laufbüchse ein, in denen sie sich frei ausdehnen können. Der Zu- und Abfluß des Kühlwassers erfolgt durch die Flansche der beiden Zylinderhälften. Die Kühlwasserräume werden durch Platten abgeschlossen. Dadurch liegen die Schrauben der Zylinderflansche nicht im Kühlwasser und sind zugänglich. Für die Kühlung der Laufbüchse wird ein getrennter Kühlwasserumlauf vorgesehen. Die unmittelbare Kühlung der Laufbüchse bewirkt eine gesteigerte Wärmeabfuhr, die eine Herabsetzung der Wandtemperatur, des Ölverbrauches und der Ölkoksbildung zur Folge hat.

Für die Kühlung der Zylinder, der Zylinderdeckel, der Auslaßstutzen, des Kolbens und der Kolbenstange ist je nach der abzuführenden Wärmemenge ein Wasserdruck von 3 bis 6 at erforderlich. Die Kreiselpumpen werden unabhängig von der Maschine elektrisch angetrieben. Das Kühlwasser für den Kolben wird an der Kolbenstangenkupplung im Zwischenstück der Maschine durch Schwingen zu- und abgeführt.

Das Kühlwasser muß frei von Schlamm und kesselsteinbildenden Bestandteilen sein, damit die Wärmeabfuhr nicht durch Ablagerungen verringert wird. Die Menge

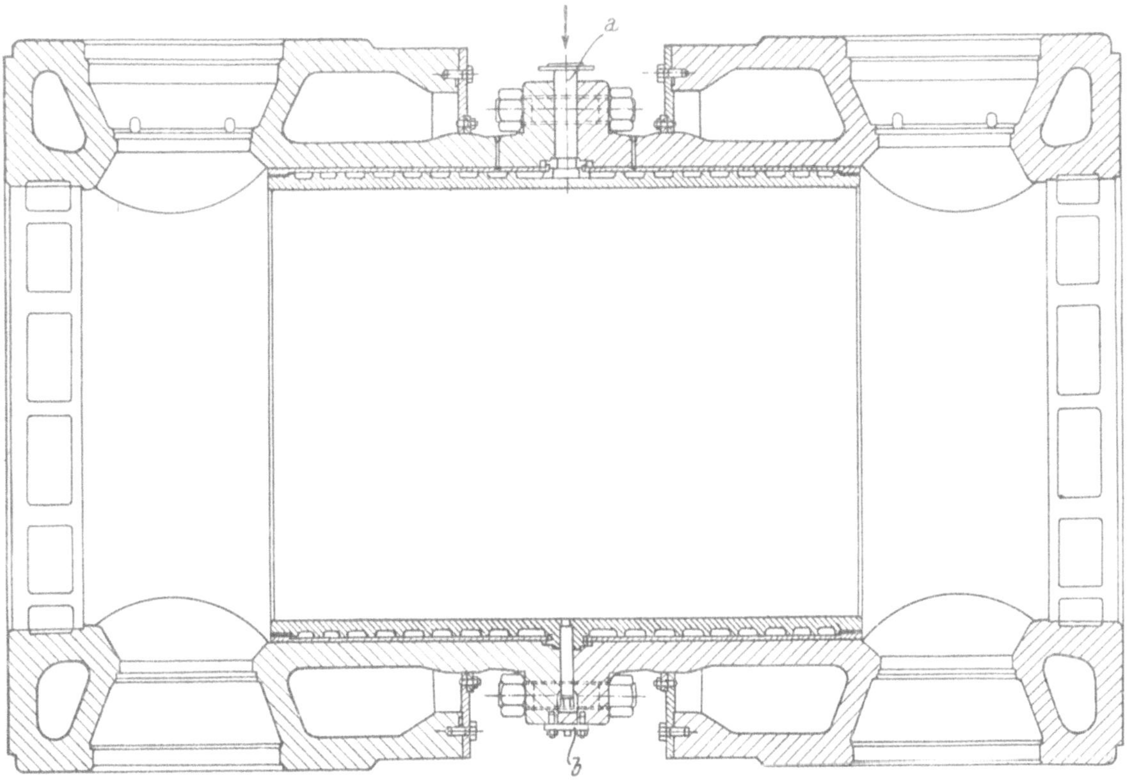

Abb. 119. Zylinder einer Großgasmaschine mit gekühlter Laufbüchse. Bauart Erhardt & Sehmer.
a Kühlwasserzu- und -abfluß, *b* Schmierung.

des Kühlwassers beträgt bei Frischwasser von 10° C Eintrittstemperatur 25 l/PS_eh, bei rückgekühltem Wasser von 30° C Eintrittstemperatur 50 l/PS_eh. In beiden Fällen beträgt die Kühlwasseraustrittstemperatur 45° C. Um neben der Temperatur die Menge des austretenden Kühlwassers überwachen zu können, werden die Wasserabflüsse an einer sichtbaren Stelle zusammengeführt. Die Abflußleitungen sind jedoch für sich einstellbar. Nur in seltenen Fällen wird die Wärme des Kühlwassers, beispielsweise zur Raumheizung, nutzbar gemacht.

Im Hüttenwerksbetrieb erweist es sich als notwendig, die von den Gebläsen geförderte Luftmenge dem wechselnden Gegendruck anzupassen. Das erfolgt durch Veränderung der Größe des schädlichen Raumes des Gebläses unter Beibehaltung der Drehzahl und Maschinenleistung. Bei Vergrößerung des schädlichen Raumes nimmt wegen der wachsenden Rückexpansion die Fördermenge ab.

Ein Stahlwerksgebläse mit anschließendem Kolbenspülluftgebläse zeigt Abb. 120. Die Saug- und Druckventile arbeiten selbsttätig und sind in großer Anzahl über den

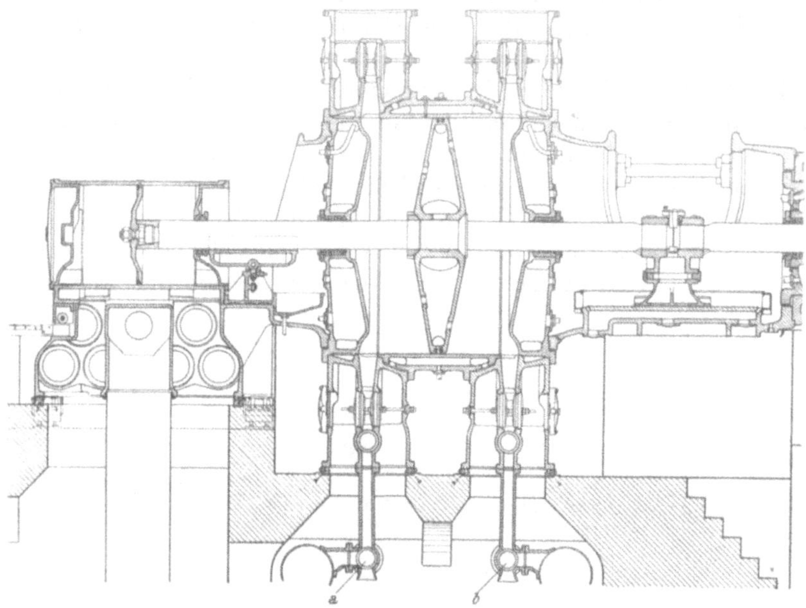

Abb. 120. Stahlwerksgebläse mit anschließendem Kolbenspülluftgebläse.
a Drehschieber, *b* Drehschieber.

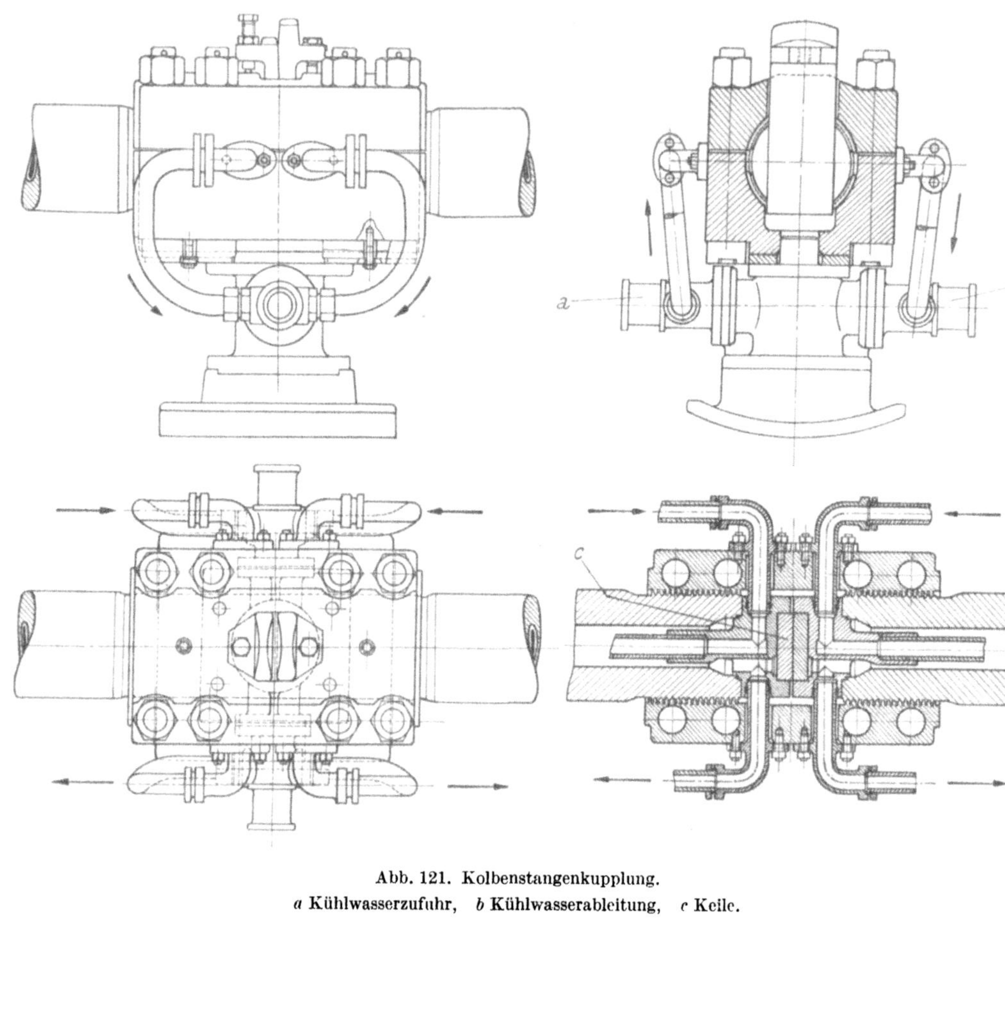

Abb. 121. Kolbenstangenkupplung.
a Kühlwasserzufuhr, *b* Kühlwasserableitung, *c* Keile.

Umfang des Gebläsezylinders verteilt. Unterhalb der Ventile befinden sich die Drehschieber a und b, durch die die Größe des schädlichen Raumes verändert werden kann.

Der einteilig gebaute Kolben besteht aus Gußeisen, selten aus Stahlguß. Er wird wieder von der Kolbenstange freischwebend getragen, nur die Dichtungsringe schleifen auf der Lauffläche. Dadurch werden Abnützung der Lauffläche und Reibungsarbeit auf ein Mindestmaß herabgesetzt. Die Nabe des Kolbens ist auf ihrer ganzen Länge eingespannt und wird durch eine Mutter auf einen Kegel der Kolbenstange gepreßt. Die Stirnflächen des Kolbens sind zur Verringerung von Gußspannungen kegelig ausgeführt.

Abb. 122. Tandemzwillingsmaschine von Erhardt & Sehmer mit Stahlwerksgebläsen.

Die Kolbenstangen werden mit gerader Mittellinie hergestellt. Die Durchbiegung der Kolbenstange wird beim Zusammenbau durch Beilagen unter der Kreuzkopfgleitbahn ausgeglichen und so das richtige Spiel zwischen Kolben und Lauffläche eingestellt. Als Baustoff für die Kolbenstange wird Siemens-Martin-Stahl verwendet. Die Löcher für die Kühlwasserzu- und -abführung sind in die Kupplung der Kolbenstange gelegt, um eine Schwächung der Stange zu vermeiden.

Die in Abb. 121 dargestellte Kolbenstangenkupplung besteht aus Schmiedestahl. Sie ist mit einem einseitigen Gleitschuh verbunden. Die Kupplung ist in der Horizontalebene geteilt und wird durch Schrauben zusammengehalten. Das Muttergewinde der Kupplungshälften ist ein federndes Solt-Gewinde. Durch die Nachgiebigkeit der einzelnen Muttergewindegänge wird eine gleichmäßige Kraftübertragung auf die Kolbenstange erreicht.

Die Keile c, die durch eine Öffnung in der Mitte der Kupplung eingeführt werden, dienen zum Anpressen der Wasserzuführungen und als Drehsicherung für die Kolbenstangen. Zwischen Kupplung und Gleitschuh befindet sich eine herausnehmbare Zwischenplatte, um deren Dicke die untere Kupplungshälfte gesenkt werden kann. Dadurch kommen die Gewindegänge der Kolbenstangen außer Eingriff, und die Kupplung kann auseinandergenommen werden.

Die Maschine hat eine Abreißzündung mit vier elektromagnetisch betätigten Schlagapparaten. Die Verteilung des einer Batterie entnommenen Zündstromes geschieht durch eine Kontaktscheibe, die auf der Steuerwelle sitzt.

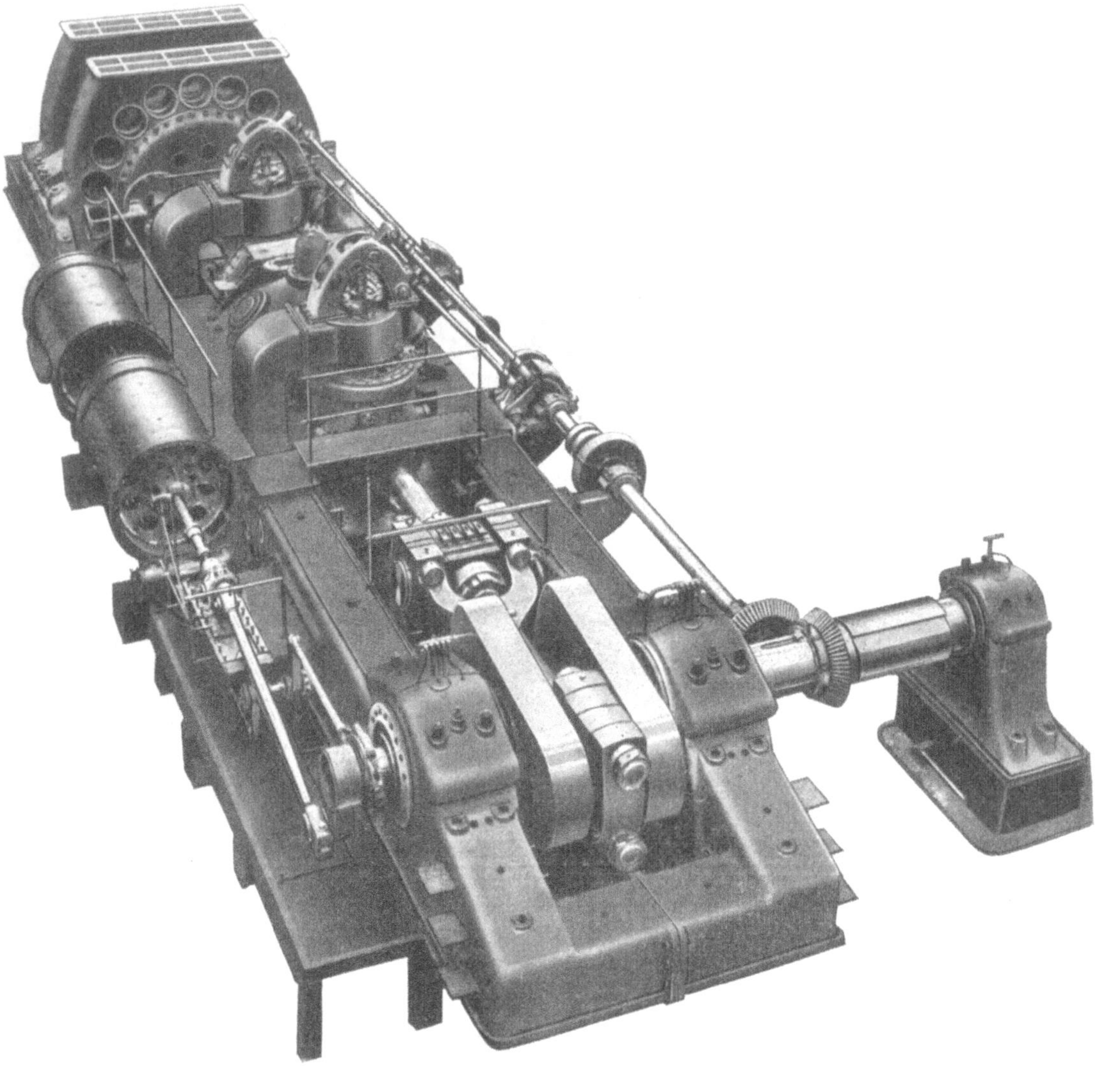

Abb. 123. Doppeltwirkende Einzylinderzweitaktmaschine der Siegener Maschinenbau A. G.

Das Öl zur Schmierung wird den Triebwerksteilen und den Kurbelwellenlagern von einem Hochbehälter zugeführt. Das ablaufende Öl wird gefiltert und von neuem in den Hochbehälter gepumpt. Die Teile, die hohen Drücken und Temperaturen ausgesetzt sind, werden durch Schmierpressen mit Drucköl versorgt.

Die Tandemzwillingsmaschine von Erhardt & Sehmer, Abb. 122, treibt zwei Stahlwerksgebläse.

Neben Viertaktgroßgasmaschinen werden vereinzelt auch Zweitaktmaschinen gebaut. Eine doppeltwirkende Einzylinderzweitaktmaschine der Siegener Maschinenbau A. G. zum Antrieb eines Hochofengebläses zeigt Abb. 123 in Ansicht und Abb. 124 im Schnitt. Der Spüllufteintritt erfolgt durch Ventile und das Ausströmen der Abgase durch die vom Kolben gesteuerten Schlitze in der Mitte des Zylinders. Da für die Spülung nur kurze Zeit zur Verfügung steht, müssen die Spülluftventile große Querschnitte haben. Die Drehzahl dieser Maschine ist wegen der schweren Ventile und hohen Beschleunigungskräfte niedrig und liegt unter 100 U/min. Im Gehäuse des Spülventils befindet sich

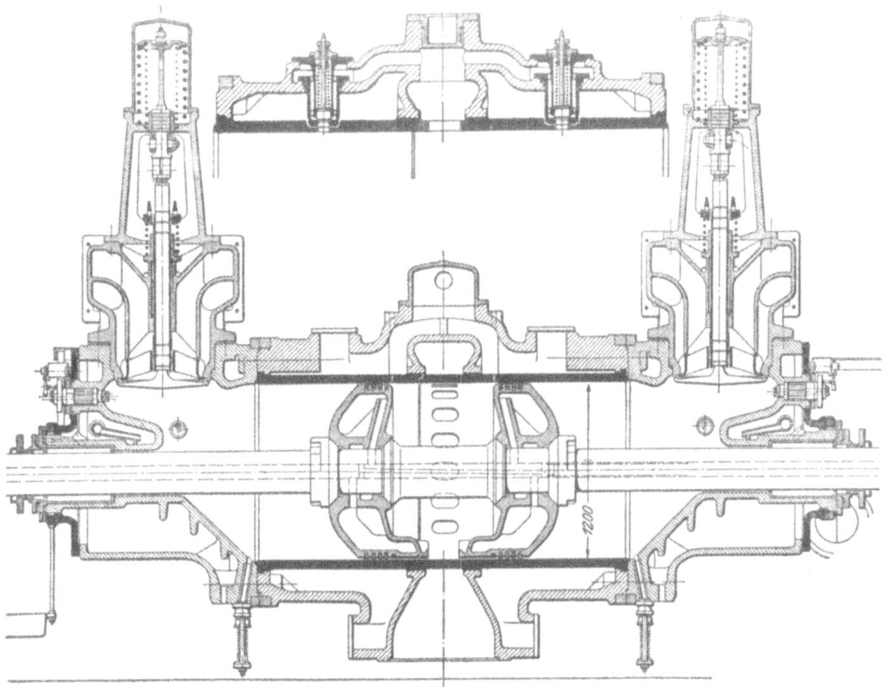

Abb. 124. Schnitt durch den Zylinder der Maschine Abb. 123.

ein besonders gesteuerter Gasschieber. (In der Abb. 124 nicht ersichtlich.) Die Betätigung des Spülventils und des Gasschiebers erfolgt durch Kipphebel und Stoßstangen von der Nockenwelle aus. Der Gasschieber hat ein eigenes Gestänge.

Kurz nachdem der Kolben die Auspuffschlitze freigegeben hat, wird das Spülventil angehoben, und es tritt Luft in den Zylinder ein. Im unteren Totpunkt des Kolbens erfolgt das Öffnen des Gasschiebers, so daß jetzt auch Gas in den Zylinder gelangt. Es wird also mit Luft vorgespült. Bei beginnendem Verdichtungshub werden zunächst die Auspuffschlitze und darnach das Spülventil geschlossen. Da das Spülventil länger als die Auslaßschlitze geöffnet ist, kann die Maschine aufgeladen werden. Seitlich neben dem Maschinenzylinder liegen hintereinander die doppeltwirkenden Pumpen für Gas und Luft, deren Kolben auf einer gemeinsamen Kolbenstange sitzen und von der Kurbelwelle durch eine Stirnkurbel angetrieben werden. Die Pumpenkurbel eilt der Maschinenkurbel um 100° voraus. Die Pumpen saugen Gas und Luft durch Schlitze an und drücken sie durch Plattenventile in die Rohrleitungen zum Spülventil. Die Steuerung der angesaugten Luft- und Gasmenge geschieht durch einen Schieber, der unter dem Pumpenzylinder liegt. Zur Regelung der angesaugten Gas- oder Luftmenge wird dieser Steuerschieber verdreht, und es wird beim Förderhub ein Teil der angesaugten Luft- und Gasmenge in die Ansaugleitung zurückgedrückt. Wird bei niedrigen Belastungen der Zylinder

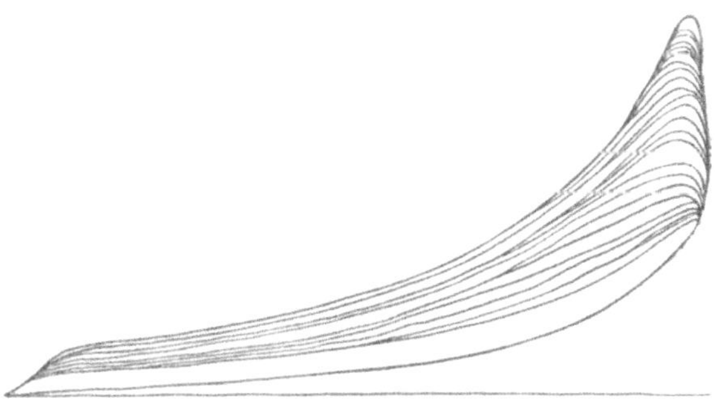

Abb. 125. Diagramm einer Zweitaktgasmaschine.

mit einer verringerten Gas- und Luftmenge gespült, so bleiben noch Abgase im Zylinder zurück. Die Füllung des Zylinders beim Verdichtungshub besteht dann aus frischem Gemisch und Abgas.

Das Diagramm einer solchen Zweitaktmaschine bei verschiedener Belastung und veränderlicher Gemischmenge zeigt Abb. 125. Der Druck bei Beginn und am Ende der Verdichtung ist für alle Belastungen gleich.

V. Fahrzeuggasmotoren.

Gasmaschinen werden nicht nur für stationäre Anlagen verwendet, sondern auch in Lastkraftwagen und Omnibusse eingebaut. Ihre Verwendung als Fahrzeugmotoren wurde besonders dadurch gefördert, daß viele Länder sich von der Einfuhr flüssiger Brennstoffe unabhängig machen wollten. Die Fahrzeuggasmotoren werden entweder mit in Druckflaschen gespeicherten Gasen, wie z. B. Leuchtgas und Methan, betrieben oder mit Sauggas, das durch in das Fahrzeug eingebaute Generatoren aus festen Brennstoffen erzeugt wird. Der größte Teil der gasbetriebenen Fahrzeuge ist mit Flüssiggasanlagen ausgerüstet. Die Flüssiggase sind ein Gemisch aus Propan und Butan und kommen unter den Namen Leuna-Treibgas, BV-Treibgas, Ruhrgasol und Deurag-Propan in den Handel. Nur für Gase von hohem Heizwert ist das Speichern in Flaschen und Mitführen im Fahrzeug lohnend.

1. Die Treibgase.

Das als Flüssiggas im Fahrzeug mitgeführte BV- und Leuna-Treibgas entsteht als Nebenerzeugnis bei der synthetischen Herstellung von Benzin. Beide Gase werden bei 15° C und 8 at Druck flüssig. Der Heizwert beträgt 22000 kcal/Nm³. Die Hauptbestandteile sind Butan und Propan. Eine Speicherflasche für BV- oder Leuna-Treibgas wiegt leer 53 kg und enthält 46 kg Treibgas bei 8 at Druck. Diese Menge entspricht 67 l Benzin.

Das Deurag-Propan wird aus den Erdgasen der Deutschen Erdölquellen bei Hannover und bei der Weiterverarbeitung des Rohöles gewonnen. Es besteht aus Propan und Butan und läßt sich bei 15° C und 7 at Druck verflüssigen. Eine Speicherflasche für Deurag-Propan wiegt leer 32 kg und faßt 22 kg Deurag-Propan. Diese Menge entspricht 32 l Benzin.

Das Ruhrgasol ist ein flüssiges Gas, das bei der Tiefkühlung des Generatorgases zur Gewinnung von Wasserstoff und Stickstoff anfällt. Es wird nach dem Lurgi-Verfahren unter Einwirkung von Aktivkohle in den Kokereien gewonnen. Das Ruhrgasol setzt sich hauptsächlich aus Propan, Propylen, Butan, Butylen, Äthylen und geringen Mengen Methan zusammen und wird bei 15° C und 12 at Druck flüssig. Der Heizwert ist 22000 kcal/Nm³. Die Flaschen für das Ruhrgasol wiegen leer 53 kg und fassen 43 kg des Treibstoffes bei 12 at Druck. Diese Füllung entspricht 63 l Benzin.

Das unter Hochdruck im Fahrzeug mitgeführte Leuchtgas wird dem städtischen Gasnetz entnommen und in Verdichtungsanlagen auf 200 bis 250 at Druck verdichtet. Wegen seines geringen Heizwertes von 3400 bis 4200 kcal/Nm³ hat das Fahrzeug bei Leuchtgasbetrieb nur einen kleinen Aktionsradius. Da für große Gasmengen das Flaschengewicht sehr hoch wird, sind Fahrzeuge mit größerem Aktionsradius unwirtschaftlich, weil die Nutzlast durch das Flaschengewicht zu sehr verringert wird. Kraftfahrzeuge für Leuchtgasbetrieb werden deshalb nur im Stadtgebiet verwendet. Eine Speicherflasche für Leuchtgas hat einen Rauminhalt von 100 l und wiegt leer 68 kg. Ihre Füllung mit Leuchtgas von 200 at Druck entspricht einer Benzinmenge von 10 l.

Das Methan entsteht bei der Abwasserverwertung der Städte in Kläranlagen und bei der Tieftemperaturzerlegung von Koksofengas. Methan kommt vermischt mit Äthan als Motorenmethan zur Verwendung. Der Heizwert beträgt 10000 kcal/Nm³. Die Speicherflasche besteht aus hochwertigem Werkstoff und wiegt leer 70 kg. Sie hat einen Rauminhalt von 76 l. Das Gas wird bei einem Druck von 185 at gespeichert. Eine

Flasche faßt 13 kg Motorenmethan. Diese Menge entspricht 19 l Benzin. Für die Beurteilung der Verwendbarkeit der Gase zum Antrieb von Kraftfahrzeugen ist das Gewicht der Treibstoffbehälter mit Füllung von Bedeutung. Das Tankgewicht für je 10000 kcal flüssiges Treibgas beträgt 1 kg, für je 10000 kcal Leuchtgas dagegen 10 kg. Propan-Butan-Gemische sind demnach den nicht verflüssigbaren Gasen weit überlegen. Motorenmethan nimmt eine Zwischenstellung ein. Generatorgas kommt als Speichergas nicht zur Verwendung, da wegen seines geringen Heizwertes eine Speicherung in Flaschen unwirtschaftlich ist.

Die Treibstoffkosten eines Kraftfahrzeuges sind bei Betrieb mit Flüssiggas geringer als bei Benzinbetrieb. Die Ersparnis hängt von dem Preis des Flüssiggases und dem Verbrauchsverhältnis von Flüssiggas zu Benzin ab. Aus dem Vergleich der Heizwerte ergibt sich, daß ein Kilogramm Flüssiggas ungefähr 1,44 l Benzin entspricht. Im Fahrbetrieb liegen jedoch die Verhältnisse günstiger, da im Teillastgebiet der spezifische Brennstoffverbrauch bei Benzin schneller ansteigt als bei Flüssiggas. Das ist darauf zurückzuführen, daß sich Benzin oft an den Wandungen der Ansaugleitung niederschlägt und die Zylinder dadurch ungleiches Gemisch erhalten. Bei Gasbetrieb ist die Vermischung stets gut und die gesamte angesaugte Gasmenge gelangt gleichmäßig verteilt in die Zylinder.

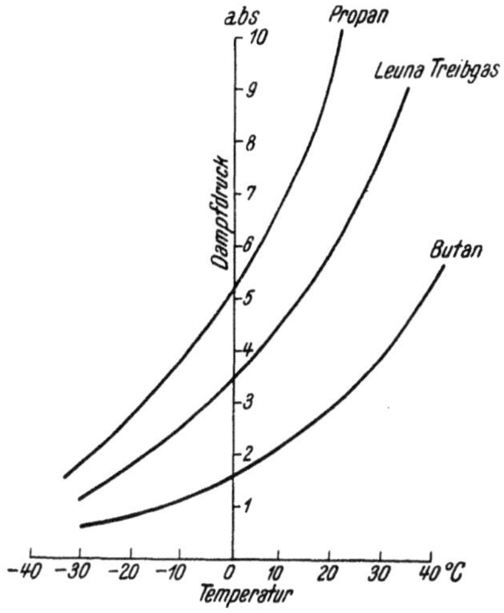

Abb. 126. Dampfdrucklinien.

Abb. 126 zeigt die Dampfdrucklinien von Propan, Butan und einer Mischung beider Gase. Der Druck in der Flasche muß bei geringer Außentemperatur noch hoch genug sein, um das Gas herauszutreiben. Das Mischungsverhältnis muß jedoch so gewählt werden, daß bei erhöhter Außentemperatur der Druck in der Flasche nicht zu hoch wird. In der Flasche befindet sich über dem Flüssigkeitsspiegel ein kleiner Gasraum. Wird aus diesem Raum Gas entnommen, so ändert sich die Gemischzusammensetzung, da die Anteile mit hohem Gasdruck zuerst entweichen. Das Flüssiggas wird deshalb durch ein Tauchrohr als Flüssigkeit entnommen. Dadurch bleiben die Gemischzusammensetzung und der Druck in der Flasche gleich.

2. Gemischbildung.

Es bestehen zwei Möglichkeiten, den Treibstoff in den Brennraum einzubringen, entweder in flüssigem Zustand durch direkte Einspritzung in den Zylinder oder nach Entspannung des Brennstoffes, als Gas in einem fertigen Gemisch durch die Ansaugleitung. Da der Motor durch Einspritzpumpen und Einspritzventile verwickelt und teuer wird, wird allgemein Gas-Luft-Gemisch angesaugt. Um eine einfache Umstellung von Gas- auf Benzinbetrieb zu ermöglichen, ist meist am Ansaugrohr des Motors außer dem Gasmischer ein Benzinvergaser angebracht.

Die Entspannung von Flüssiggas erfolgt allgemein durch einen ein- oder mehrstufigen Druckminderer, in dem das Flüssiggas gleichzeitig vergast. Der Druck nach der Entspannung wird bei allen Belastungen gleichgehalten. Das Gas strömt nach der Entspannung mit normalem Luftdruck oder geringem Überdruck dem Gas-Luft-Mischer zu. Bei Entspannung auf Atmosphären- oder Unterdruck saugt der Motor die erforderliche Gasmenge durch eine Düse in der Ansaugleitung an. Ansaugen und Gemischbildung erfolgen ähnlich wie in einem Benzinvergaser. Die Ausführung eines solchen Gas-Luft-Mischers ist sehr einfach, da der Kraftstoff im gasförmigen Zustand in die Ansaugleitung einströmt.

Bei einem Druckregler, der auf Überdruck entspannt, muß das Gas durch ein gesteuertes Mischventil in einer von Belastung und Drehzahl abhängigen Menge in die Ansaugleitung eintreten. Für Flüssiggas genügt ein einstufiger Regler, da bis zur Entleerung kein Absinken des an sich niedrigen Druckes in der Flasche erfolgt. Bei Hochdruckgasen, wie Leuchtgas und Motorenmethan, sinkt der Druck in der Flasche mit der Gasentnahme. Deshalb ist es zweckmäßig, die Entspannung in zwei Stufen vorzunehmen.

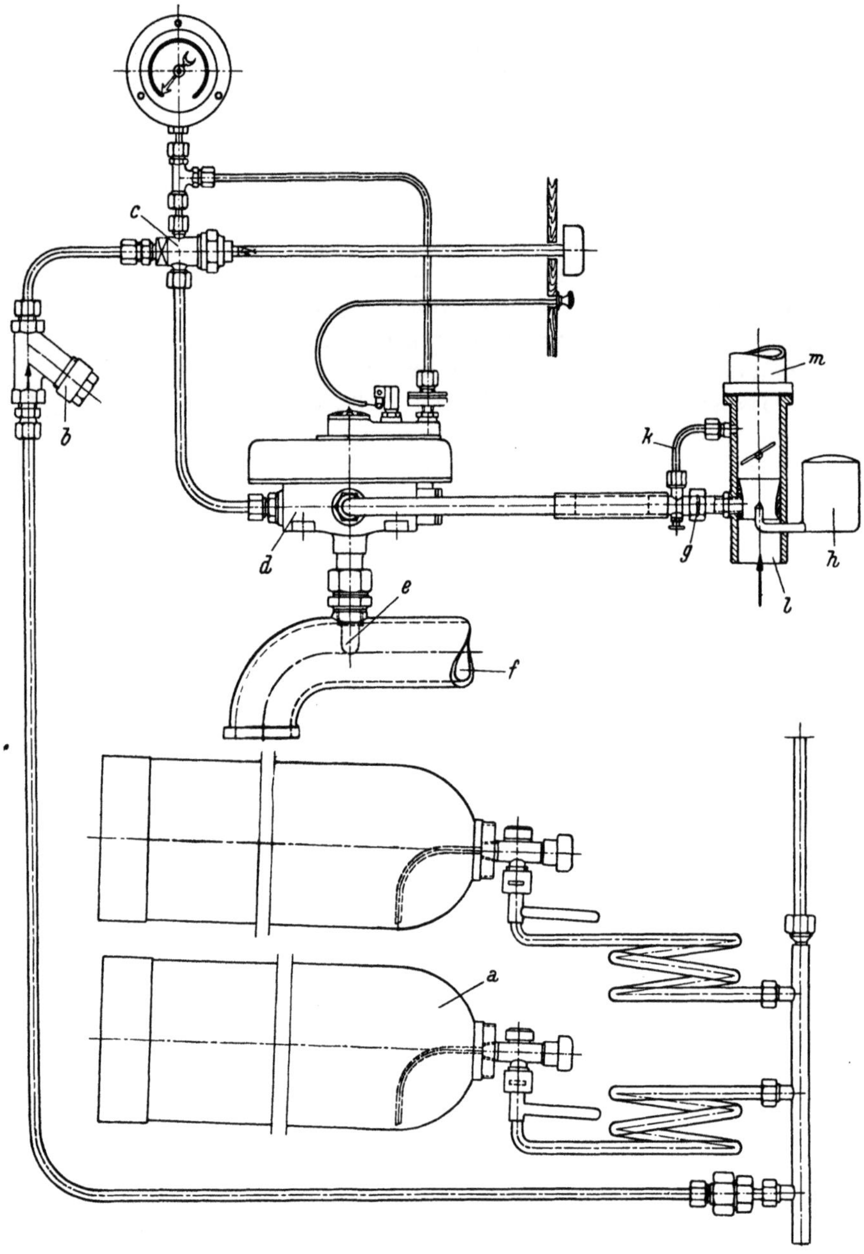

Abb. 127. Flüssiggasanlage.

a Gasflaschen, *b* Sieb, *c* Absperrventil, *d* Druckregler, *e* Vergasungsrüssel, *f* Auspuffleitung, *g* Blende, *h* Benzinvergaser, *k* Leerlaufgasleitung, *l* Lufteintritt, *m* Ansaugleitung.

Die erste Regelstufe hat die Aufgabe, einen gleichmäßigen Gasdruck vor der zweiten Regelstufe zu erhalten. Die zweite Stufe dient zur Feinregelung.

Eine Flüssiggasanlage des Benzolverbandes für Fahrzeuge stellt Abb. 127 schematisch dar. Sie besteht im wesentlichen aus den Gasflaschen *a*, dem Druckregler *d* sowie der Mischeinrichtung in der Ansaugleitung *m* des Motors. Die Flaschen werden seitlich längs der Träger oder zwischen Rahmen und Aufbau quer zur Längsachse des Fahrzeugs gelagert. Abb. 128 zeigt die Befestigung der Gasflaschen an einem Fahrgestell. Je nach Wagengröße und dem erforderlichen Aktionsradius werden bei Flüssiggasbetrieb 2 bis 4 Flaschen mitgenommen, von denen je eine für etwa 100 km Fahrstrecke ausreicht. Die leeren Flaschen werden gegen gefüllte Leihflaschen ausgetauscht. Die Gasflaschen sollen so angebracht werden, daß der Kopf mit dem Entnahmeventil tief liegt, damit nur Flüssiggas in das nach unten gebogene Entnahmeröhrchen eintritt. Das Sieb *b* vor dem Hauptabsperrventil *c* der Abb. 127 dient zum Auffangen von Verunreinigungen, wie Zunder und Dichtungsfasern, die vom Zusammenbau im Rohrnetz zurückgeblieben sind.

Abb. 128. Befestigung der Gasflaschen an dem Fahrgestell eines Krupp-Lastwagens.

3. Druckregler.

Die zur Verdampfung und Entspannung des Gases erforderliche Wärme muß dem Gas von außen zugeführt werden. Zu diesem Zweck können das Kühlwasser, die Auspuffgase oder die Strahlung der Auspuffleitung verwendet werden. Das Kühlwasser kann entweder in Rohrschlangen durch das Reglergehäuse fließen oder durch an dem Gehäuse angebrachte Rippen. Bei Hochdruckgasanlagen

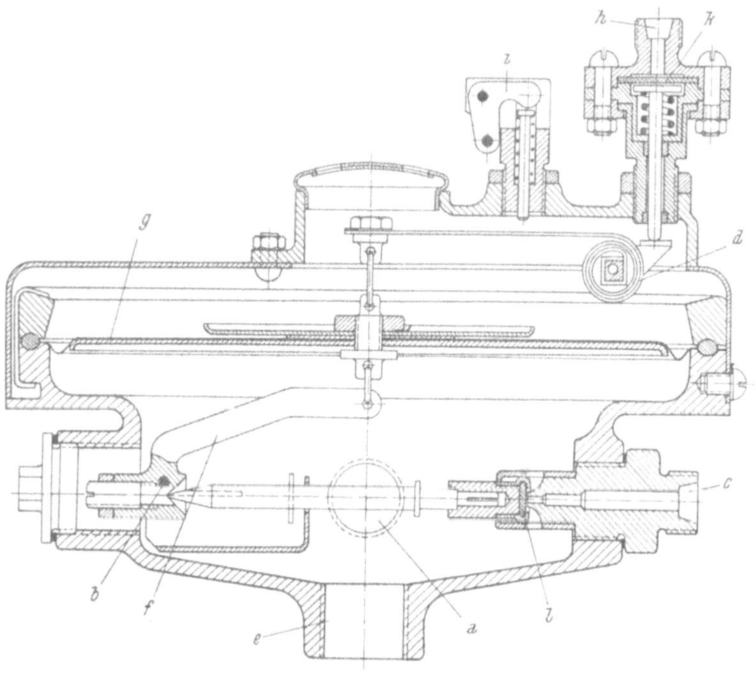

Abb. 129. Druckregler für Flüssiggas. Bauart Benzolverband.

a Gasaustritt zum Motor, *b* Hebeldrehpunkt, *c* Flüssiggaseintritt, *d* Spiralfeder, *e* Anschluß für den Vergasungsstutzen, *f* Hebel, *g* Membran, *h* Anschluß, *i* Tipper, *k* Hilfsmembran, *l* Ventil.

wird die Gasleitung in einigen Windungen um das Auspuffrohr geführt. Da das Gas zur Verdampfung und Entspannung größere Wärmemengen verbraucht, tritt eine starke Abkühlung ein, die bei ungenügender Wärmezufuhr eine Vereisung des Reglergehäuses an der Außenseite bewirken kann. Die für Butan erforderliche Verdampfungswärme beträgt 87 kcal/kg, für Propan 85 kcal/kg.

Für Regler, die durch den Unterdruck in der Ansaugleitung betätigt werden, muß das Regelventil bei sehr kleinem Unterdruck öffnen. Bei stillstehendem Motor muß das Regelventil gegen den hohen Druck dicht schließen, damit kein Gas in die Ansaugleitung und von da unter die Motorhaube gelangen kann. Das wird dadurch erreicht, daß die Membranfläche, auf die der Unterdruck wirkt, sehr groß und der Ventildurchmesser sehr klein gehalten wird. Damit auch bei kleinem Ventildurchmesser noch eine ausreichende Flüssiggasmenge durchtritt, muß dafür gesorgt werden, daß das Gas in flüssigem Zustand in die Ventilbohrung strömt.

Abb. 130. Einbau eines Reglers für Flüssiggas. Bauart Benzolverband.

Eine Erhöhung des auf die Reglermembran wirkenden Unterdruckes kann beim Anlassen des Motors dadurch erreicht werden, daß zunächst die vor der Drosselklappe an die Saugleitung angeschlossene Hauptgasmündung verschlossen bleibt und der hinter der Drosselklappe in der Ansaugleitung herrschende Unterdruck durch die Leerlaufbohrung auf den Regler wirkt. Die Hauptgasmündung wird erst bei höherer Motordrehzahl geöffnet.

Den Aufbau eines einstufigen Druckreglers für Flüssiggas des Deutschen Benzolverbandes zeigt Abb. 129. Durch die Bohrung *c* gelangt das flüssige Gas zum Ventil *l*. Die Gasleitung *a* führt zur Ansaugleitung des Motors. Bei laufendem Motor entsteht

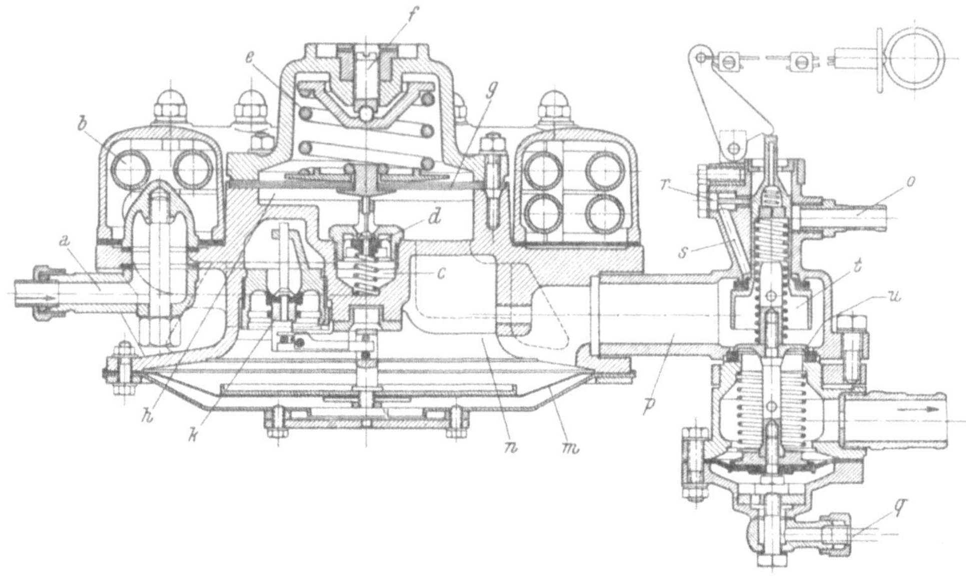

Abb. 131. Druckregler für Flüssiggas. Bauart Pallas-Apparate G. m. b. H.

a Flüssiggaseintritt,	*g* Membran,	*p* Stutzen,
b Rohrschlange,	*h* Raum nach der ersten Stufe,	*q* Stutzen,
c Hochdruckraum,	*k* Niederdruckventil,	*r* Düse,
d Hochdruckventil,	*m* Membran,	*s* Leitung,
e Feder,	*n* Raum nach der zweiten Stufe,	*t* Kolben,
f Federnachstellung,	*o* Startleitung,	*u* Ventil.

in dem Raum unter der Membran *g* ein Unterdruck, die Membran biegt sich dadurch nach unten und öffnet vermittels des Hebels *f*, dessen Drehpunkt bei *b* liegt, das Gasventil *l*. Durch die Entspannung im Ventil verdampft das Flüssiggas. Schwer zu vergasende Bestandteile fließen in ein unten verschlossenes, an den Stutzen *e* angeschraubtes Rohr, das, wie aus Abb. 130 ersichtlich, in die Auspuffleitung gesteckt ist. Durch den Tipper *i* auf Abb. 129 besteht die Möglichkeit, die Membran vor dem Anlassen des Motors niederzudrücken, so daß Gas in den Regler und die Ansaugleitung strömen kann. Bei Motorstillstand bewirkt die Feder *d* das Schließen des Ventils *l*. Auf dem Reglergehäuse sitzt ein zusätzlicher Druckregler mit einer Membran *k*, der durch den Anschluß *h* mit der Druckleitung verbunden ist. Der auf die Membran *k* wirkende Druck des Flüssiggases verursacht bei seinem Absinken eine Abnahme der Federkraft der Feder *d*.

In dem Druckregler für Flüssiggas der Pallas-Apparate G. m. b. H., Berlin, Abb. 131, findet die Entspannung und Regelung des Gases in zwei Stufen statt. Der Regler besitzt einen durch das Motorkühlwasser beheizten Vorwärmer. Das aus der Flasche kommende Gas tritt bei *a* in den Vorwärmer ein und strömt durch die Rohrschlange *b* in den Raum *c* vor dem Hochdruckventil *d*. Vermindert sich der Druck im Raum *h*, so drückt der auf der Membran *g* sitzende Stift durch die Kraft der Feder *e* das Ventil *d* auf. Bei der Strömung des Gases durch dieses Ventil tritt die erste Druckminderung ein. Die zweite Druckminderung erfolgt im Niederdruckventil *k*. Saugt der Motor durch den Stutzen *p* aus dem Raum *n* Gas an, so öffnet die unter dem Druck der Feder stehende Membran *m* durch einen Hebel das Ventil *k* der Niederdruckstufe. Hinter dem Druckregler befindet sich noch ein Abschlußventil *u*, das die Gasleitung bei stillstehendem Motor schließt, wenn das Gas auf Überdruck entspannt wird. Bei laufendem Motor wird dieses Ventil durch den Druck in der Schmierölleitung geöffnet, die zu diesem Zweck mit dem Stutzen *q* verbunden ist.

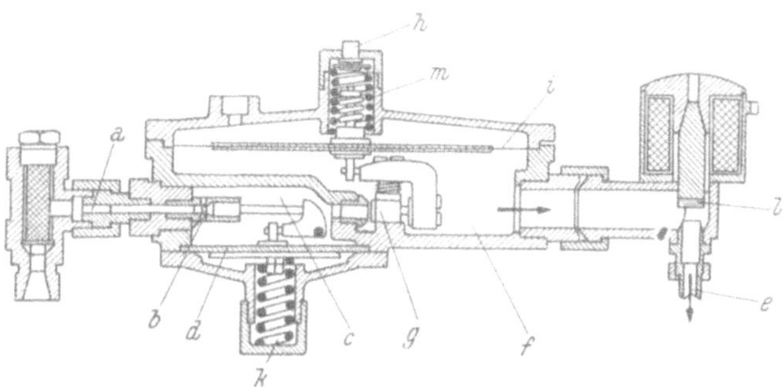

Abb. 132. Druckregler. Bauart Hessenwerk.

a Bohrung,
b Ventil,
c Raum,
d Membran,
e Leitung zum Motor,
f Reglerraum,
g Ventil,
h Tipper,
i Membran,
k Einstellfeder der ersten Stufe,
l Absperrventil,
m Einstellfeder der zweiten Stufe.

Zum Ingangsetzen des Motors ist eine Starteinrichtung vorhanden. Durch den Startzug wird der Kolben *t* auf den Ventilsitz des Ventils *u* gedrückt. Dabei strömt das Gas durch die Leitung *s* über die Düse *r* in die Startleitung *o*, die mit dem Ansaugrohr verbunden ist.

Bei Druckreglern für Hochdruckgase, wie Motorenmethan und Leuchtgas, bei denen die Entspannung stets in zwei Stufen erfolgt, wird der Druck in der ersten Stufe von 200 at auf 3 at und in der zweiten Stufe auf 20 bis 30 mm WS herabgesetzt.

Einen zweistufigen Druckregler mit Reinigungsfilter und elektromagnetischem Absperrventil der Firma Hessenwerk Rudolf Majert Komm. Ges., Kassel, zeigt Abb. 132. Dieser Regler kann sowohl für Flüssiggas als auch für Hochdruckgas verwendet werden. Nach Durchströmen des Filters tritt das Gas durch die Bohrung *a* zum Ventil *b*. Sobald der Druck im Raum *c* sinkt, biegt sich die Membran *d* nach oben durch und öffnet das Ventil *b*. Im Ventil *b* erfährt das Gas seine erste Druckminderung. Gibt das elektromagnetische Absperrventil *l* die Austrittsöffnung des Gases frei, so sinkt der Druck im Raum *f* und die Membran *i* öffnet das Ventil *g*. Im Ventil *g* erfährt das Gas die zweite Druckminderung. Der Führungskolben des Stillstandsventils *l* ist gleichzeitig Magnetkern. Beim Anlassen des Motors wird der Magnetkern in die Spule gezogen und öffnet das Ventil. Das Gas strömt dem Motor mit einem Überdruck von 100 bis 1000 mm WS zu.

4. Gas-Luft-Mischer.

Zur Mischung von Gas und Luft ist in die Ansaugleitung des Motors ein Mischer nach Abb. 133 eingebaut. Das angesaugte Gas tritt durch das Rohr *a* und die Luft durch den Lufttrichter *f* in den Mischer ein. Die Regelung des Motors erfolgt durch die Drosselklappe *k* in der Gemischleitung. Die Drosselscheibe *b* in der Gasleitung dient zur Einstellung des Gemischverhältnisses. Vor der Drosselscheibe *b* zweigt die Leerlaufleitung *c* ab. Sie führt hinter der Drosselklappe *k* in die Ansaugleitung. Die Gasmenge für Leerlauf wird durch die Drosselscheibe *d* eingestellt. Hinter der Drosselscheibe *b* in der Gasleitung befindet sich die Rückschlagklappe *e*. Sie verhindert, daß bei Leerlauf Luft in die Gasleitung und durch die Leerlaufleitung hinter die Drosselklappe *k* gelangt.

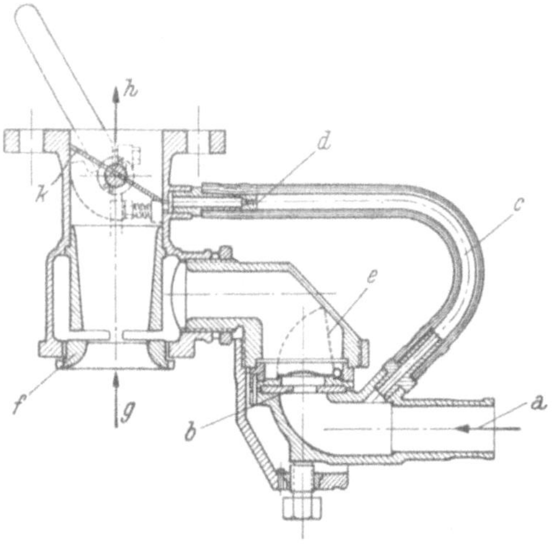

Abb. 133. Gasluftmischer mit Leerlaufeinrichtung. Bauart Pallas.
a Gaseintritt, *b* Drosselscheibe, *c* Leerlaufgasleitung, *d* Leerlaufdrosselscheibe, *e* Rückschlagklappe, *f* Lufttrichter, *g* Lufteintritt, *h* Gemischaustritt, *k* Drosselklappe.

Einen Mischer, dem das Gas mit Überdruck zuströmt, zeigt Abb. 134. Die Regelung der Gasmenge erfolgt in Abhängigkeit von der Belastung durch ein Nadelventil *a*. Dieser Mischer, der als Einblaseflansch bezeichnet wird, ist hinter der Drosselklappe des Benzinvergasers eingebaut. Das Nadelventil ist mit der Drosselklappe gekuppelt und wird gemeinsam mit ihr durch einen Bowdenzug bewegt. Dadurch, daß das Gas unter Überdruck steht, tritt schon bei geringer Ventilöffnung eine größere Gasmenge aus, und der Motor erhält bereits beim Anfahren und bei geringer Drehzahl ein gasreiches Gemisch. Dadurch hat der Motor ein großes Anzugsvermögen.

Neben den auf Gasbetrieb umstellbaren Benzinmotoren werden auch besondere Gasmotoren mit höheren Verdichtungsverhältnissen bis zu $\varepsilon = 10$ gebaut. Bei diesen Verdichtungsverhältnissen ist die Verwendung von Benzin nicht mehr möglich. Ein Vergaser ist deshalb nicht vorhanden. Versuche an Motoren mit hoher Verdichtung haben gezeigt, daß die Flüssiggase eine höhere Klopffestigkeit besitzen und weicher verbrennen als Benzin-Benzol-Gemische. Im Gegensatz zu Benzin tritt durch das Gas keine Verdünnung des Schmieröles ein. Klopfmessungen mit Flüssiggasen haben einen Oktanwert von mehr als 100 ergeben. Die Messungen mit Flüssiggasen können nicht mit Isooktan verglichen werden. Zweckmäßig werden zum Vergleich die Klopfwerte von Reinbenzol herangezogen, die sich zu Isooktan wie 120 zu 100 verhalten. Nach diesem Meßverfahren haben die Flüssiggase Oktanzahlen von 105 bis 110. Motorenmethan hat 122. Dadurch, daß der Vergaser, der den Strömungswiderstand erhöht, fortfällt und das Verdichtungsverhältnis erhöht werden kann, besteht die Möglichkeit, den Gasmotor auf die gleiche oder eine höhere Leistung zu bringen als den Benzinmotor. Das Gas-Luft-Gemisch verbrennt im Motor vollkommen. Die Auspuffgase sind geruch- und rauchfrei.

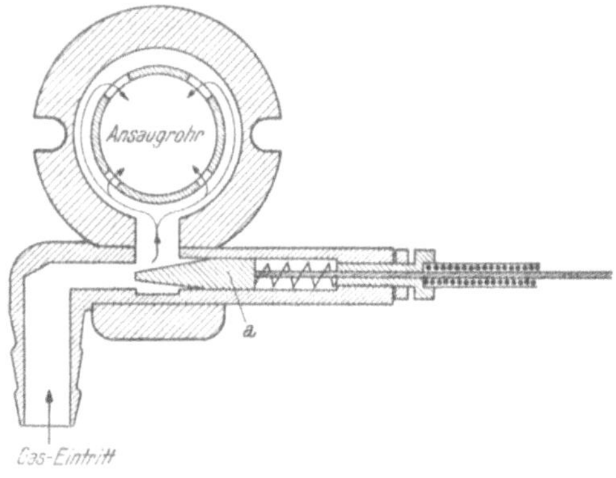

Abb. 134. Einblaseflansch. Bauart Hessenwerk.
a Nadelventil.

Bei der Umstellung eines Benzinmotors auf Treibgas sind keine weitgehenden Änderungen erforderlich. Der Vergaser bleibt an seiner Stelle, und das entspannte Gas wird durch eine seitliche Bohrung in dessen Lufttrichter eingeführt. Eine solche Ausführung wurde in Abb. 127 gezeigt. Eine andere Möglichkeit besteht darin, daß dem Benzinvergaser eine Mischeinrichtung für Gas und Luft vorgeschaltet wird. Diese Mischeinrichtung besitzt ebenfalls eine Düse, an deren engster Stelle das Gas eintritt. Das Gemisch muß den Lufttrichter des Benzinvergasers durchströmen, ehe es zu den Zylindern gelangt. Die Regelung des Motors erfolgt wie im Benzinbetrieb durch Drosselklappen, also durch Füllungsregelung. Nachteilig ist jedoch die starke Drosselung des Gas-Luft-Gemisches im Benzinvergaser.

5. Verhalten von Treibgasen im Fahrzeugmotor.

Rixmann [9, 10] hat an der Technischen Hochschule Berlin Versuche mit Treibgasen im Fahrzeugmotor durchgeführt, die nachfolgend beschrieben werden.

Als Versuchsmaschine wurde ein Sechszylinder-Lastwagenmotor mit zylindrischem Verbrennungsraum, hängenden Ventilen und seitlicher Zündkerze verwendet. Bei einer Bohrung von 120 mm und einem Hub von 160 mm, also einem Gesamthubvolumen

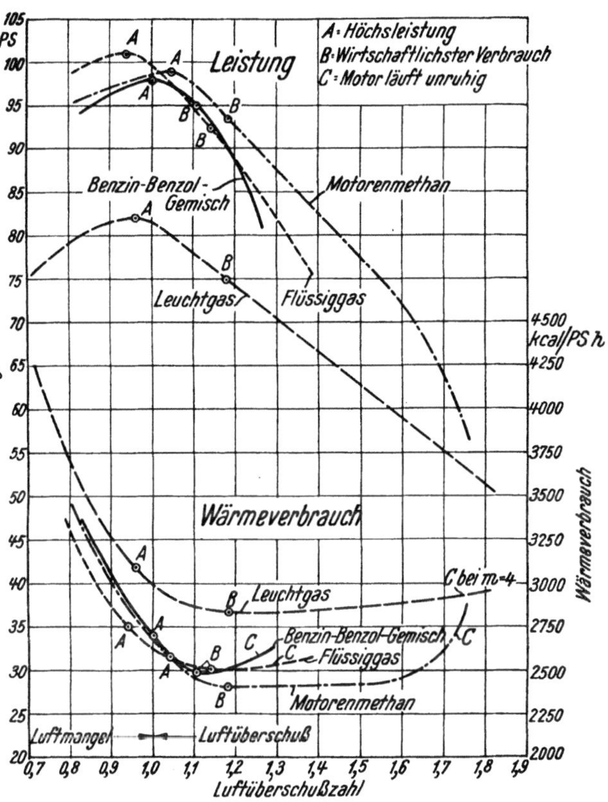

Abb. 135. Leistung und Wärmeverbrauch für verschiedene Kraftstoffe in Abhängigkeit von der Luftüberschußzahl.

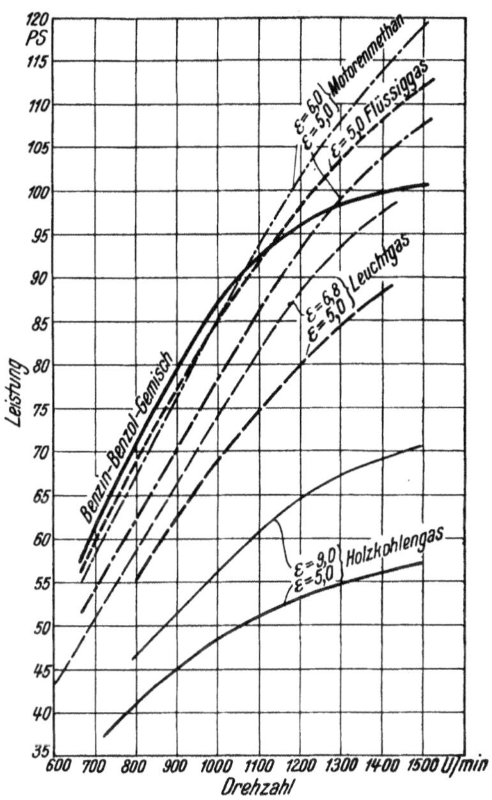

Abb. 136. Leistung für verschiedene Kraftstoffe und Verdichtungsverhältnisse in Abhängigkeit von der Drehzahl. (Benzin- Benzolgemisch $\varepsilon = 5$.)

von 10,85 l, betrug die Normaldrehzahl 1250 U/min und die Höchstdrehzahl 1500 U/min. Das Verdichtungsverhältnis war veränderlich und lag zwischen $\varepsilon = 5$ und $\varepsilon = 9$. Um die Drosselung des angesaugten Gemisches durch die Düse des Benzinvergasers auszuschalten, wurde der Vergaser abgebaut und durch einen Mischer für Gas und Luft ersetzt.

Es wurde die Abhängigkeit der Leistung und des Wärmeverbrauches von der Luftüberschußzahl bei verschiedenen Treibgasen untersucht. Die gefundenen Werte sind in Abb. 135 dargestellt. Bei Luftüberschuß ist der spezifische Gasverbrauch am kleinsten. Die Leistungen bei Betrieb mit Benzin-Benzol, Flüssiggas und Motorenmethan sind nahezu gleich. Die höchste Leistung wird mit Flüssiggas erzielt. Bei Leuchtgas ist die Leistung wegen des geringeren Gemischheizwertes wesentlich kleiner. Wenn der Motor auf den geringsten Gasverbrauch eingestellt werden soll, muß eine verringerte Leistung in Kauf genommen werden. Die Punkte *C* auf den Linien des Wärmeverbrauches zeigen den Luftüberschuß an, bei dem der Motor unruhig zu laufen beginnt.

In Abb. 136 sind die den Punkten A der Abb. 135 entsprechenden Höchstleistungen über der Drehzahl aufgetragen. Bei größerem Verdichtungsverhältnis sind die Leistungen bei allen Drehzahlen höher. Bei Drehzahlen über 1100 U/min ist bei gleichem Verdichtungsverhältnis die Leistung bei Betrieb mit Flüssiggas, ab 1300 U/min auch bei Betrieb mit Motorenmethan höher als bei Benzin. Leuchtgas- und Holzkohlengasbetrieb gibt dagegen niedrigere Leistungen als Benzinbetrieb.

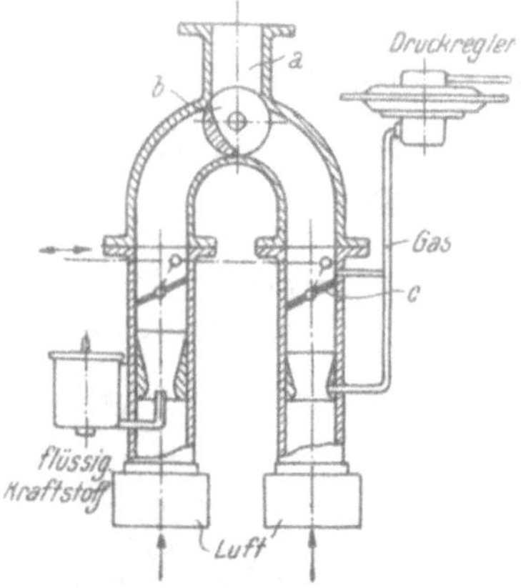

Abb. 137. Mischer für Luft und Gas und Benzinvergaser nebeneinandergeschaltet.
a Ansaugleitung, *b* Drehschieber, *c* Drosselklappe.

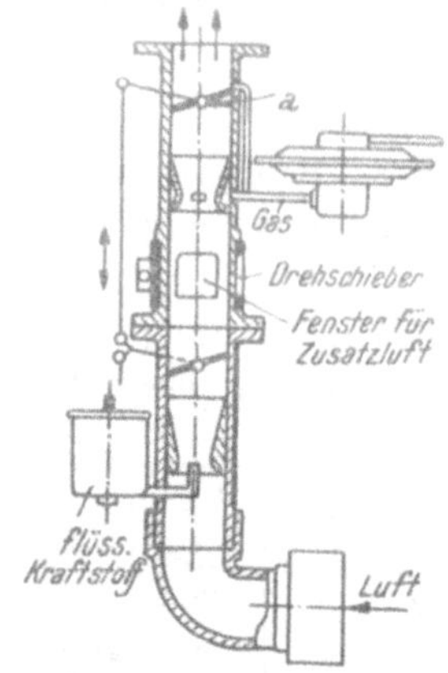

Abb. 138. Mischer für Luft und Gas und Benzinvergaser hintereinandergeschaltet.
a Drosselklappe.

Für die Motorleistung sind, wie schon erwähnt, der Liefergrad, der Gemischheizwert und der Nutzwirkungsgrad maßgebend. Der Liefergrad wird durch Temperatur und Unterdruck des Gemisches beim Eintritt in den Zylinder bestimmt. Im Benzinbetrieb erfolgt durch das Verdampfen des Benzins im Ansaugrohr eine Abkühlung des Gemisches und damit eine Erhöhung des Liefergrades. Bei höheren Drehzahlen verringert sich jedoch durch den Strömungsverlust im Vergaser wieder der Liefergrad. Bei Gasbetrieb, bei dem eine Zerstäubung des Treibstoffes durch hohe Luftgeschwindigkeit nicht erforderlich ist, tritt dadurch nur eine geringe Verminderung des Liefergrades ein, da der Durchmesser des Lufttrichters im Gasmischer sehr weit gehalten werden kann.

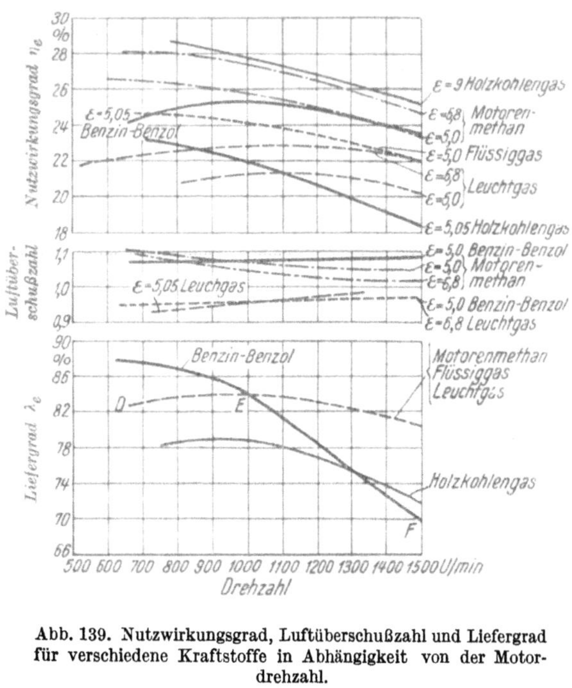

Abb. 139. Nutzwirkungsgrad, Luftüberschußzahl und Liefergrad für verschiedene Kraftstoffe in Abhängigkeit von der Motordrehzahl.

Bei einem Motor für wechselnden Gas- und Benzinbetrieb können Mischer und Vergaser nebeneinander oder hintereinander geschaltet werden. In Abb. 137 sind Vergaser und Mischer nebeneinander angeordnet. Beide sind durch ein Hosenrohr mit der Ansaugleitung a verbunden. Die Umschaltung von Gas auf Benzin erfolgt durch einen Drehschieber b. Bei Benzinbetrieb wird die Drosselklappe c für das Gas-Luft-Gemisch geschlossen und nur die Drosselklappe für das Benzingemisch betätigt. Bei Gasbetrieb wird umgekehrt die Drosselklappe für Benzin geschlossen und die Drosselklappe für Gas-Luft-Gemisch betätigt.

Abb. 138 zeigt die Hintereinanderschaltung von Benzinvergaser und Mischer für Luft und Gas. Der Mischer liegt zwischen dem Vergaser und den Zylindern. Er ist nach Rixmann mit mehreren, durch einen Drehschieber verschließbaren Fenstern versehen, die bei Gasbetrieb geöffnet sind und Zusatzluft in die Ansaugleitung eintreten lassen. Die Enge des Lufttrichters im Vergaser verliert dadurch ihren schädlichen Einfluß. Bei Gasbetrieb arbeiten beide Drosselklappen gemeinsam. Bei Benzinbetrieb wird die Drosselklappe a im Mischer in geöffneter Stellung festgehalten und der Drehschieber für die Zusatzluft geschlossen. Mit diesem Mischer für Gas und Luft wurden die aus

Abb. 139 ersichtlichen Liefergrade festgestellt. Bei niedriger Drehzahl ist der Liefergrad bei Benzin auf Grund der geringeren Gemischtemperatur höher als bei Gas, bei hoher Drehzahl fällt er jedoch wegen der Drosselung im Vergaser bei Benzinbetrieb sehr stark und bei Gasbetrieb nur wenig. Bei Verwendung von Sauggas aus festen Brennstoffen ist der Liefergrad in hohem Maße vom Saugwiderstand des Generators und der Reinigeranlage abhängig. Für Sauggas, das aus Holzkohle hergestellt war, betrugen bei einer Motordrehzahl von 1250 U/min die Gastemperatur 45° C und der Unterdruck 200 mm WS.

Der Gemischheizwert H_g ist vom Mischungsverhältnis von Gas zu Luft abhängig. Für Luftüberschuß $\lambda > 1$ gilt

$$H_g = \frac{H_u}{1 + \lambda \cdot L_0}$$

Für Gasüberschuß $\lambda < 1$ gilt unter der später angeführten Voraussetzung

$$H_g = \frac{\lambda\, H_u}{1 + \lambda \cdot L_0}$$

In Abb. 140 ist der Gemischheizwert verschiedener Kraftstoffe für den Fahrzeugbetrieb in Abhängigkeit von der Luftüberschußzahl aufgetragen. Das Gemisch hat seinen größten Heizwert bei der Luftüberschußzahl 1. Wird die Luftüberschußzahl größer oder kleiner als 1, so nimmt der Heizwert ab. Im Gebiet des Luftmangels ist H_g berechnet unter der Annahme vollständiger Verbrennung des der Luftmenge entsprechenden Brennstoffteiles. Um den Leistungsunterschied zwischen Benzin und den einzelnen Gasen beurteilen zu können, ist das Mischungsverhältnis bei Höchstlast zu beachten, denn das Mischungsverhältnis für höchste Leistung ist für die einzelnen Treibstoffe verschieden und liegt nicht genau bei der Luftüberschußzahl 1.

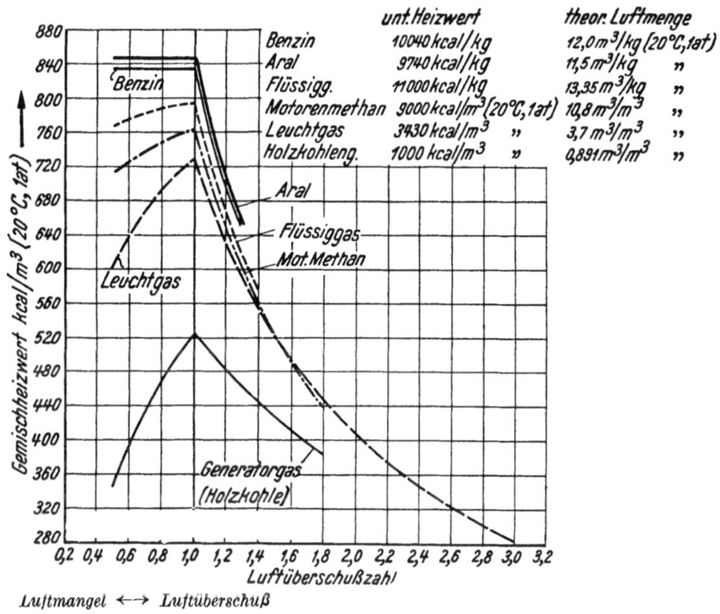

Abb. 140. Gemischheizwert verschiedener Kraftstoffe in Abhängigkeit von der Luftüberschußzahl.

In Abb. 139 ist der Nutzwirkungsgrad des von Rixmann untersuchten Motors, und zwar für höchste Leistung, über der Drehzahl aufgetragen. Motorenmethan hat von den untersuchten Treibgasen den höchsten Nutzwirkungsgrad. Am kleinsten ist er bei Leuchtgas.

Ein wirksames Mittel, die Leistung des Motors zu steigern, ist die Erhöhung des Verdichtungsverhältnisses. Soll ein Motor abwechselnd mit Benzin und Gas betrieben werden, so ist das Verdichtungsverhältnis durch die Klopfgrenze des Benzins festgelegt. Bei Methan, Flüssiggas und Generatorgas kann das Verdichtungsverhältnis höher gewählt werden, wenn auf Wechselbetrieb mit Benzin verzichtet wird. Die Leistungszunahme durch Erhöhung des Verdichtungsverhältnisses ist aus Abb. 136 zu ersehen.

6. Regelung des Fahrzeuggasmotors.

Für den Fahrbetrieb ist neben hoher Leistung der Brennstoffverbrauch bei verringerter Belastung wichtig, weil meist mit gedrosseltem Motor gefahren wird. Auch bei Fahrzeugmotoren ist wie bei stationären Anlagen Füllungs- oder Gemischregelung möglich. Nach

Abb. 14 hat sich ergeben, daß bei stationären Maschinen im oberen Leistungsbereich die Punkte des geringsten Gasverbrauches auf der Linie *e* für volle Füllung liegen. Es ist also das Gemisch zu regeln. Der Luftüberschuß nimmt dabei mit sinkender Belastung zu. Unterhalb einer bestimmten Leistung liegen die Punkte für geringsten Gasverbrauch nicht mehr auf der Linie für volle Füllung, sondern links davon, bei einem bestimmten Verhältnis von Luft zu Gas nahezu senkrecht untereinander. Dabei ist die Füllung zu regeln.

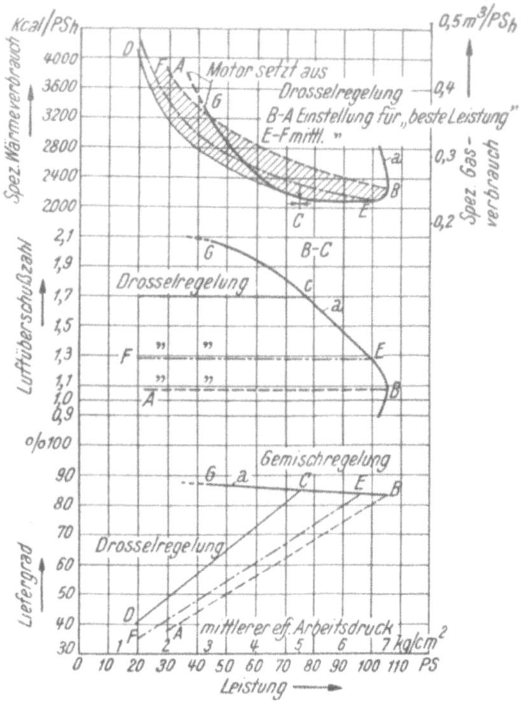

Abb. 141. Wärmeverbrauch, Luftüberschußzahl und Liefergrad für Motorenmethan bei verschiedenen Regelarten.

Rixmann kommt bei seinen Untersuchungen zum gleichen Ergebnis. In Abb. 141 sind der spezifische Wärmeverbrauch, die Luftüberschußzahl und der Liefergrad bei verschiedenen Regelarten im Betrieb mit Motorenmethan über der Leistung aufgetragen. Die Drehzahl betrug bei den Versuchen 1250 U/min. Vom Punkt *B* für höchste Leistung ausgehend, stellt die Linie *BCG* die reine Gemischregelung bei voller Füllung und die Linie *BA* die reine Füllungsregelung bei gleichbleibendem Mischungsverhältnis dar. Bei reiner Gemischregelung nach der Linie *BCG* bleibt der Liefergrad annähernd gleich. Bei reiner Füllungsregelung nach der Linie *BA* bleibt das Mischungsverhältnis gleich,und der Liefergrad nimmt ab. Der spezifische Wärmeverbrauch ist für hohe Leistung nach der Linie *BA*, also bei reiner Füllungsregelung, höher als nach Linie *BCG*, also bei Gemischregelung.

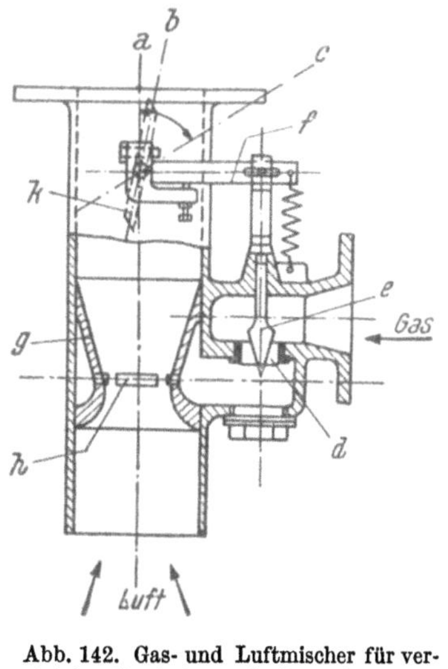

Abb. 142. Gas- und Luftmischer für vereinigte Gemisch- und Drosselregelung.
d Gasdüse, *e* Nadel, *f* Hebel, *g* Düsenartige Verengung, *h* Öffnungen für Gas, *k* Drosselklappe.

Bei aufeinanderfolgender Gemisch- und Füllungsregelung wird dagegen, vom Punkt *B* der Höchstlast ausgehend, zuerst bei gleichbleibender Füllung der Luftüberschuß größer, und zwar bis zum Punkt *C*. Der Luftüberschuß steigt während dieser Zeit von 1,1 auf 1,7. Vom Punkt *C* ab wird nach der Linie *CD* die Füllung vermindert, während das Mischungsverhältnis unverändert bleibt. Dabei ergibt sich gemäß der Linie *BCD* der niedrigste Gasverbrauch.

Zur Durchführung dieser Aufeinanderfolge von Gemisch- und Füllungsregelung hat Rixmann den in Abb. 142 dargestellten Mischer für Gas und Luft gebaut. In der Gasdüse *d* befindet sich eine Nadel *e*, die von der Drosselklappe *k* mit Hilfe einer Hebelübersetzung bewegt werden kann. Bei Höchstleistung ist die Drosselklappe *k* ganz geöffnet und befindet sich in der durch *a* bezeichneten Lage. Durch Verdrehung der Drosselklappe von *a* nach *b* wird die Gasnadel *e* durch den Hebel *f* nach unten bewegt und dadurch der Gasquerschnitt verringert. Da die kleine Drehung der Drosselklappe von *a* nach *b* die Füllung kaum verringert, findet durch die Verkleinerung des Gasquerschnittes Gemischregelung statt. Bei der weiteren Drehung der Drosselklappe von *b* nach *c* bleibt die Gasnadel in Ruhe und es tritt Füllungsänderung ein.

In Abb. 143 ist der spez. Wärmeverbrauch von Benzin-Benzol (Aral) mit dem von Flüssiggas und dem von Motorenmethan bei verschiedenen Regelarten verglichen. Die Linie *BCD* stellt wie in Abb. 141 den niedrigsten Wärmeverbrauch des betreffenden Treibgases bei Anwendung von aufeinanderfolgender Gemisch- und Füllungsregelung dar. Die Linie *BA* bedeutet Füllungsregelung.

Bei Füllungsregelung wurde der Zündzeitpunkt für alle Belastungen beibehalten, und zwar als bester Wert für den Punkt *B*, welcher der Höchstlast entspricht. Im Bereich der Gemischregelung erfolgt ein Nachregeln des Zündzeitpunktes auf den besten Wert. Die Bezeichnungen *A'*, *B'*, *C'*, *D'* beziehen sich auf Benzin-Benzol-Betrieb.

Die Versuche von Rixmann zeigen folgende Ergebnisse:

Mit Motorenmethan wird, von Höchstlast ausgehend, bei Füllungsregelung im Teillastgebiet der gleiche spezifische Wärmeverbrauch wie mit Vergaserbetrieb erreicht. Bei Gemischregelung und darauffolgender Füllungsregelung ergibt sich im Vergleich zu Benzin ein geringerer Wärmeverbrauch. Der Grund dafür ist, daß bei Betrieb mit Motorenmethan mit einem bis zu 70% größeren Luftüberschuß als bei Benzinbetrieb ohne Zündungsaussetzer gefahren werden kann.

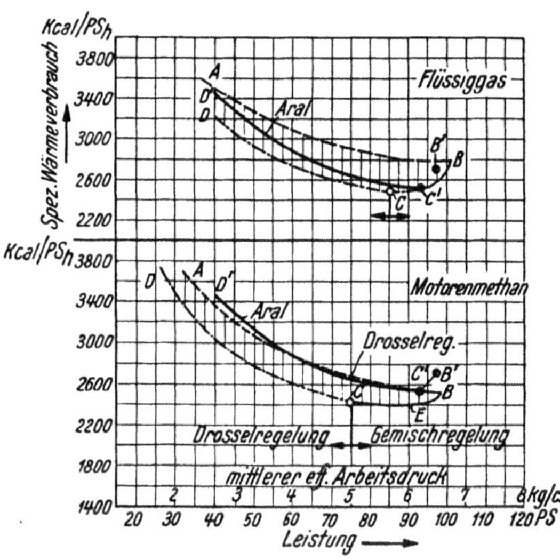

Abb. 143. Spezifischer Wärmeverbrauch bei verschiedenen Regelarten und Kraftstoffen.

Im Vergleich zu Flüssiggas liegt die Linie des Wärmeverbrauches für Benzin-Benzol-Betrieb zwischen den beiden Linien für reine Füllungsregelung und für Füllungs- und Gemischregelung. Da bei Flüssiggasbetrieb der Luftüberschuß nicht so hoch sein kann wie bei Methanbetrieb, ist die Brennstoffersparnis bei Anwendung von Gemisch- und Füllungsregelung im Vergleich zu Benzinbetrieb geringer. Bei Anwendung von aufeinanderfolgender Gemisch- und Füllungsregelung läßt sich bei Treibgasbetrieb sowohl die höchste Leistung als auch der geringste spezifische Brennstoffverbrauch erzielen.

Wird bei der Umstellung eines Benzinmotors auf Treibgas der Einfachheit halber nur mit einer Drosselklappe geregelt, so arbeitet die Maschine mit Füllungsregelung. Dabei ist das Gemisch durch Abstimmung der Gas- und Luftquerschnitte bei offener Drosselklappe auf höchste Leistung in der Nähe der Luftüberschußzahl 1 einzustellen. Bei Regelung nur durch eine Drosselklappe ist bei niedrigen Belastungen der spezifische Verbrauch höher. Die Gas- und Luftquerschnitte können aber auch bei voller Öffnung der Drosselklappe so gewählt werden, daß der Luftüberschuß größer als 1 wird. Bei Regelung durch die Drosselklappe wird dann bei Teillast der Verbrauch geringer, bei offener Drosselklappe muß jedoch auf die höchstmögliche Leistung verzichtet werden.

Eine Aufeinanderfolge von Gemisch- und Füllungsregelung kann auch dadurch erreicht werden, daß das Gas durch zwei Öffnungen in die Ansaugleitung eintritt. Die eine dieser Öffnungen bleibt stets gleich weit geöffnet, während die andere mit Hilfe der Drosselklappe gesteuert wird. Bei Höchstleistung wird durch die gesteuerte Zusatzöffnung Gas zugegeben.

Der Zündzeitpunkt für Fahrzeugmotoren mit Gasbetrieb ist abhängig von der Verbrennungsgeschwindigkeit des Kraftstoffes, der Gestaltung des Verbrennungsraumes, der Lage der Zündkerze, der Drehzahl und vom Verdichtungsverhältnis.

Die günstigste Vorzündung für verschiedene Treibgase ist in Abb. 144 in Abhängigkeit von der Luftüberschußzahl in Kurbelgraden aufgetragen. Die Vorzündung ist bei der Luftüberschußzahl 1 für alle Gase nahezu gleich und beträgt ungefähr 35° Kurbelwinkel. Der Zündzeitpunkt hängt, besonders bei Flüssiggas, stark von der Luftüberschußzahl ab.

Der hohe Luftüberschuß, der bei Leuchtgas und Motorenmethan möglich ist, erfordert eine Vorzündung bis zu 60° Kurbelwinkel. Bei Gemischregelung wird zweckmäßig die Änderung des Zündzeitpunktes von der Belastung abhängig gemacht. Bei Füllungsregelung, bei der das Mischungsverhältnis unverändert bleibt, kann die Vorzündung gleichbleiben. Bei aufeinanderfolgender Gemisch- und Füllungsregelung ist die Vorzündung zweckmäßig entsprechend einer mittleren Luftüberschußzahl einzustellen, z. B. bei Motorenmethan, bei dem sich die Luftüberschußzahl bei der Regelung zwischen 1,0 und 1,7 bewegt, entsprechend 1,3. Die Punkte L entsprechen dem Übergang von Gemisch- auf Füllungsregelung. Die Vorzündung beträgt in diesem Fall 50° Kurbelwinkel. Bei Höchstlast in der Nähe der Luftüberschußzahl 1 ist die günstigste Vorzündung 35° Kurbelwinkel. Darnach ist ein mittlerer Wert von 40° Kurbelwinkel vor dem oberen Totpunkt vorteilhaft.

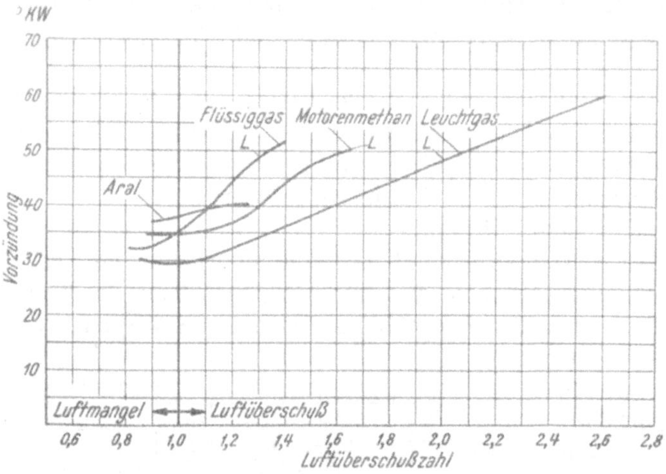

Abb. 144. Vorzündung bei Höchstleistung für verschiedene Kraftstoffe. $\varepsilon = 5$; $n = 1250$ U/min.

7. Betrieb mit Sauggas.

Eine Sauggasanlage für Fahrzeuge besteht aus dem Generator, den Gasreinigern und Kühlern, dem Gebläse zum Anblasen des Generators und dem Motor mit der Mischvorrichtung für Luft und Gas. Der Vorteil des Sauggasbetriebes liegt darin, daß an Stelle

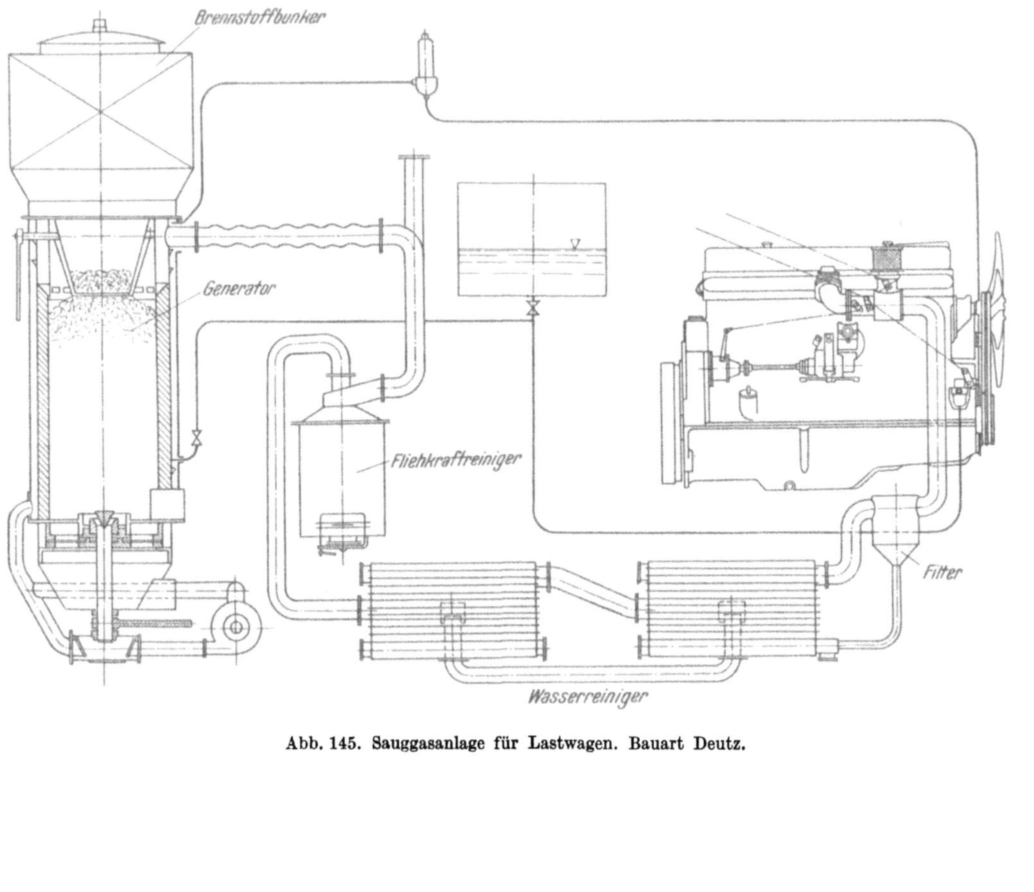

Abb. 145. Sauggasanlage für Lastwagen. Bauart Deutz.

von Benzin oder Gasöl billige feste Brennstoffe, wie Holz und Kohle, verwendet werden können. Länder mit Holz- und Kohlenreichtum werden dadurch unabhängig von der Einfuhr flüssiger Brennstoffe. Nachteilig ist jedoch die Verringerung der Ladefläche und der Nutzlast des Fahrzeuges durch den großen Platzbedarf der Sauggasanlage, außerdem ist der Betrieb der Anlage nicht einfach. Vor dem Anfahren braucht der Generator eine Anheizzeit von 3 bis 10 Minuten. Das Gebläse zum Anfahren des Generators wird entweder von Hand oder elektrisch angetrieben. Nach längerem Bergabfahren, während dem der Motor leer läuft und kein Gas ansaugt, hat das Gas beim Einsetzen der Belastung nicht mehr genügend Heizwert um den Motor sofort auf volle Leistung

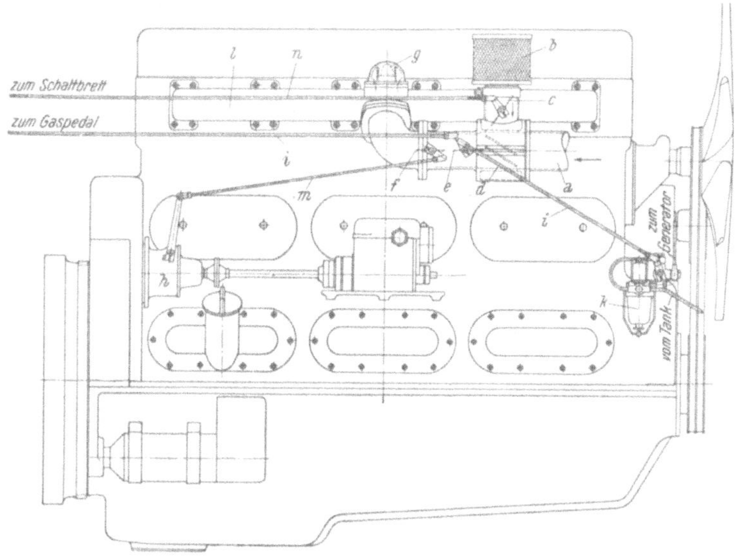

Abb. 146. Sechszylinder-Lastwagen-Sauggasmotor. Bauart Deutz. Bohrung 120 mm, Hub 170 mm, Hubvolumen 11,5 l. Drehzahl 1500 U/min, Leistung 95 PS.

a Gaszuleitung, *b* Filter für Luft, *c* Drosselklappe für Luft, *d* Mischraum, *e* Drosselklappe für Gemisch, *f* Drosselklappe, *g* Sicherheitsventil, *h* Drehzahlregler, *i* Regelgestänge, *k* Wasserpumpe, *l* Gemischleitung, *m* Reglerstange, *n* Stange.

zu bringen. Lastwagen mit Sauggasanlagen sind auch wegen der erhöhten Anschaffungskosten nur in beschränktem Umfang gebaut worden.

Abb. 145 stellt eine Sauggasanlage für Lastwagen, Bauart Deutz, dar. Der Gaserzeuger ist für die Vergasung von Anthrazit und Schwelkoks gebaut und arbeitet mit aufsteigender Vergasung. Über dem Vergasungsschacht befindet sich der Brennstoffbunker, der Schwelkoks für 150 km oder Anthrazit für 200 km Fahrstrecke aufnehmen kann. Nach Austritt aus dem Generator strömt das Gas zur Grobreinigung in einen Fliehkraftreiniger, durch den 90% des im Gas enthaltenen Staubes ausgeschleudert werden. Die Feinreinigung des Gases und seine Kühlung erfolgen in zwei Wasserreinigern, in die das Gas durch kleine Öffnungen fein verteilt durch das Wasser hindurch eintritt. Hinter dem Wasserabscheider gelangt das Gas in einen Filter zur Teerabscheidung und strömt dann zum Motor.

Die Ansicht eines Fahrzeug-Sauggasmotors von 95 PS_e Leistung, Bauart Deutz, zeigt Abb. 146.

Durch das Rohr *a* gelangt das Gas zum Motor. Die Luft, die durch das Filter *b* angesaugt wird, trifft im Raum *d* mit dem Gas zusammen. Die Leistung des Motors wird durch eine Drosselklappe *e* geregelt, die über das Gestänge *i* durch den Fußhebel im Führerhaus verdreht wird. Zur Begrenzung der Drehzahl dient der Drehzahlregler *h*, der durch das Gestänge *m* die Drosselklappe *f* in der Gemischleitung bewegt. Das Mischungsverhältnis wird durch die Drosselklappe *c* in der Luftleitung geregelt, die durch eine Stange *n* vom Führersitz aus verstellt werden kann. Das Gas-Luft-Gemisch gelangt durch die Leitung l zu den einzelnen Zylindern. Auf der Leitung l ist das federbelastete Sicherheitsventil g angebracht, das bei Zündungen in der Ansaugleitung die Gase nach außen abblasen läßt.

Für die Vergasung von Anthrazit und Schwelkoks ist ein Zusatz von Wasser im Generator nötig. Am Motor ist zu diesem Zweck eine Wasserpumpe k angebracht, die, abhängig von der Belastung, eine bestimmte Wassermenge in den Generator fördert. Die Regelung dieser Pumpe geschieht durch einen Dreiwegehahn, der mit der Drosselklappe e verbunden ist. Der Dreiwegehahn ist so eingestellt, daß in Anpassung an die jeweilige Drosselklappenstellung eine bestimmte Wassermenge in die Leitung zum Generator strömt, während der Rest durch die Überströmleitung in das Saugrohr der Pumpe zurückfließt.

Zum Anlassen des Motors kann auch ein Benzinvergaser verwendet werden. Der Motor saugt dann Benzingemisch an, dessen Menge mit der Drosselklappe des Vergasers

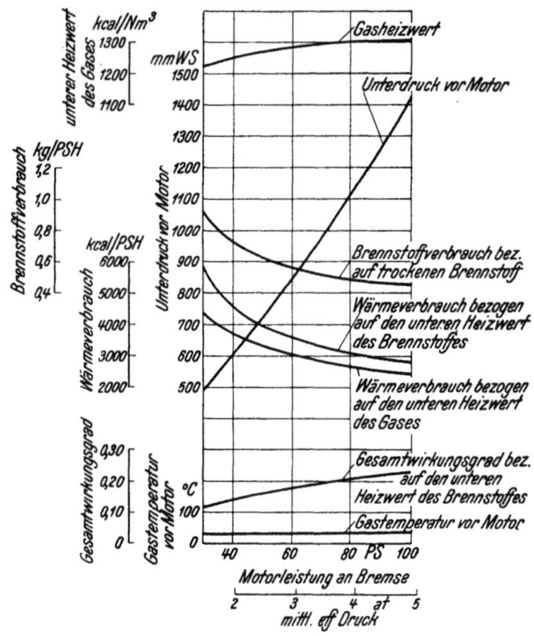

Abb. 147. Versuchsergebnisse bei Betrieb mit Braunkohlen-Schwelkoks.

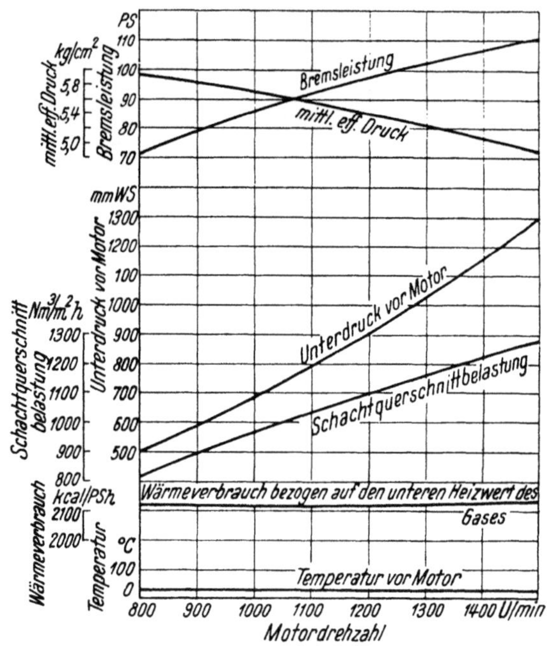

Abb. 148. Versuchsergebnisse bei Betrieb mit Braunkohlen-Schwelkoks.

geregelt wird. Läuft der Motor, so wird eine Drosselklappe in der Gasleitung langsam geöffnet, so daß zusätzlich Gas aus dem Generator angesaugt wird. Wenn der Generator genügend Gas liefert, so wird der Benzinvergaser abgeschaltet.

An einer Gasanlage für Lastkraftwagen wurden von WOHLSCHLÄGER bei Deutz Versuche mit Braunkohlenschwelkoks durchgeführt. Der Versuchsmotor hatte sechs Zylinder mit 130 mm Bohrung und 170 mm Hub, also ein Hubvolumen von 13,5 l. Die Körnung des Schwelkokses betrug 5 bis 15 mm. Der Gaserzeuger wurde mit Holz und Holzkohle angeheizt und gleich nach dem Anlassen mit Schwelkoks beschickt. Nach einer Anblasezeit von 3 min konnte der Motor angelassen werden.

Die Versuchsergebnisse sind in den Abb. 147 und 148 dargestellt. Der Verbrauch für die Lichtmaschine und den Windflügel für den Kühler wurde in den angegebenen Werten berücksichtigt. Aus Abb. 147 ist u. a. zu ersehen, daß der Heizwert des erzeugten Gases mit fallender Belastung des Motors sinkt. Bei niedriger Belastung wird der Anstieg des spezifischen Brennstoffverbrauches noch durch die Verschlechterung des Gases vergrößert. Bei einer Drehzahl von 800 U/min beträgt der mittlere effektive Arbeitsdruck 5,8 kg/cm², bei 1500 U/min 4,9 kg/cm². Bei einer Leistung von 80 PS_e ist der Schwelkoksverbrauch 0,5 kg/PSh. Eine größere Zahl von ortsfesten und Fahrzeuganlagen arbeitet auch mit Sauggas aus Holz.

Auch landwirtschaftliche Maschinen sind mit Sauggasanlagen ausgerüstet worden. Dabei wurde auch versucht, einen kleinen Zweitaktmotor mit Kurbelkastenspülpumpe zu verwenden. Bei einem Hubraum von 600 cm³ des Motors wurde mit Holzgas eine Leistung von 9 bis 10 PS_e erzielt. Da das Gas durch den Kurbelkasten angesaugt wird, muß es besonders gut gereinigt werden. Zum Anlassen dient ein Benzinvergaser.

C. Zündeinrichtungen.

Die Zündung des Gemisches erfolgt durch elektrische Niederspannungsabreißzündung oder durch Hochspannungszündung mit Zündkerze. In vereinzelten Fällen wird auch noch Glührohrzündung verwendet.

Die ersten OTTOschen Gasmaschinen arbeiteten mit Flammenzündung. Von einer außerhalb des Zylinders brennenden Gasflamme wurde ein Teil durch einen Schieber mit dem Zylinderinnern in Verbindung gebracht.

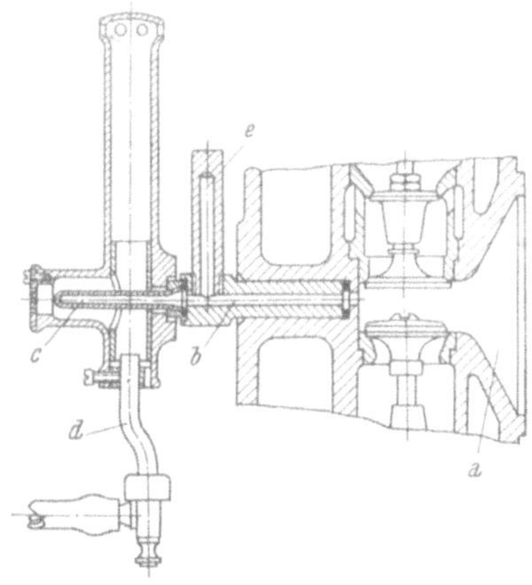

Abb. 149. Glührohrzündung. Bauart Deutz.
a Verbrennungsraum, *b* Kanal, *c* Glührohr, *d* Bunsenbrenner, *e* Rückständekammer.

I. Glührohrzündung.

Bei kleinen Leuchtgasmotoren benützt man zuweilen noch jetzt die von DAIMLER bei Deutz um 1880 eingeführte Glührohrzündung nach Abb. 149. Mit dem Verbrennungsraum *a* ist durch einen engen Kanal *b* das Glührohr *c* aus Porzellan verbunden. Das Glührohr wird von außen durch einen Bunsenbrenner *d* beheizt. Während des Verdichtungshubes dringt Gemisch in den Kanal ein und entzündet sich am Glührohr. Durch die Veränderung der Größe einer Rückständekammer *e* kann der Zündzeitpunkt verlegt werden.

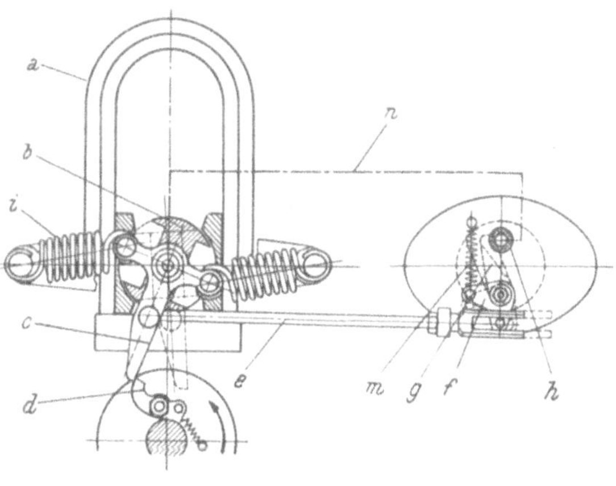

Abb. 150. Niederspannungs-Abreißzündanlage. Bauart Bosch.
a Magnet, *b* Anker, *c* Abschnapphebel, *d* Daumen, *e* Stoßstange, *f* Schlaghebel, *g* Zündhebel, *h* Zündstift, *i* Rückschnellfeder, *m* Zündhebelfeder, *n* Kabel.

II. Niederspannungszündung.

Die elektrische Niederspannungszündung wird stets als Abreißzündung ausgeführt. Zur Zündung wird der Öffnungsfunken verwendet, der beim Auseinanderreißen eines stromdurchflossenen Kontaktes auftritt. Der Zündstrom wird von einem Magnetapparat oder einer Batterie geliefert. Der erste Niederspannungsmagnetzünder wurde 1884 von OTTO erfunden. Die Anregung erhielt er durch einen von den Deutzer Pionieren gebrauchten elektrischen Magnetapparat für Sprengladungen.

Eine Niederspannungszündanlage besteht, wie aus Abb. 150 ersichtlich, aus einem Magnetapparat und einem Zündflansch. Der zugehörige Zündflansch ist in Abb. 151 dargestellt. Der Magnetapparat (Abb. 150) besteht aus hufeisenförmigen Stahlmagneten *a* mit Polschuhen, zwischen denen ein Doppel-T-Anker *b* mit einer Drahtwicklung drehbar gelagert ist. Der Anker mit dem Abschnapphebel *c* wird durch den Daumen *d*, der auf der Steuerwelle sitzt, so weit aus seiner Ruhelage abgelenkt, bis der Hebel *c* abschnappt. Durch die Kraft der Federn *i* schnellt dann der Anker in seine Ruhelage zurück. Bei der Bewegung des Ankers im Magnetfeld wird in seiner Wicklung ein Strom induziert, der durch das Kabel *n* zu dem isolierten Zündstift *h* und dem beweglichen Zündhebel *g* des

Zündflansches fließt, um dann über die Eisenmasse der Maschine zum Anker zurückzugelangen. Der Abschnapphebel *c* ist mit einer Stoßstange *e* verbunden, die nach dem Abschnappen gegen den Schlaghebel *f* des beweglichen Zündhebels stößt und den Kontakt zwischen Zündhebel *g* und Zündstift *h* im Innern des Zylinders auseinanderreißt. Dabei entsteht ein starker Funken, der das Gemisch entzündet.

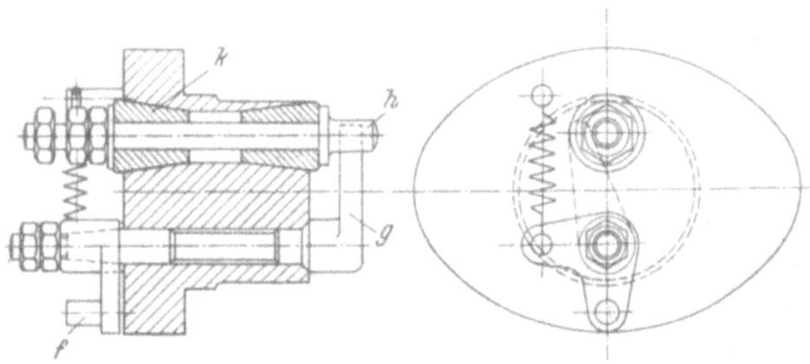

Abb. 151. Zündflansch. Bauart Bosch.
f Schlaghebel, *h* Zündstift,
g Zünghebel, *k* Steatitisolation.

Die Abreißzündung liefert einen sehr heißen Funken. Wegen der Trägheit des Abreißgestänges wird sie an schnellaufenden Gasmaschinen nicht verwendet. Auch für stehende Maschinen ist sie nicht brauchbar, weil der Abstand zwischen der den Magnetapparat antreibenden Steuerwelle und dem Zündflansch im Zylinderdeckel zu groß ist. Die Abreißzündung ist gegen Verschmutzung wenig empfindlich, da einer der Kontakte beweglich ist. Sie wird ausschließlich bei langsamlaufenden, liegenden Gasmaschinen verwendet, besonders bei Betrieb mit heizwertarmen Gasen.

Die Anordnung der Abreißzündung an einer größeren liegenden Zweizylindergasmaschine, Bauart Deutz, von 700 PS Leistung zeigt Abb. 152. An jedem Zylinderkopf sitzen ein Magnetapparat *a* und ein Zündflansch *b*. Die Ablenkung der Abschnapphebel *c* an den Magnetapparaten erfolgt durch Nocken *d*, die auf der Zündwelle *e* befestigt sind. Der Antrieb der Zündwelle erfolgt über zwei Schraubenräder durch die seitliche

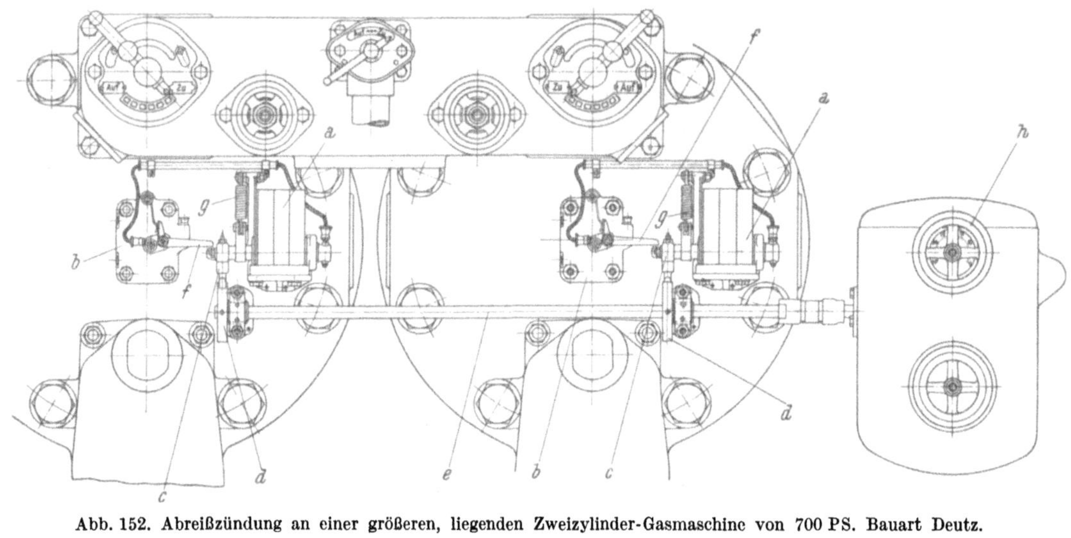

Abb. 152. Abreißzündung an einer größeren, liegenden Zweizylinder-Gasmaschine von 700 PS. Bauart Deutz.
a Magnetapparat, *c* Abschnapphebel, *e* Zündwelle, *g* Rückschnellfeder,
b Zündflansch, *d* Nocken, *f* Schlaghebel *h* Handrad zur Zündpunktverstellung.

Steuerwelle des Motors. Der Zündzeitpunkt wird durch Drehen eines Handrades *h*, mit dem das Schraubenrad auf der Zündwelle in der Achsrichtung verschoben wird, verstellt. Dadurch verdreht sich die Zündwelle gegenüber der Steuerwelle. Beim Anlassen muß das Handrad für die Zündpunktverstellung stets in die Stellung für Spätzündung gedreht werden, während in jeder anderen Stellung die Anlaßdruckluft abgesperrt ist.

Eine andere Vorrichtung zum Verstellen des Zündzeitpunktes bei einer Abreißzündung mit Abschnappgestänge ist in Abb. 153 dargestellt.

Die Bewegung des Ablenkdaumens *c* erfolgt hier durch einen Exzenter *i* auf der Steuerwelle *h* des Motors. Die Exzenterstange *g* bewegt den Ablenkhebel *f*, der durch

Verdrehen um seine exzentrische Achse *e* gehoben oder gesenkt werden kann. Der Daumen *c* kommt dadurch mit dem Abschnapp-

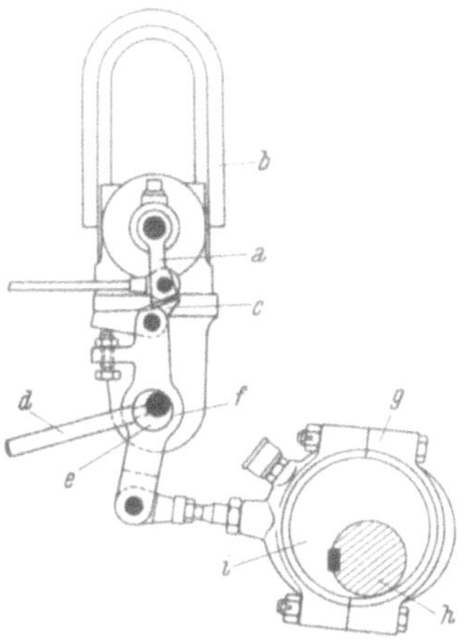

Abb. 153. Zündpunktverstellung. Bauart Deutz.
a Abschnapphebel, *b* Magnetapparat, *c* Daumen, *d* Handgriff, *e* Exzenter, *f* Ablenkhebel, *g* Exzenterstange, *h* Steuerwelle, *i* Exzenter.

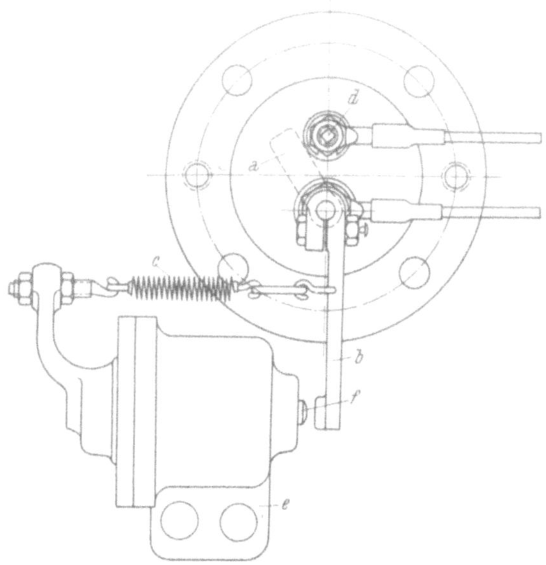

Abb. 154. Elektromagnetischer Zündflansch. Bauart Demag.
a Zündhebel, *b* Schlaghebel, *c* Feder, *d* Zündstift, *e* Schlagapparat, *f* Anker.

hebel *a* mehr oder weniger weit in Eingriff und ändert so den Zeitpunkt des Abschnappens.

Da die Anbringung des Gestänges für die Abreißzündung an großen Gasmaschinen auf Schwierigkeiten stößt, werden für diese Maschinen elektromagnetisch betätigte Schlagapparate verwendet. Die Wicklung des im Schlagapparat angeordneten Elektromagneten ist in den Zündstromkreis gelegt, dessen Anker im Zündzeitpunkt den beweglichen Zündhebel vom Zündstift abhebt. Abb. 154 zeigt einen solchen elektromagnetisch betätigten Zündflansch für Großgasmaschinen der Demag. Der Zündhebel *a* wird durch den außerhalb des Zylinders liegenden Schlaghebel *b* bewegt und durch die Feder *c* gegen den Zündstift *d* gedrückt. Gegenüber dem Schlaghebel *b* ist der elektromagnetische Schlagapparat *e* angeordnet, dessen Anker *f* im Augenblick der Zündung vorschnellt und den Schlaghebel *b* nach rechts stößt, so daß der Zündhebel vom Zündstift abgehoben wird.

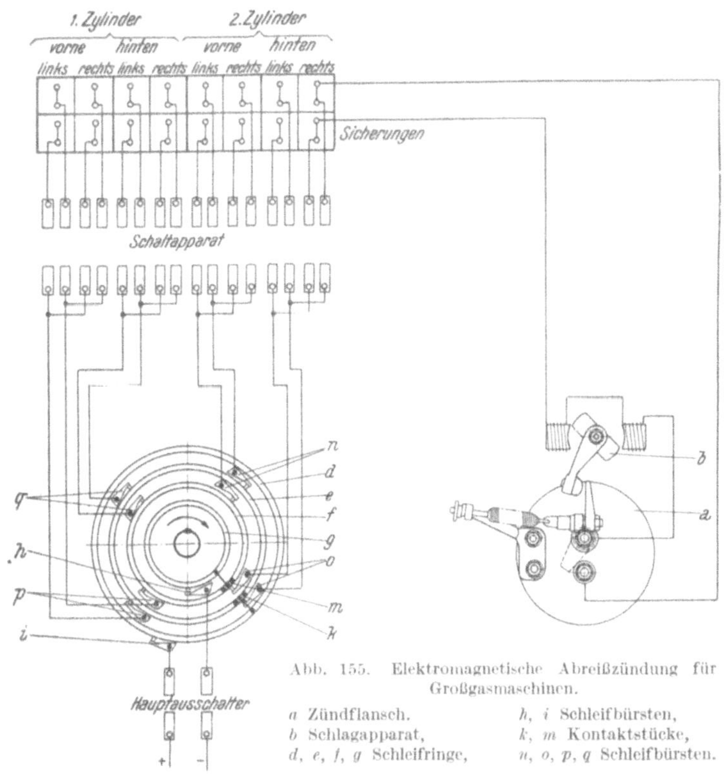

Abb. 155. Elektromagnetische Abreißzündung für Großgasmaschinen.
a Zündflansch, *b* Schlagapparat, *d, e, f, g* Schleifringe, *h, i* Schleifbürsten, *k, m* Kontaktstücke, *n, o, p, q* Schleifbürsten.

Das Schema einer Abreißzündung für eine doppeltwirkende Tandemmaschine der MAN ist aus Abb. 155 zu ersehen. Für jede Zylinderseite sind zwei Zündflanschen *a* vorgesehen, deren Zündhebel durch die im Zündstromkreis liegenden Schlagapparate *b* betätigt werden. Der Zündstrom, der einer Batterie mit 70 V Spannung entnommen wird, fließt den einzelnen Zündflanschen und Schlagapparaten über einen Verteiler zu. Der Verteiler besteht aus vier auf der Steuerwelle sitzenden Schleifringen *d*, *e*, *f* und *g*. Den Ringen *d* und *g* wird der Strom durch die Bürsten *h* und *i* zugeführt. Die Ringe *e* und *f* haben je ein kurzes metallisches Segment *k* und *m*, das mit den stromführenden Ringen *d* und *g* leitend verbunden ist. Der übrige Teil der Ringe *e* und *f* ist isoliert. Auf den Ringen *e* und *f* schleifen vier unter 90° versetzte Bürstenpaare *n*, *o*, *p* und *q*. Nach jeder Vierteldrehung der Steuerwelle kommt ein anderes Bürstenpaar mit den strom-

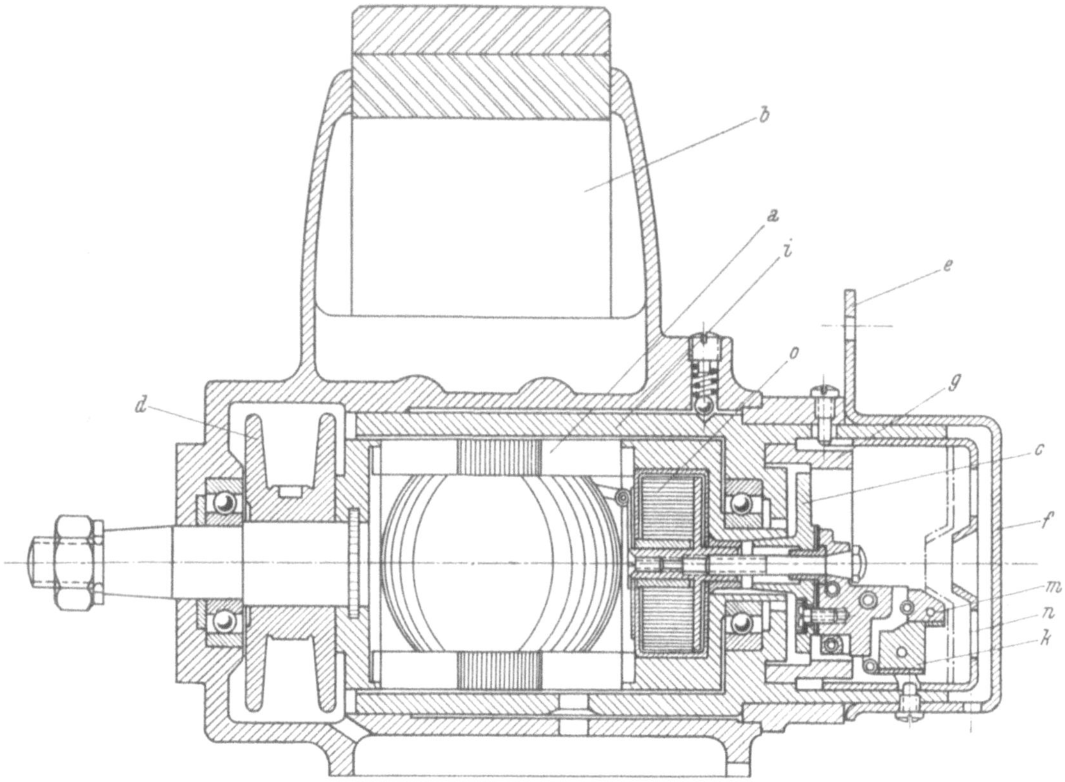

Abb. 156. Hochspannungsmagnetapparat mit umlaufendem Anker. Bauart Noris.
a Anker, *b* Magnet, *c* Unterbrecherscheibe, *d* Schleifring, *e* Hebel für Zündpunktverstellung, *f* Schutzkappe, *g* Nockenbahn, *i* Polhülse, *k* Fliehgewicht, *m* Schleifkohle, *n* Kontaktring, *o* Kondensator.

führenden Segmenten *k* und *m* in Berührung. Der Schaltapparat ermöglicht es, einzelne Zündflansche abzuschalten. Die Verstellung des Zündzeitpunktes erfolgt durch Verdrehen eines Ringes, an dem die Bürstenpaare *n*, *o*, *p* und *q* befestigt sind.

III. Hochspannungsmagnetzündung.

Die Vorrichtung für Hochspannungszündung besteht aus einem Magnetapparat und einer Zündkerze, zwischen deren Elektroden ein Funken überspringt und das Gemisch entzündet. Im Magnetapparat bewegt sich ein Anker, der eine Primär- und Sekundärwicklung trägt. Der in der Primärwicklung induzierte Strom wird im Augenblick seiner größten Stärke unterbrochen und dadurch in der Sekundärwicklung ein Stromstoß von hoher Spannung erzeugt, der an der Zündkerze als Funken überspringt. Bei ortsfesten Gasmaschinen mit Drehzahlen bis zu 500 U/min wird ein Magnetapparat verwendet, dessen Anker eine pendelnde Bewegung ausführt, die durch Ablenkdaumen auf der Steuerwelle hervorgerufen wird. Dabei hat jeder Zylinder einen eigenen Zündapparat.

Schnellaufende Gasmaschinen haben Magnetapparate mit umlaufendem Anker. Einen solchen Apparat zeigt Abb. 156. Bei der Umdrehung des Ankers *a* im Feld des permanenten Magneten *b* wird in der Primärwicklung des Ankers ein Strom erzeugt, der im Augenblick seiner größten Stärke durch den umlaufenden Unterbrecher *c* unterbrochen wird. Der dabei in der Sekundärwicklung erzeugte Hochspannungsstrom wird einem Schleifring *d* zugeführt und gelangt von dort über eine Schleifkohle und ein Kabel zur Zündkerze. Der Unterbrecher ist durch die mit einem Hebel *e* verbundene drehbare Kappe *f* überdeckt. Die Nockenbahn *g* für den Unterbrecherhebel ist mit der Kappe *f* fest verbunden und kann dadurch zur Verstellung des Zündzeitpunktes mit dem Hebel *e* verdreht werden. Um bei Spätzündung einen ebenso starken Funken wie bei Frühzündung zu erhalten, sind die Polschuhe des Magneten in einer Polhülse *i* angeordnet, die den Anker umgibt und die samt der Kappe *f* durch den Hebel *e* verdreht werden kann. Das zwischen den Polschuhen vorhandene Magnetfeld wird demnach um denselben Betrag verdreht wie die Nockenbahn *g*. Parallel zum Unterbrecher ist der Kondensator *o* geschaltet, der beim Öffnen des Unterbrechers einen Teil des Primärstromes aufnimmt. Dadurch wird die Funkenbildung an den Unterbrecherkontakten vermindert und ein schnelles Unterbrechen des Primärstromes bewirkt. An dem Unterbrecher in Abb. 157 ist eine Einrichtung vorgesehen, die Früh-

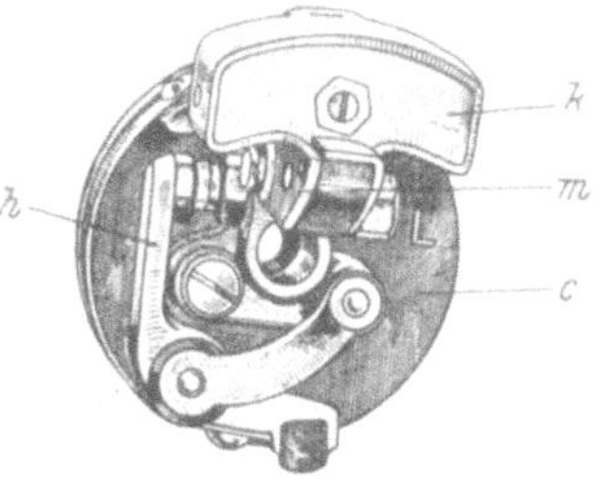

Abb. 157. Unterbrecher mit Schutz gegen Frühzündung. Bauart Noris.
c Unterbrecherscheibe,
h Unterbrecherhebel,
k Fliehgewicht,
m Schleifkohle.

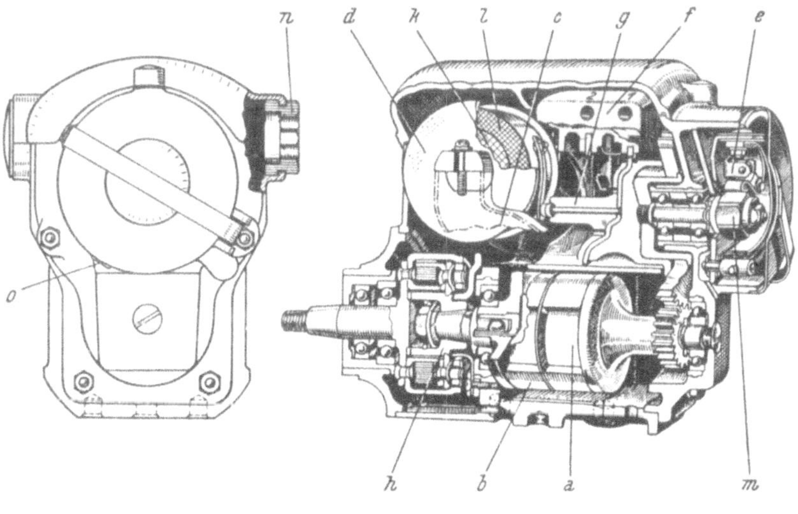

Abb. 158. Hochspannungsmagnetapparat mit umlaufendem Magnet. Bauart Bosch.
a umlaufender Magnet, *b* Magnetpolschuhe, *c* Ankerpolschuhe, *d* Anker, *e* Unterbrecherhebel, *f* Verteilerbogen, *g* Verteilerläufer, *h* Abschnapper, *k* Primärwicklung, *l* Sekundärwicklung, *m* Unterbrechernocken, *n* Anschluß des Hochspannungskabels, *o* Anschluß des Niederspannungskabels.

zündungen beim Anlassen verhindert. Sie besteht aus dem mit dem Unterbrecher umlaufenden Fliehgewicht *k*, das eine Schleifkohle *m* trägt, und einem verschiebbaren Kontaktring *n*, den die Abb. 156 zeigt. Die Schleifkohle *m* schließt den Magnetapparat kurz, sobald sie den Kontaktring *n* berührt. Der Kontaktring wird durch die Kappe *f* beim Verstellen des Zündzeitpunktes in axialer Richtung verschoben. Er befindet sich bei Frühzündung in der strichpunktierten Stellung (Abb. 156), in der die Schleifkohle den Kontaktring berührt. Demnach ist ein Anlassen der Gasmaschine bei eingestellter Frühzündung unmöglich.

Abb. 158 zeigt einen Hochspannungsmagnetapparat mit umlaufendem Magnet und feststehenden Induktionsspulen, Abb. 159 die dazugehörige Schaltung. Der Läufer in Abb. 158 besteht aus einem permanenten Magneten *a* und den Magnetpolschuhen *b*. Der Magnet dreht sich zwischen den seitlich im Gehäuse befindlichen Ankerpolschuhen *c*, die am Anker *d* befestigt sind. Der Anker trägt die Primär- und Sekundärwicklung. Das eine Ende der Primärwicklung ist mit der Eisenmasse der Maschine verbunden, während das andere Ende an den isolierten Unterbrecherhebel *e* angeschlossen ist. Der Gegenkontakt des Unterbrecherhebels steht ebenfalls mit der Masse der Maschine in Verbindung. Der Primärstrom ist demnach so lange geschlossen, wie der Unterbrecherhebel den Gegenkontakt berührt. Die Sekundärwicklung ist mit einem Ende an die Primärwicklung und mit dem anderen an die Elektrode des Verteilerläufers *g* angeschlossen. Der Verteilerläufer wird über ein Zahnräderpaar von der Welle des Magnetläufers angetrieben. Der Unterbrechernocken *m*, der den Unterbrecherhebel steuert, sitzt ebenfalls auf der Verteilerwelle.

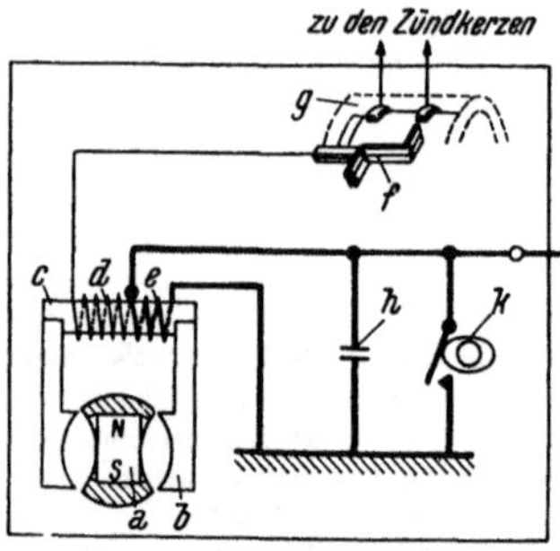

Abb. 159. Schaltschema des Hochspannungsmagnetapparates mit umlaufendem Magnet.
a umlaufender Magnet, *b* Polschuhe, *c* Anker, *d* Sekundärwicklung, *e* Primärwicklung, *f* umlaufendes Verteilersegment, *g* ruhendes Verteilersegment, *h* Kondensator, *k* Unterbrecher, *l* Kurzschlußschalter.

Bei jeder Umdrehung des Läufers ändert der von ihm ausgehende Kraftlinienfluß zweimal seine Richtung. Die in der Primärwicklung des Ankers erzeugten Niederspannungsströme werden jeweils im Augenblick ihrer größten Stärke durch Öffnen des Unterbrechers unterbrochen. Bei jeder Umdrehung des Läufers entstehen also in der Sekundärwicklung des Ankers zwei Stromstöße, die über den Verteiler den Zündkerzen zufließen. Der Verteiler ist als Überschlagsverteiler ausgebildet. Der hochgespannte Strom springt von der Verteilerelektrode zum Verteilerbogen als Funken über.

Zur Erzeugung von zündfähigen Funken dient wegen der geringen Drehzahl beim Anlassen der Abschnapper *h*. Beim Anlassen wird die Läuferwelle unter Anspannung einer Feder zunächst zurückgehalten. Sobald die Feder freigegeben ist, wird der Läufer mit großer Geschwindigkeit durch das Ankerfeld geschnellt. Bei einer bestimmten Drehzahl schaltet sich der Abschnapper selbsttätig aus.

IV. Hochspannungszündung mit Zündspule.

An stehenden Gasmotoren mit großen Zylinderabmessungen und hoher Verdichtung, vor allem bei Verwendung heizwertarmer Treibgase, werden Zündkerzen verwendet, die den hochgespannten Strom von einer Induktionsspule erhalten.

Die Zündspule nach Abb. 160 besteht aus einem Weicheisenkern *m*, der die aus wenigen Windungen von dickem Draht bestehende Primärwicklung *a* trägt. Um die Primärwicklung ist die aus zahlreichen Windungen von dünnem Draht bestehende Sekundärwicklung *b* gewickelt, deren Enden zu den Stromabnehmern *k* führen. An die Sekundärwicklung ist außerdem eine Elektrode *l* angeschlossen, die mit dem metallischen Spulengehäuse *e* eine Sicherheitsfunkenstrecke zum Schutze der Isolation bei Überspannung bildet. Der Primärwicklung werden Stromstöße von niedriger Spannung zugeführt, die durch einen von der Gasmaschine angetriebenen Niederspannungsmagnetapparat mit Unterbrecher oder durch eine Akkumulatorenbatterie mit WAGNERschem Hammer erzeugt werden.

Im allgemeinen werden beide Stromquellen für die Niederspannung nebeneinander verwendet. Zum Anlassen dient die Batterie, weil der Magnetapparat einen zu schwachen Strom liefert, und im normalen Betrieb der Magnetapparat, um die Batterie zu schonen. Das Schaltbild einer solchen Hochspannungszündanlage mit Niederspannungsmagnet,

Batterie und Zündspule für eine Vierzylindergasmaschine zeigt Abb. 161. Bei Magnetbetrieb wird in der Wicklung *b* des Magnetapparates, die mit dem Anker *a* umläuft, ein Strom mit niedriger Spannung erzeugt. Dieser Strom fließt bei geschlossenem Unterbrecher *c* über die Eisenmasse der Maschine zur Ankerwicklung zurück. Bei geöffnetem Unter-

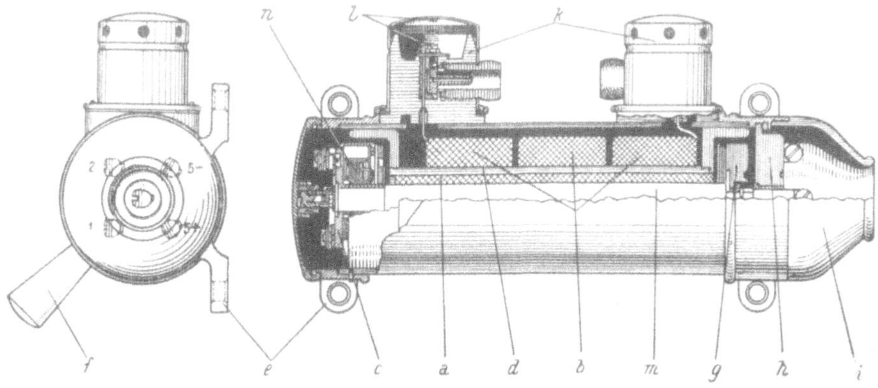

Abb. 160. Zündspule, Bauart Bosch.

a Primärwicklung, *b* Sekundärwicklung, *c* Summer, *d* Isolierrohr, *e* Spulengehäuse, *f* Schalthebel zum Umstellen von Magnet- auf Batteriezündung, *g* Schaltplatte, *h* Anschlußplatte, *i* Schutzkappe, *k* Stromabnehmer, *l* Elektrode, *m* Eisenkern, *n* Kondensator.

brecher fließt der Strom dagegen durch die Primärwicklung *g* der Zündspule und von dort über die Masse der Maschine zur Ankerwicklung zurück. Der Unterbrecher öffnet den Primärstromkreis jeweils im Zündzeitpunkt eines der vier Zylinder. Dadurch wird in der Sekundärwicklung *f* der Zündspule ein Strom von hoher Spannung induziert, der über den Verteilerarm *e* zu den Zündkerzen gelangt. Die Verstellung des Zündzeitpunktes erfolgt durch Verdrehen der Nockenscheibe des Unterbrechers.

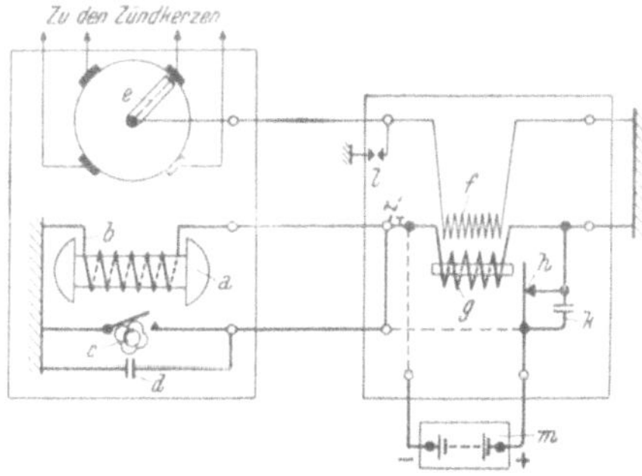

Abb. 161. Schaltung der Hochspannungszündung wahlweise für Magnet- oder Batteriebetrieb.

—— Magnetbetrieb ---- Batteriebetrieb

a Magnetanker, *b* Magnetwicklung, *c* Unterbrecher, *d* Kondensator, *e* umlaufender Verteilerarm, *f* Sekundärwicklung der Zündspule, *g* Primärwicklung der Zündspule, *h* Wagnerscher Hammer, *k* Kondensator, *l* Elektrode, *m* Batterie.

Die Umstellung von Magnet- auf Batteriebetrieb wird durch den in Abb. 160 dargestellten Schalter *f* vorgenommen. Für Batteriezündung ist die Schaltungsänderung in Abb. 161 gestrichelt angedeutet. Vom Pluspol der Batterie fließt der Strom zunächst über den geschlossenen Unterbrecher *c* des Magnetapparates zur Eisenmasse der Maschine und von dort durch die Primärwicklung *g* der Zündspule zurück zur Batterie. Der zweite Stromkreis, der von der Batterie über den WAGNERschen Hammer *h* zur Primärwicklung fließt, ist während dieses Vorganges unterbrochen, da der magnetische Eisenkern in der unter Strom stehenden Primärwicklung den Unterbrecherkontakt anzieht und offenhält. Erst wenn der umlaufende Unterbrecher *c* den ersten Stromkreis öffnet, tritt der WAGNERsche Hammer *h* in Tätigkeit und unterbricht in schneller Folge den durch die Primärwicklung der Zündspule fließenden Strom. Dadurch werden in der Sekundärwicklung Hochspannungsstromstöße erzeugt, die über den Verteiler am Magnetapparat zu den Zündkerzen gelangen.

Parallel zum Unterbrecher des Magnetapparates und zum WAGNERschen Hammer an der Zündspule ist je ein Kondensator geschaltet, der die Funkenbildung in den Kontakten vermindert. Während des Stillstandes der Maschine muß auf Magnetbetrieb umgestellt werden, weil sonst die Batterie entladen wird. Bei Gasmaschinen mit großen

Zylinderabmessungen werden mindestens zwei Zündkerzen in jedem Zylinder angebracht. In diesem Fall sind zwei hintereinanderliegende Verteiler am Magnetapparat vorgesehen, die mit den beiden Enden der Sekundärwicklung der Zündspule verbunden sind. Vielfach ist die Zündspule mit dem Magnetapparat zusammengebaut. Einen solchen Magnetapparat der Bauart Noris zeigt Abb. 162. Bei Batteriebetrieb dient der Magnetapparat lediglich zur Unterbrechung des Primärstromes.

Abb. 162. Zündapparat mit Zündspule. Bauart Noris.

V. Zündkerzen.

Die Zündkerzen, an deren Elektroden der hochgespannte Strom als Funken überspringt, sind sehr hohen Beanspruchungen ausgesetzt. Sie müssen Temperaturen von 2000° C aushalten, gegen Drücke von 40 at dicht und gegen Spannungen von 10000 V isoliert sein. Ein Schnitt durch eine Zündkerze ist aus Abb. 163 ersichtlich. Sie besteht aus dem Kerzengehäuse *a*, dem Isolierkörper *b* und der Mittelelektrode *c*. Das Kerzengehäuse aus Stahl trägt das Einschraubgewinde und die in den Verbrennungsraum der Gasmaschine hineinragenden Masseelektroden *d*, die aus Nickel oder anderen abbrandfesten Metallen bestehen. Der aus einem keramischen Stoff oder Glimmer hergestellte Isolierkörper trennt die Mittelelektrode vom Kerzengehäuse und ist mittels eines Gewindenippels *e* druckdicht im Kerzengehäuse befestigt. Die Mittelelektrode steht mit ihrem unteren Ende zwischen den Masseelektroden.

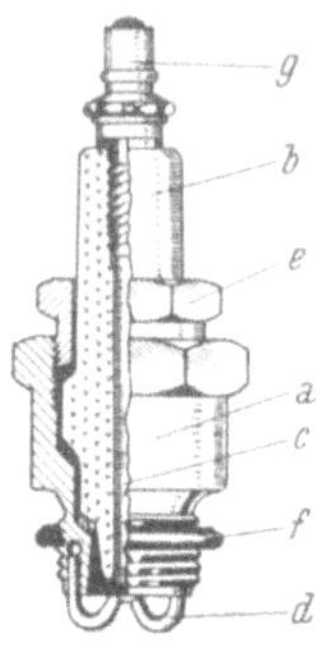

Abb. 163. Zündkerze. Bauart Bosch.
a Kerzengehäuse, *b* Isolierkörper, *c* Mittelelektrode, *d* Massenelektrode, *e* Gewindenippel, *f* Dichtungsring, *g* Anschlußmutter.

Der Abstand der Elektroden hängt in der Hauptsache von dem Grad der Verdichtung des Gemisches im Zylinder und von der Form der Elektroden ab. Der größtmögliche Abstand ist durch die Spannung des Zündstromes, der kleinste Abstand durch die Sicherheit der Zündung und die Empfindlichkeit gegen Verschmutzung gegeben. Da der Widerstand, den das Gemisch dem an den Elektroden überspringenden Funken entgegensetzt, mit steigendem Verdichtungsdruck zunimmt, so erfordern hochverdichtende Motoren einen kleineren Elektrodenabstand als niedrig verdichtende. Im Mittel beträgt der Elektrodenabstand für Gasmotoren 0,5 mm.

Für einen störungslosen Betrieb ist der Wärmewert der Zündkerze von wesentlicher Bedeutung. Dadurch wird das Verhalten der Kerze bei hohen Temperaturen gekennzeichnet. Von einer einwandfrei arbeitenden Zündkerze wird verlangt, daß ihre Elektroden gerade so heiß werden, daß Ruß und Öl auf ihnen verbrennen. Die Elektroden dürfen aber keinesfalls glühend werden und dadurch Frühzündungen des Gemisches verursachen. Da jedoch die Arbeitsbedingungen der Zündkerze bei den einzelnen Motoren in bezug auf Anordnung, Temperatur und Kühlung verschieden sind, so müssen unter den Zündkerzen mit verschiedenem Wärmewert die geeignetsten ausgesucht werden.

Der Wärmewert der Zündkerze läßt sich auch durch eine eigene Kühlung beeinflussen und den Betriebsverhältnissen anpassen. In Abb. 164 ist eine Wasserkühlung für die Zündkerze einer Gasmaschine dargestellt. Der Kerzensitz *a* ist mit dem Flansch *c* und dem Rohr *b* verschweißt. Die Zündkerze *d* erhält den Strom durch das Kabel *e*. Das

Kühlwasser wird dem Kerzensitz durch das Rohr *i* zu- und durch das Rohr *k* abgeführt. Durch das Rohr *g* wird zusätzlich Luft an der Zündkerze vorbeigesaugt. Dadurch werden Feuchtigkeitsniederschläge verhindert, die einen Kurzschluß des Zündstromes herbeiführen könnten. In vielen Fällen genügt die Kühlung der Kerze mit Luft allein. Eine solche Ausführung zeigt Abb. 165.

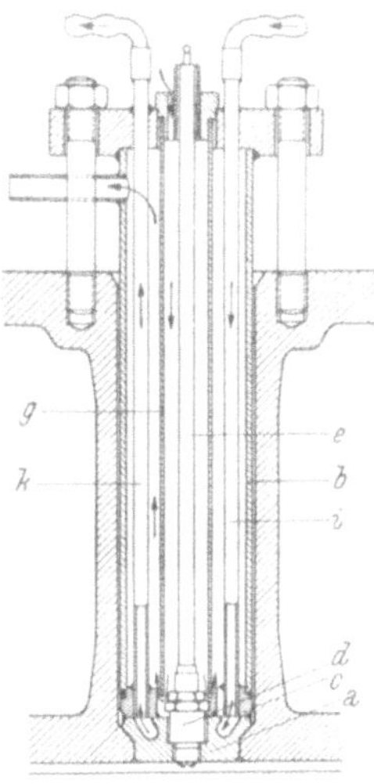

Abb. 164. Wasserkühlung für die Zündkerze einer Gasmaschine.

a Kerzensitz, *b* Rohr, *c* Flansch, *d* Zündkerze, *e* Kabel, *g* Rohr, *i* Zuflußrohr für Wasser, *k* Abflußrohr für Wasser.

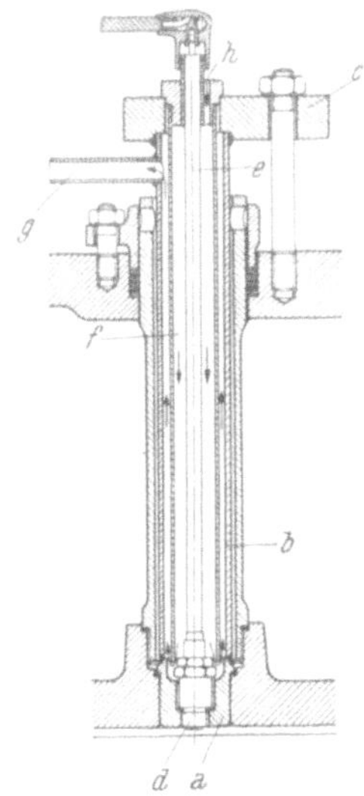

Abb. 165. Luftgekühlte Zündkerze.

a Kerzensitz, *b* Rohr, *c* Flansch, *d* Zündkerze, *e* Kabel, *f* Luftleitung zur Zündkerze, *g* Rohr für Luftabfuhr, *h* Lufteinlaß.

In kleinen und mittleren Gasmaschinen werden Zündkerzen mit 18 mm Einschraubgewinde verwendet. Bei großen Gasmaschinen sind die Großgaskerzen mit $^3/_4''$ Gasgewinde gebräuchlich.

D. Sonderfragen für Gasmaschinen.

In diesem Abschnitt sollen Sonderfragen der Zweitaktmaschine und der Maschine mit Gaseinblasung besprochen werden. Dabei handelt es sich um Probleme, die noch nicht geklärt sind. Es sollen deshalb hauptsächlich die bestehenden Aufgaben besprochen und Lösungen nur vorgeschlagen werden.

I. Zweitaktgasmaschinen.

Die Zweitakt-Diesel-Maschine hat sich neben der Viertaktmaschine durchgesetzt. Bei den Zweitakt-Diesel-Maschinen werden die Abgase mit Luft ausgespült und der Brennstoff am Ende der Verdichtung eingespritzt. Für eine gute Spülung wird das 1,2- bis 1,6fache des Hubvolumens als Spülluftmenge aufgewendet.

Bei Zweitaktgasmaschinen erfolgt die Spülung mit Gas-Luft-Gemisch. Dabei sind Gasverluste durch den Auslaß nur schwer zu vermeiden, vor allem dann, wenn die Gemischmenge, mit der der Zylinder ausgespült wird, größer als das Hubvolumen ist. Wenn z. B. 80% des Hubvolumens als Gemisch im Zylinder verbleiben, so gehen bei einer Gemischmenge, die gleich dem Hubvolumen ist, 20% der aufgewendeten Spülmenge durch den Auspuff verloren. Der Gasverbrauch ist dadurch sehr hoch. Beträgt jedoch wie bei kleinen Motoren mit Kurbelkastenspülpumpen die Spülmenge nur 70 bis 80% des Hubvolumens, so ist der Gasverlust gering. Infolge der kleinen Spülgemischmenge ist jedoch die Leistung ebenfalls geringer.

Die Kenntnis des Spülvorganges hat sich in den letzten Jahren erweitert. Durch die Einführung neuer Spülverfahren, wie z. B. der Umkehrspülung, wird eine bessere Spülwirkung mit einer geringeren Spülmenge erreicht. Dadurch ist eher die Möglichkeit gegeben, Gasmaschinen als Zweitaktmaschinen mit Schlitzspülung zu bauen.

Die Bauart der schlitzgespülten Zweitaktmaschine ist sehr einfach. Ihr Anschaffungspreis ist deshalb niedriger als der einer Viertaktmaschine, so daß in vielen Fällen der höhere Brennstoffverbrauch der Zweitaktmaschine in Kauf genommen werden kann. Das ist besonders bei Sauggasmaschinen der Fall, bei denen der Anschaffungspreis der Maschine und die Kosten für Abschreibung und Verzinsung mehr ins Gewicht fallen als die Kosten für den billigen Brennstoff.

Bei Zweitaktmaschinen mit Sauggasbetrieb dürfte etwa ein effektiver Arbeitsdruck von 5 kg/cm² erreicht werden. Da bei der Zweitaktmaschine auf jede Umdrehung, bei der Viertaktmaschine dagegen nur auf jede zweite Umdrehung ein Arbeitshub entfällt,

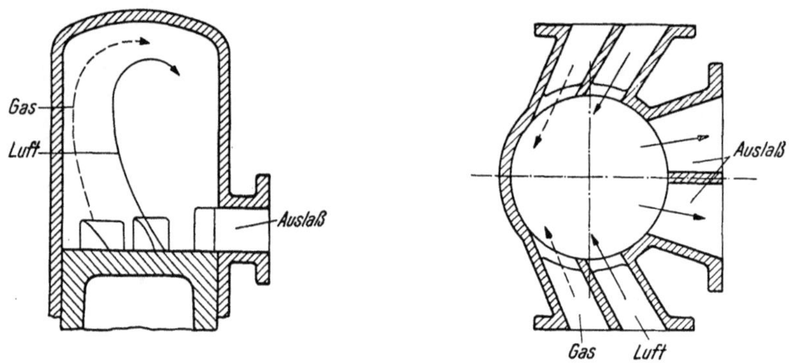

Abb. 166. Zweitakt-Gasmaschine mit getrennten Einlaßkanälen für Gas und Luft.

so verhält sich bei einem höchsten effektiven Arbeitsdruck der Viertaktmaschine von $p_e = 5{,}5$ kg/cm² die Leistung der beiden Maschinenarten wie 10 zu 5,5.

Im Diesel-Motorenbau haben hauptsächlich die Umkehrspülung, die Querspülung und die Gleichstromspülung Bedeutung erlangt. Die Umkehrspülung nach SCHNÜRLE, bei der die Spülkanäle neben den Auslaßkanälen liegen und gegen die dem Auspuff gegenüberliegende Zylinderwand gerichtet sind, läßt sich dann vorteilhaft für Gasmaschinen verwenden, wenn die Spülkanäle in Kanäle für Luft und Kanäle für Gas unterteilt sind.

Aus Abb. 166 ist eine solche Anordnung zu ersehen (D. R. P. 590331). Unmittelbar neben den Auslaßkanälen liegen die Luftkanäle und weiter entfernt die Gaskanäle. Vorteilhaft werden die Luftschlitze höher als die Gasschlitze gehalten. Am Ende des Entspannungshubes gibt der Kolben zuerst die Auslaßschlitze, dann die Luftschlitze und zuletzt die Gasschlitze frei. Die Spülung wird mit Luft eingeleitet. Da die Luftkanäle zwischen den Gaskanälen und den Auslaßkanälen liegen, bildet die in den Zylinder eintretende Luft eine trennende Schicht zwischen dem eintretenden Gasstrom und den austretenden Abgasen. Der Gasstrom, der an der dem Auspuff gegenüberliegenden Wand hochströmt, ist sowohl an seiner Spitze als auch gegen die Zylindermitte hin von Luft eingehüllt. Durch die Führung des Spülstromes an der rückwärtigen Zylinderwand ergibt sich eine gleichmäßige Strömung ohne starke Verwirbelung. Durch getrennte Spülleitungen für Gas und Luft werden Explosionen vermieden.

Um zu untersuchen, wie weit die Trennung von Gas und Luft bei einer solchen Spülung möglich ist, wurden von WILLE im Institut für Strömungsforschung an der Technischen Hochschule Berlin (Professor FÖTTINGER) Spülversuche mit einem Glaszylindermodell mit bewegtem Kolben vorgenommen. Der Zylinderdurchmesser betrug 200 mm, der Hub 300 mm und die Drehzahl 70 U/min. Die Spülmenge war das 1,5fache des Hubvolumens und das Mischungsverhältnis entsprach einem Verhältnis von Luft zu Gas von 1 : 1.

In Abb. 167 sind fortlaufende Filmaufnahmen eines solchen Spülvorganges dargestellt. Der Kolben legt am unteren Hubende die Schlitze frei und schließt sie bei der Aufwärtsbewegung wieder. Die Höhe der Auspuffschlitze beträgt 17%, die der Spülschlitze 14% des Kolbenhubes. Durch alle vier Spülschlitze tritt Luft in den Zylinder ein. In den vom Auspuff weiter entfernt liegenden Kanälen werden der Luft zur Darstellung des Gasstromes weiße Flocken aus Metaldehyd beigemischt. Der Zylinder ist in der Mittelebene durch einen schmalen Lichtschnitt erhellt, um die Flocken dort sichtbar zu machen. Die Kolbenstellung in Prozenten vom Hubvolumen vor und nach dem unteren Totpunkt ist über den Bildern angegeben.

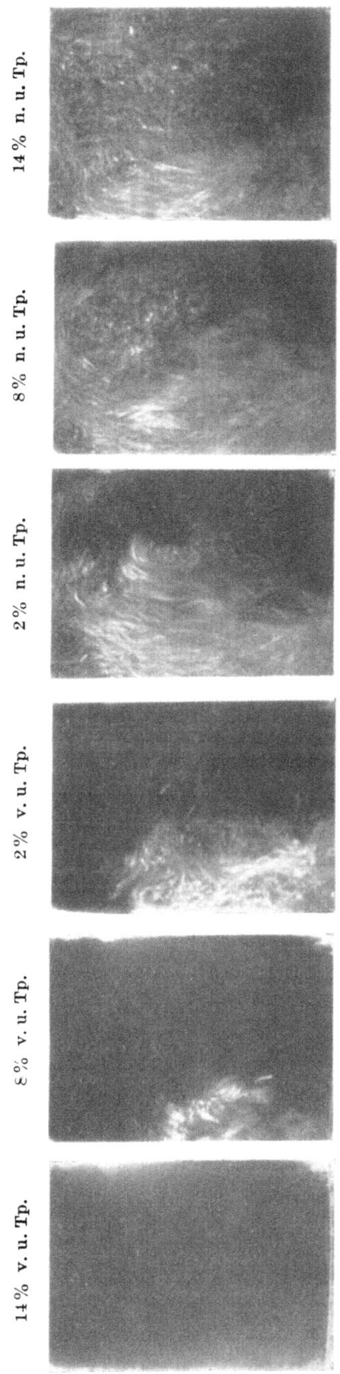

Abb. 167. Schnürle-Umkehrspülung für Gasmaschinen mit Gas- und Luft-Einlaßschlitzen (rechts Auslaßseite).

Nachdem der Kolben die Schlitze etwas geöffnet hat, fließt der Gasstrom zu der dem Auslaß gegenüberliegenden Wand und beginnt, links im Bilde, an dieser Wand hochzusteigen. Wenn der Kolben sich in der Nähe des unteren Totpunktes befindet und die Spülschlitze ganz geöffnet sind, nimmt der Gasstrom die linke Hälfte des Zylinderraumes ein. Ein Überströmen des Gases in den Auspuff findet nicht statt, weil die Luft das Gas von dem austretenden Abgasstrom trennt. Auch beim Hochgehen des Kolbens, bei dem die Schlitze geschlossen werden, bleibt das Gas dem Auspuff fern. Erst nach Beendigung der Spülung werden die Gasteile durch die Luftbewegung im Zylinder über den ganzen Raum verteilt.

Eine weitere gute Verwirbelung und Durchmischung von Gas und Luft in der laufenden Maschine wird während des Verdichtungshubes nach Abschluß der Auslaßschlitze eintreten, so daß die Verbrennung im oberen Totpunkt rasch vor sich gehen kann. Bei Versuchen, die der Verfasser bei Deutz an einer Viertaktsauggasmaschine anstellte, wurde während der ersten Hälfte des Saughubes Luft angesaugt und erst in der zweiten Hälfte Gas. Die Durchmischung fand also nicht beim Durchströmen des Einlaßventils statt, sondern im wesentlichen erst während der Verdichtung im Zylinder. Trotzdem war die Durchmischung gut. Das bewiesen die Leistung der Maschine und der steile Anstieg der Verbrennungslinie im Indikatordiagramm. Diese Versuche waren angestellt worden, um Frühzündungen im Zylinder beim Ansaugen zu verhindern.

Bei Zweitaktgasmaschinen nach der vorgeschlagenen Ausführung müssen Gas und Luft außerhalb des Zylinders getrennt verdichtet werden. Das kann durch Turbo- oder Rootsgebläse geschehen, die entweder durch Zahnräder von der Maschine selbst oder gesondert durch Elektromotoren angetrieben werden. Bei Verwendung von Rootsgebläsen können das Gebläsegehäuse und die Läufer durch eine Querwand in ein Gebläse für Gas- und Luft unterteilt werden. Bei Verwendung von Turbogebläsen ist ein Gebläseläufer für Gas und einer für Luft erforderlich. Die Regelung von Gas und Luft kann beim Turbo- und Rootsgebläse durch Überströmleitungen von der Druck- zur Saugleitung erfolgen, deren Querschnitte durch

Drosselklappen veränderlich sind. Bei Turbogebläsen ist die Regelung außerdem noch durch Drosselklappen in der Saugleitung möglich.

Bei geringer Belastung wird mit weniger Luft und Gas gespült. Der Luftanteil am Gemisch ist dann zu vergrößern. Während der Verdichtung befinden sich Abgase, Luft und Gas im Zylinder. Da sich Luft und Gas an den heißen Abgasen erwärmen, besteht die Gefahr, daß schon während der Verdichtung eine Selbstzündung des Gemisches eintritt. Bei Vollast, bei der der ganze Abgasrest ausgespült wird, ist diese Gefahr nicht vorhanden, bei niedriger Belastung kann sie durch eine weitgehende Vergrößerung des Luftanteiles am Gemisch behoben werden.

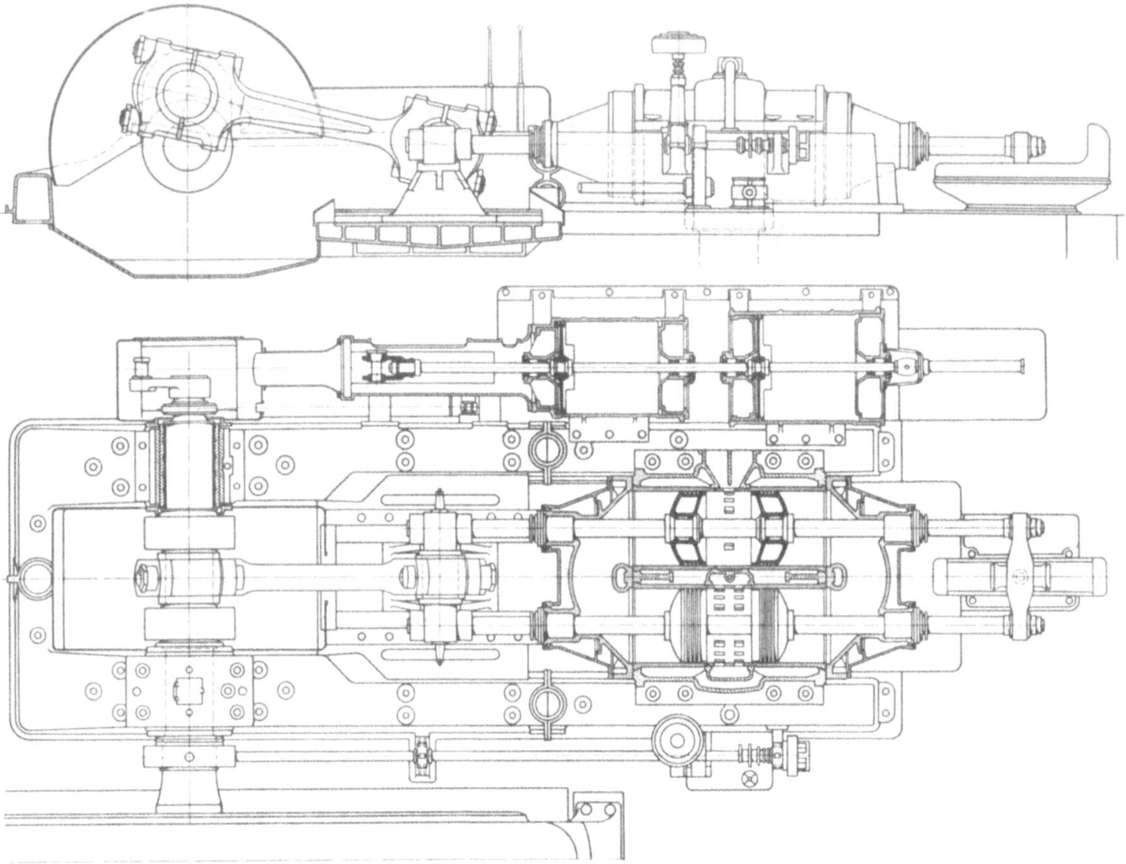

Abb. 168. Doppeltwirkende Zweitaktgasmaschine mit U-Zylinder.

Das Zweitaktverfahren kann bei Gasmaschinen ohne jeglichen Gemischverlust angewendet werden, wenn die Spülung mit reiner Luft durchgeführt und das Gas erst am Ende des Verdichtungshubes durch ein besonderes Ventil in den Zylinder geblasen wird. Bei diesem Verfahren lassen sich auch gefährliche Selbstzündungen des Gemisches während des Verdichtungshubes mit Sicherheit vermeiden.

Großgasmaschinen mit Ventilspülung und Steuerung der Auslaßschlitze durch den Kolben haben sich schon bewährt. Eine solche Maschine der Siegener Maschinenbau A. G. ist auf S. 82 beschrieben. Um Gasverluste durch den Auslaß zu vermeiden, wird bei dieser Maschine zuerst mit Luft vorgespült.

Zweitaktmaschinen sind auch versuchsweise mit U-Zylindern ausgeführt worden. Ein Kolben steuert dann die Einlaßschlitze und der andere die Auspuffschlitze. Den Entwurf einer solchen Maschine als doppeltwirkende Zweitaktmaschine zeigt Abb. 168. Bei dieser Maschine läßt sich wohl eine gute Spülung erreichen, jedoch wird der Kolben, der die Auslaßschlitze steuert, sehr heiß. Wird mit Luft vorgespült und gelangt das Gemisch erst später in den Zylinder, so lassen sich auch hier Gasverluste weitgehend vermindern.

II. Maschinen mit Gaseinblasung.

Bei der Gasmaschine, die brennbares Gemisch verdichtet, besteht, wie schon mehrfach erwähnt, die Gefahr, daß sich das Gemisch infolge der hohen Verdichtungstemperatur von selbst entzündet oder daß die Zündung an heißen Wandungsteilen oder Ablagerungen von glühendem Ölkoks erfolgt. Außerdem können die Abgase, die besonders beim Nachbrennen eine sehr hohe Temperatur haben, das frisch in den Zylinder strömende Gemisch entzünden und Knaller in der Ansaugleitung verursachen. Diese Gefahren werden vermieden, wenn bei der Gasmaschine genau wie beim Diesel-Motor reine Luft angesaugt und verdichtet, und das Gas erst am Ende der Verdichtung in den Zylinder geblasen wird.

Durch eine höhere Verdichtung läßt sich dann auch ein günstiger Brennstoffverbrauch erzielen.

Die Zündung des eingeblasenen Gases kann durch die hohe Temperatur der verdichteten Luft im Zylinder eintreten. Zur Erzielung einer einwandfreien Zündung kann auch eine kleine Menge Gasöl vor dem Gas in den Zylinder eingeblasen werden oder die Zündung durch einen elektrischen Funken erfolgen. Im letzteren Falle kann das bei Gasmaschinen übliche Verdichtungsverhältnis beibehalten werden.

Da die Entzündungstemperatur des meist bei Gaseinblasung verwendeten Erdgases über der des Gasöles liegt, ist bei einer Zündung des Gases nur durch die heiße verdichtete Luft ein höheres Verdichtungsverhältnis erforderlich als bei Diesel-Maschinen. Die Maschine kann dann wohl einen besseren Wirkungsgrad haben, jedoch wird sie wegen der hohen Drücke schwer und teuer. Die Frage des Nutzwirkungsgrades wurde bereits auf S. 22 untersucht. Es wurde gezeigt, daß bei einem bestimmten Verdichtungsverhältnis die Gasmaschine am wirtschaftlichsten arbeitet und daß ein höheres Verdichtungsverhältnis keine wirtschaftlichen Vorteile mehr bringt.

Wird mit dem Gas Zündöl in den Zylinder geblasen, so braucht das Verdichtungsverhältnis nicht höher zu sein als bei einer Diesel-Maschine. Die Zündung des Gas-Luft-Gemisches wird durch die Zündung des Zündöles eingeleitet.

Eine Zweitaktmaschine der Nordberg Manufacturing Co., Milwaukee U. S. A., die nach diesem Verfahren arbeitet, zeigt Abb. 169. Sie hat acht Zylinder mit 432 mm Bohrung und 630 mm Hub. Bei einer Drehzahl von 225 U/min beträgt die Leistung 1660 PS. Dabei ist der mittlere effektive Arbeitsdruck 4,3 kg/cm². Die ursprüngliche Maschine war eine normale Zweitakt-Diesel-Maschine mit Lufteinblasung. Sie kann in kurzer Zeit von Gasölbetrieb auf Gasbetrieb umgeschaltet werden. Das Verdichtungsverhältnis ε ist 16, der Verbrennungshöchstdruck beträgt 48 kg/cm². Bei Erdgas mit einem Heizwert von 8500 kcal/Nm³ beträgt der Nutzwirkungsgrad 32%.

Das einzublasende Gas wird in dem dreistufigen Verdichter *d* auf 75 at Druck gebracht. Ein Gasrohr ist zum Sauganschluß des Verdichters geführt. Dieser Verdichter dient beim Diesel-Motor zur Lieferung der Einspritzluft für das Gasöl. Wird die Ventilnadel in den Einspritzventilen angehoben, so wird das Gas in den Zylinder eingeblasen.

Bei Maschinen, die ohne Zündöl arbeiten, hat es sich gezeigt, daß das Gas, besonders bei geringen Belastungen, nicht rechtzeitig zündet. Der Zündverzug ist dann so groß, daß die Zündung nicht eher erfolgt, als bis die gesamte Gasladung im Zylinder ist. Dann zündet das Gemisch sehr plötzlich mit heftigen Stößen. Deshalb ist es zweckmäßig, zur Sicherung einer störungsfreien Zündung eine kleine Menge Treiböl mit dem Gas in den Zylinder einzuspritzen. Dieses Zündöl, das sich um die Spitze des Nadelventils lagert, tritt zusammen mit dem ersten Teil der Gasladung in den Zylinder ein. Dadurch wird eine Zündung mit sehr kleinem Zündverzug des Gases bei Eintritt in den Zylinder gesichert.

Zur Lieferung des Zündöles wird für die Maschine der Abb. 169 die Bosch-Pumpe *f* verwendet, die durch die Nockenwelle *g* angetrieben wird. Die übliche Betätigungsstange für den Hebel der mechanisch gesteuerten Einspritznadel des Brennstoffventils wird durch

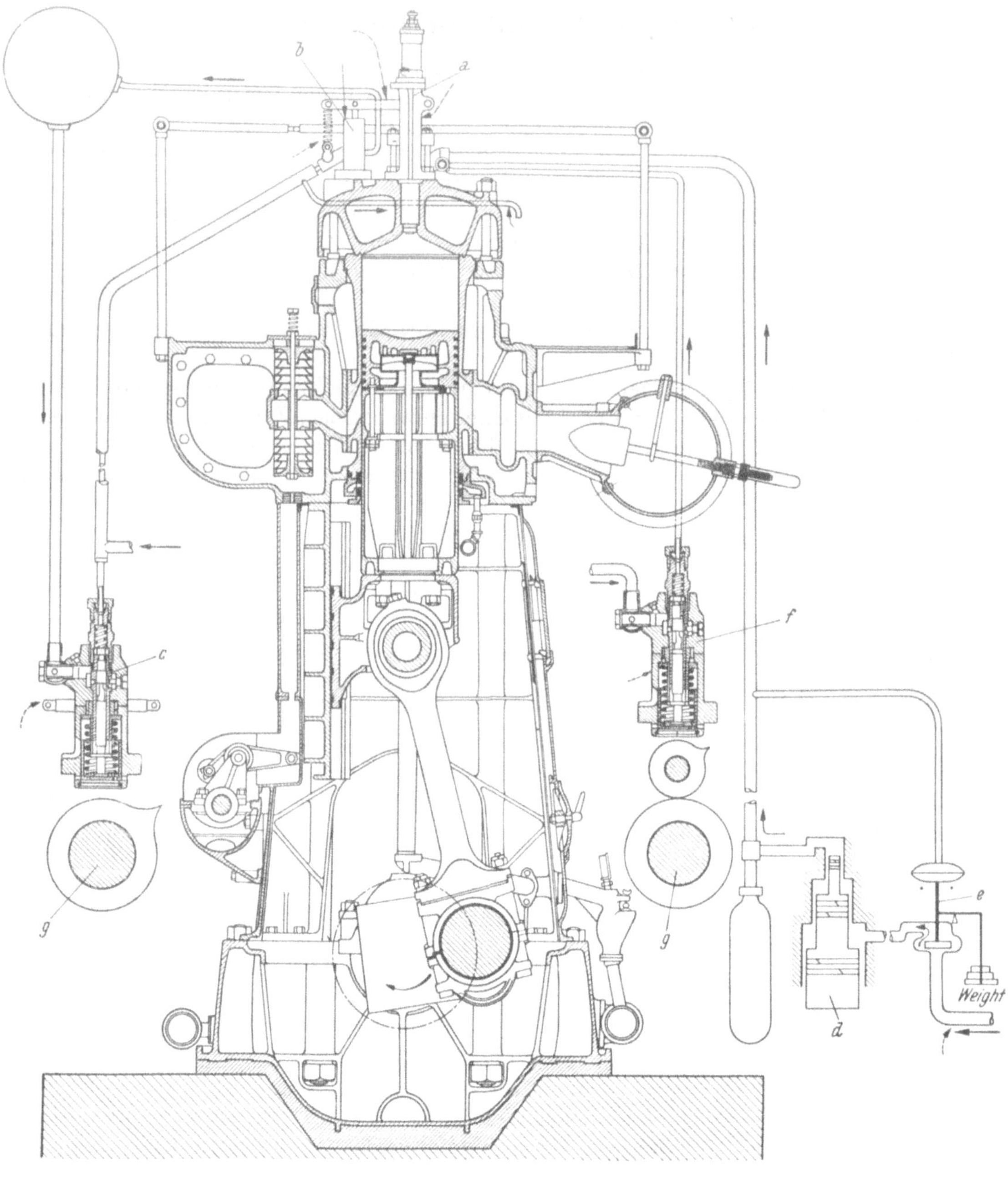

Abb. 169. Zweitakt-Gasdieselmaschine. Bauart Nordberg, Achtzylinder.
a Einblaseventil, *b* Druckkolben, *c* Öldruckpumpe, *d* Gasverdichter, *e* Druckregler, *f* Zündölpumpe, *g* Steuerwelle.

eine hydraulische Steuerung ersetzt. Der Motor besitzt eine Bosch-Pumpe *c*, die mit Schmieröl gefüllt ist und zur Steuerung des Einblaseventils *a* mit Hilfe eines Druckkolbens *b* dient. Diese Pumpe wird bei Diesel-Betrieb zum Einspritzen von Gasöl verwendet. Demnach ist für jeden Zylinder eine Pumpe zum Einspritzen des Zündöles und eine für die hydraulische Betätigung des Einspritzventils vorgesehen. Die Regelung erfolgt durch einen Drehzahlregler, der durch eine Steuerzahnstange den Nutzhub der schlitzgesteuerten Öldruckpumpe *c* und dadurch den Hub und die Öffnungsdauer des Druckkolbens *b* für das Einblaseventil *a* verändert.

Das Gas strömt so lange in den Zylinder, als das Einspritzventil in der geöffneten Stellung gehalten wird. Der Gasverdichter *d*, der für die bei Höchstlast erforderliche Gasmenge bemessen ist, besitzt ein Druckminderventil *e*, durch das bei niedriger Belastung Gas von der Druckleitung in die Saugleitung zurückgeführt wird.

Steigt bei geringer Belastung der Entladedruck höher als auf 75 at, so läßt das Druckminderventil das Gas in die Ansaugleitung zurückgelangen.

Die Gaseinblasung bei einem niedrigen Verdichtungsverhältnis von $\varepsilon = 7$ und Zündung durch einen elektrischen Funken hat den Vorteil, daß die Verbrennungsdrücke in mäßigen Grenzen bleiben und die Maschine deshalb leicht und billig gebaut werden kann.

Eine doppeltwirkende Zweitaktmaschine mit Gaseinblasung der MAN ist in Abb. 170 dargestellt. Die Spülung erfolgt mit Luft, und zwar als Umkehrspülung mit übereinander liegenden Spül- und Auslaßschlitzen. Das Gas wird durch das Gasventil *c* nach Abschluß der Auslaßschlitze in den Zylinder geblasen.

Der dazu nötige Verdichter ist wegen des niedrigen Verdichtungsenddruckes klein und hat nur eine geringe Verdichterarbeit zu leisten. Bei Gasmaschinen mit Gaseinblasung, bei denen das Einblaseventil erst in der Nähe des oberen Totpunktes öffnet, muß das Gas im Gasverdichter auf einen höheren Verdichtungsenddruck gebracht werden, als er im Zylinder herrscht, um ein schnelles Überströmen des Gases in den Zylinder zu erreichen.

Die Größe des Gasverdichters hängt vom Mischungsverhältnis Luft zu Gas ab. Bei Sauggas ist das günstigste Mischungsverhältnis 1 : 1. Das Hubvolumen des Gasverdichters wäre also bei Sauggas gleich dem Hubvolumen des mit Luft gefüllten Arbeitszylinders. Die Leistungsaufnahme des Gasverdichters wäre dann sehr groß. Bei Sauggas ist es mit keiner bekannten Steuerung möglich, die großen Gasmengen in der zur Verfügung stehenden kurzen Zeit in den Zylinder überzuschieben.

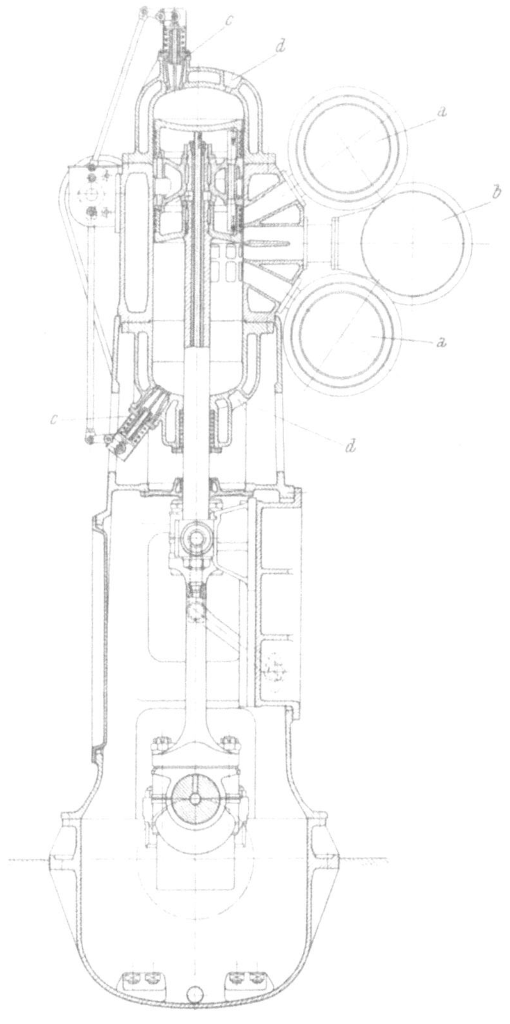

Abb. 170. Doppeltwirkende Zweitakt-Gaseinblasemaschine. Bauart MAN, Bohrung 400 mm, Hub 600 mm, 300 U/min.
a Abgasleitung, *c* Gaseinblasventil,
b Spülluftleitung, *d* Zündkerzensitz.

Das Einblasen von Gas kommt daher nur für hochwertige Gase, wie Methan, gegebenenfalls noch für Leuchtgas, in Betracht. Der Gasverdichter wird bei diesen Gasen nicht zu groß und die zusätzlichen Steuerorgane der Gaspumpe und des Einblaseventils nehmen tragbare Ausmaße an.

Ein Teil der Verdichterarbeit im Gasgebläse wird dadurch ausgeglichen, daß durch die Einblasung des Gases eine Aufladung und damit eine Leistungssteigerung erfolgt.

Versuche von Vieler an einer liegenden Gasmaschine, die von Gasöl-Diesel-Betrieb auf Gaseinblasung mit Selbstzündung umgestellt wurde, haben gezeigt, daß reine Gaseinblasung ohne besondere Hilfsmittel für die Zündung nur schwer durchführbar ist. Bei solchen Maschinen traten schlagartige Zündungen auf. Die Maschine war nach VIELER nur dann betriebssicher, wenn eine geringe Menge Treiböl mit dem Gas in den Zylinder geblasen wurde. Das Zündöl ist außerdem für die Schmierung der Düsennadel von Vorteil, die bei reinem Gasbetrieb leicht festbrennt.

III. Leistungssteigerung bei Viertaktgasmaschinen.

Das Aufladen des Zylinders einer Gasmaschine wirkt in bezug auf Zündung und Verbrennung wie eine Erhöhung des Verdichtungsverhältnisses. Hat eine Gasmaschine ein Verdichtungsverhältnis, das durch das Einsetzen von Frühzündung begrenzt wird, so ist eine Aufladung nicht mehr möglich. Die Aufladung hat demnach nur dann Erfolg, wenn der Verbrennungsraum mit Luft ausgespült und die Maschine dadurch gekühlt wird.

Die Ausspülung der restlichen Abgase hat an sich schon eine Steigerung der Maschinenleistung zur Folge. Beim Verdichtungsverhältnis $\varepsilon = 7$ nehmen die Abgase am Ende des Ausschubhubes noch 16% des Hubraumes ein. Wird dieser Teil ausgeschoben, so steht eine um diesen Betrag größere Gemischmenge zur Verfügung. Die Spülluft kühlt die Zylinderwandungen, den Kolben und die Ventile und ermöglicht dadurch eine weitere Aufladung.

Bei Großgasmaschinen mit Spülung und Aufladung wird das Verdichtungsverhältnis auf $\varepsilon = 5$ herabgesetzt. Die Abgase nehmen dann am Ende des Ausschubhubes noch 25% des Hubvolumens ein, so daß die Maschinenleistung sowohl durch Spülung als auch durch Aufladung gesteigert werden kann.

Für die Leistungssteigerung durch Spülung und Aufladung sind zwei Verfahren möglich:

1. Gas und Luft werden unter Druck zugeführt. Die Spülung erfolgt durch Luft. Dazu sind zwei Gebläse, eines für Luft und eines für Gas notwendig.

2. Es wird nur Luft zum Spülen und Aufladen vorverdichtet. Nach Beendigung der Spülung saugt die Maschine Gas und Luft an. Am Ende des Saughubes findet ein Aufladen mit Luft statt. Um auf das richtige Mischungsverhältnis zu kommen, wird zwischen Spülung und Aufladung ein gasreiches Gemisch angesaugt.

Schrifttum.

1. BRÜCKNER, H. und H. LÖHR: Die brenntechnische Bewertung technischer Gase. Z. VDI **80**, 1275 (1936).
2. JOST, W.: Explosions- und Verbrennungsvorgänge in Gasen. Berlin: Julius Springer. 1939.
3. SCHNÜRLE, A.: Versuche an der Gasmaschine. Z. VDI **75**, 101 (1931).
4. FLATZ, E. und A. SCHNÜRLE: Die Sauggasmaschine mit Heißkühlung. Z. VDI **74**, 941 (1930).
5. SCHNÜRLE, A.: Einfluß des Verdichtungsverhältnisses und des Gasheizwertes auf Leistung und Verbrauch einer Gasmaschine. Berichtsheft d. 74. Hauptversammlung d. VDI, S. 249. VDI-Verlag.
6. HAGENMÜLLER: Kleine Gasmaschine mit hoher Drehzahl. Z. VDI **78**, 1380 (1934).
7. WESTMEYER: Wechselmotoren für Treiböl und Treibgas. Z. VDI **80**, 263 (1936).
8. STIER: Leistungsberechnung der Viertakt-Großgasmaschine mit und ohne Leistungssteigerung. Z. VDI **77**, 698 (1933).
9. RIXMANN, W.: Leuchtgasbetrieb für Fahrzeugmotoren. Z. VDI **80**, 627 (1936).
10. RIXMANN, W.: Leistung und Wirtschaftlichkeit gasgetriebener Fahrzeugmotoren. Deutsche Kraftfahrtforschung im Auftrag des Reichsverkehrsministeriums, Heft 3. VDI-Verlag. 1938.
11. FINKBEINER, H.: Kraftfahrtechnische Forschungsarbeiten, Heft 9. Berlin: VDI-Verlag. 1937.
12. FINKBEINER, H.: Hochleistungs-Gaserzeuger. Berlin: Julius Springer. 1937.
13. MÜLLER, F.: Die Zündgeschwindigkeit am laufenden Motor. München: Hohenhaus. 1934.
14. WOHLSCHLÄGER, H.: Generatorgas aus Braunkohlen-Schwelkoks. Z. VDI **45**, 1299 (1937).
15. VIELER, H: Hochdruck-Gasmaschinen, 1936. Verlag Robert Noske, Borna, Bez. Leipzig.

GPSR Compliance

The European Union's (EU) General Product Safety Regulation (GPSR) is a set of rules that requires consumer products to be safe and our obligations to ensure this.

If you have any concerns about our products, you can contact us on ProductSafety@springernature.com

In case Publisher is established outside the EU, the EU authorized representative is:

Springer Nature Customer Service Center GmbH
Europaplatz 3
69115 Heidelberg, Germany

Batch number: 10578403

Printed by Printforce, the Netherlands